施工现场十大员岗位技能培训丛书

材料员上岗必读

主　编　瞿义勇

机械工业出版社

全书共四篇14章内容，第一篇为基础知识（第一章、第二章），阐述了建筑材料基本性质，标准计量知识；第二篇为结构性材料（第三章~第八章），阐述了水泥，气硬性胶凝材料，集料、掺合料与外加剂，混凝土、建筑砂浆与混凝土用水，钢筋、钢材与木材，墙体材料等；第三篇为功能性材料（第九章~第十一章），阐述了建筑防水材料，绝热、吸（隔）声和防腐材料，建筑装饰材料等；第四篇为材料综合管理（第十二章~第十四章），阐述内容包括材料管理概论，材料计划、采购与运输，材料仓储、使用与核算等。

本书可作为施工现场材料员岗位工作手册，同时可供广大建筑工程技术管理、建设监理人员使用，也可供各高校土建类专业师生参考。

图书在版编目(CIP)数据

材料员上岗必读/瞿义勇主编. —北京：机械工业出版社，2011.10
（施工现场十大员岗位技能培训丛书）
ISBN 978-7-111-35703-2

Ⅰ.①材… Ⅱ.①瞿… Ⅲ.①建筑材料—技术培训—教材
Ⅳ.①TU5

中国版本图书馆CIP数据核字（2011）第172725号

机械工业出版社(北京市百万庄大街22号　邮政编码100037)
策划编辑：肖耀祖　　责任编辑：肖耀祖
封面设计：王伟光　　责任印制：杨　曦
北京圣夫亚美印刷有限公司印刷
2011年10月第1版第1次印刷
184mm×260mm · 17印张 · 420千字
标准书号：ISBN 978-7-111-35703-2
定价：46.00元

凡购本书，如有缺页、倒页、脱页，由本社发行部调换

电话服务
社服务中心　:(010)88361066
销 售 一 部　:(010)68326294
销 售 二 部　:(010)88379649
读者购书热线:(010)88379203

网络服务
门户网:http://www.cmpbook.com
教材网:http://www.cmpedu.com
封面无防伪标均为盗版

《材料员上岗必读》编写人员名单

主　　编　瞿义勇

副 主 编　许斌成　徐梅芳

参　　编　（按姓氏笔画排序）

代洪卫　孙邦丽　李　慧　李建钊

巩　玲　华克见　朱　桐　沈志娟

岳翠贞　郑超荣　郤建荣　徐晓珍

崔　岩　董凤环　蒋梦云

出 版 说 明

建筑是人类生存发展的产物。建筑业作为国民经济的支柱产业之一，在我国经济建设中的地位举足轻重。建筑工程的施工质量，对保证建筑物的安全和使用功能有着非常重要的作用。活跃在施工现场最基层的技术管理人员（现场十大员），担负着繁重的技术管理任务，其业务水平和管理工作的好坏，已经成为我国千千万万个建设项目能否有序、高效、高质量完成的关键。此外，近年来，我国建筑业形势有了新的发展，《建设工程工程量清单计价规范》（GB 50500—2008）修订、《通用硅酸盐水泥》（GB 175－2007）发布、《建筑节能工程施工质量验收规范》（GB 50411－2007）施行等一系列的规范标准相继出台或修订，施工技术管理现场的新做法、新工艺、新技术不断涌现；建筑业的这些新的举措和大好发展形势，为我国建设规划了新的愿景，指明了改革创新的方向。有鉴于此，我们组织编写了本套《施工现场十大员岗位技能培训丛书》，共 10 个分册，各分册名称如下：

1.《预算员上岗必读》
2.《施工员上岗必读》
3.《质量员上岗必读》
4.《安全员上岗必读》
5.《资料员上岗必读》
6.《材料员上岗必读》
7.《试验员上岗必读》
8.《机械员上岗必读》
9.《测量员上岗必读》
10.《现场电工上岗必读》

丛书各分册系统讲解了专业管理人员岗位基础知识、专业技术与工作要求；在编写中力求实事求是，体现科学性、实用性、系统性和可操作性的特点，既注重了内容的全面性又重点突出，做到理论联系实际。所阐述内容比较全面，并有一定深度，是一套对现场施工管理人员和施工技术人员具有实用价值的岗位工作指导手册。希望本套丛书的问世能帮助读者解决工作中的疑难问题，掌握专业知识，提高实际工作能力，在建筑业发展新的形势和要求下，从容应对施工现场的技术管理工作，在各自的岗位上做出应有的贡献。

目　录

第三篇 功能性材料

第四篇　材料综合管理

第一篇　基础知识

第一章　建筑材料基本性质

第一节　材料的物理性质

一、材料的基本物理参数

（一）密度

密度是材料在绝对密实状态下单位体积的质量，其计算式为

$$\rho=\frac{m}{V} \tag{1-1}$$

式中　ρ——密度（g/cm^3 或 kg/m^3）；

m——干燥材料的质量（g 或 kg）；

V——材料在绝对密实状态下的体积（cm^3 或 m^3）。

（二）表观密度

表观密度又称视密度，是材料在规定的温度下，材料的视体积（包括实体积和孔隙体积）的单位质量，即材料在自然状态下单位体积的质量，常用单位为kg/m^3，其计算式为

$$\rho_0=\frac{m}{V_0} \tag{1-2}$$

式中　ρ_0——表观密度（g/cm^3 或 kg/m^3）；

m——材料的质量（g 或 kg）；

V_0——材料在自然状态下的体积（cm^3 或 m^3）。

材料在自然状态下的体积，若只包括孔隙在内而不含有水分，此时计算出来的表观密度称为干表观密度；若既包括材料内的孔隙，又包括孔隙内所含的水分，则计算出来的表观密度称为湿表观密度。

（三）堆积密度

堆积密度一般指砂、碎石等的质量与堆积的实际体积的比值；即粉状或颗粒状材料在堆积状态下单位体积的质量，其计算式为

$$\rho'_0=\frac{m}{V'_0} \tag{1-3}$$

式中　ρ'_0——堆积密度（kg/m^3）；

m——材料的质量（kg）；

V'_0——材料的堆积体积（m^3）。

材料在自然状态下的堆积体积包括材料的表观体积和颗粒（纤维）间的空隙体积，数值的大小与材料颗粒（纤维）的表观密度和堆积的密实程度有直接关系，同时受材料的含水状态影响。

二、材料的密实度与孔隙率

（一）密实度

密实度一般指土、集料或混合料在自然状态或受外界压力后的密实程度，以最大单位体积质量表示。砂土的密实度，通常按孔隙率的大小分为密实、中密、稍密和松散四种。

密实度计算式为

$$D=\frac{V}{V_0} \tag{1-4}$$

因为：
$$\rho=\frac{m}{V};\ \rho_0=\frac{m}{V_0}$$

所以：
$$V=\frac{m}{\rho};\ V_0=\frac{m}{\rho_0}$$

$$D=\frac{m/\rho}{m/\rho_0}=\frac{\rho_0}{\rho}$$

式中　D——材料的密实度，常以百分数表示。

凡具有孔隙的固体材料，其密实度都小于1。材料的密度与表观密度越接近，材料就越密实。材料的密实度大小与其强度、耐水性和导热性等性质有关。

（二）孔隙率

固体材料的体积内孔隙体积所占的比例，称为孔隙率；可根据式（1-5）计算

$$P=\frac{V_0-V}{V_0}=1-\frac{V}{V_0}=1-\frac{\rho_0}{\rho}=1-D \tag{1-5}$$

式中　P——材料的孔隙率，以百分数表示。

材料的孔隙率大，则表明材料的密实程度小。材料的许多性质，如表观密度、强度、透水性、抗渗性、抗冻性、导热性和耐蚀性等，除与孔隙率的大小有关，还与孔隙的构造特征有关。所谓孔隙的构造特征，主要是指孔的大小和形状。依孔隙的大小可分为粗孔和微孔两类；依孔的形状可分为开口孔隙和封闭孔隙两类。一般均匀分布的微小孔隙，比开口或相互连通的孔隙对材料性质的影响小。

（1）开口孔隙率　材料中能被水饱和（即被水所充满）的孔隙体积与材料在自然状态下的体积之比的百分率。

（2）闭口孔隙率　材料中闭口孔隙的体积与材料在自然状态下的体积之比的百分率。

（3）含水率　材料在自然状态下所含水的质量与材料干重之比。

三、材料的填充率与空隙率

（一）填充率

填充率是指颗粒材料或粉状材料的堆积体积内，被颗粒所填充的程度，用D'表示，可

按式（1-6）进行计算

$$D'=\frac{V_0}{V'_0}\times100\%=\frac{\rho'_0}{\rho_0}\times100\% \tag{1-6}$$

（二）空隙率

空隙率是材料在松散或紧密状态下空隙体积占总体积的百分率。空隙率越高，表观密度越低，其计算式为

$$P'=\frac{V'_0-V_0}{V'_0}\times100\%=\left(1-\frac{\rho'_0}{\rho_0}\right)\times100\% \tag{1-7}$$

材料空隙率大小，表明颗粒材料中颗粒之间相互填充的密实程度；计算混凝土集料的级配和砂率时，常以空隙率为计算依据。

四、材料与水有关的性质

（一）吸水性

材料能在水中吸水的性质，称为材料的吸水性。吸水性的大小用吸水率表示。

质量吸水率的计算式为

$$W=\frac{m_1-m}{m}\times100\% \tag{1-8}$$

式中　W——材料的质量吸水率（%）；

m——材料质量（干燥）（g）；

m_1——材料吸水饱和后质量（g）。

体积吸水率的计算式为

$$W_0=\frac{m_1-m}{V_0}\times100\% \tag{1-9}$$

式中　W_0——材料的体积吸水率（%）；

V_0——材料在自然状态下的体积（cm^3）；

m_1-m——所吸水质量（g），即所吸水的体积（cm^3）。

通常所说的吸水率，常指材料的质量吸水率。

（二）吸湿性

材料在潮湿的空气中吸收空气中水分的性质称为吸湿性，该性质可用材料的含水率表示，按式（1-10）进行计算

$$W_{含}=\frac{m_{含}-m_{干}}{m_{干}}\times100\% \tag{1-10}$$

式中　$W_{含}$——材料的含水率；

$m_{含}$——材料含水时的质量（kg）；

$m_{干}$——材料烘干到恒重时的质量（kg）。

材料吸湿性的大小取决于材料本身的化学成分和内部构造，并与环境空气的相对湿度和温度有关。一般来说总表面积较大的颗粒材料、开口相互连通的孔隙率较大的材料吸湿性较强；环境的空气相对湿度越高，温度越低时其含水率越大。

材料吸湿含水后，会使材料的质量增加、体积膨胀、抗冻性变差，同时使其强度、保温隔热性能下降。

（三）耐水性

材料在吸水饱和状态下，不发生破坏，强度也不显著降低的性能，称为材料的耐水性。耐水性用软化系数表示

$$K_R = f_1/f_0 \tag{1-11}$$

式中 K_R——材料的软化系数；

f_0——材料在干燥状态下的强度；

f_1——材料在吸水饱和状态下的强度。

对经常受潮或位于水中的工程，所用材料的软化系数应不低于 0.75。软化系数在 0.85 以上的材料，可以认为是耐水的。

（四）抗渗性

抗渗性是材料在压力水作用下抵抗水渗透的性能。材料的抗渗性用渗透系数表示，渗透系数的计算式为

$$K = \frac{Qd}{AtH} \tag{1-12}$$

式中 K——渗透系数［cm^3/（cm^2·h）］；

Q——渗水量（cm^3）；

A——渗水面积（cm^2）；

d——试件厚度（cm）；

H——静水压力水头（cm）；

t——渗水时间（h）。

抗渗性的另一种表示方法是试件能承受逐步增高的最大水压而不渗透的能力，通称材料的抗渗等级，如 P4、P6、P8、P10…，表示试件能承受逐步增高至 0.4MPa、0.6MPa、0.8MPa、1.0MPa…，水压而不渗透。

五、材料的抗冻性

材料在多次冻融循环作用下不破坏，强度也不显著降低的性质称为抗冻性。

材料在吸水饱和后，从－15℃冷冻到 20℃融化称作经受一个冻融循环作用。材料在多次冻融循环作用后表面将出现开裂、剥落等现象，材料将有质量损失，与此同时其强度也将会有所下降。所以严寒地区选用材料，尤其是在冬季气温低于－15℃的地区，一定要对所用材料进行抗冻试验。

材料抗冻性能的好坏与材料的构造特征、含水多少和强度等因素有关。通常情况下，密实的并具有封闭孔的材料，其抗冻性较好；强度高的材料，抗冻性能较好；材料的含水率越高，冰冻破坏作用也越显著；材料受到冻融循环作用次数越多，所遭受的损害也越严重。

材料的抗冻性常用抗冻等级表示，即抵抗冻融循环次数的多少，如混凝土的抗冻等级有 F50、F100、F150、F200、F250 和 F300 等。

第二节　材料的力学性质

一、材料的强度

材料在外力（荷载）作用下抵抗破坏的能力称为强度。材料在建筑物上所受的外力主要有拉力、压力、弯曲及剪力等。材料抵抗这些外力破坏的能力分别称为抗拉、抗压、抗弯和抗剪强度。

材料的抗拉、抗压、抗剪强度可按式（1-13）进行计算

$$f=\frac{F}{A} \tag{1-13}$$

式中　f——抗拉、抗压、抗剪强度（MPa）；

F——材料受拉、压、剪破坏时的荷载（N）；

A——材料的受力面积（mm^2）。

材料的抗弯强度（抗折强度）与材料受力情况有关，试验时将试件放在两支点上，中间作用一集中力，对矩形截面的试件，其抗弯强度可按式（1-14）进行计算

$$f_m=\frac{3FL}{2bh^2} \tag{1-14}$$

式中　f_m——材料的抗弯强度（MPa）；

F——材料受弯时的破坏荷载（N）；

L——试件受弯时两支点的间距（mm）；

b、h——材料截面宽度、高度（mm）。

二、材料的弹性和塑性

材料在外力作用下产生变形，外力去除后，变形消失，材料恢复原有形状的性能称为弹性。荷载与变形之比，或应力与应变之比，称为材料的弹性模量。

材料的塑性是以材料的抗拉强度值来划分的。例如钢材，是指材料在外力作用下产生变形，外力去掉后，变形不能完全恢复并且材料也不即行破坏的性质，称为塑性。

三、材料的脆性和韧性

材料受力达到一定程度时，突然发生破坏，并无明显的变形，材料的这种性质称为脆性。材料的脆性是以材料的抗压强度来定义的，表示的是力学指标。

材料在冲击或动荷载作用下，能吸收较大能量而不破坏的性能，称为韧性或冲击韧度。韧性以试件破坏时单位面积所消耗的功表示，计算式为

$$\alpha_k=\frac{W_k}{A} \tag{1-15}$$

式中　α_k——材料的冲击韧度（J/mm^2）；

W_k——试件破坏时所消耗的功（J）；

A——试件净截面积（mm^2）。

脆性材料的另一特性是冲击韧度低。

四、材料的硬度和耐磨性

(一) 硬度

硬度是材料表面的坚硬程度，是抵抗其他物体刻划、压入其表面的能力。通常用刻划法、回弹法和压入法测定材料的硬度。

刻划法用于天然矿物硬度的划分，按滑石、石膏、方解石、萤石、长石、石英、黄晶、刚玉、金刚石的顺序分为10个硬度等级。

回弹法用于测定混凝土表面硬度，并间接推算混凝土的强度；也用于测定陶瓷、砖、砂浆、塑料、橡胶、金属等的表面硬度并间接推算其强度。

压入法用于测定金属（包括建筑钢材）、木材等的硬度。

(二) 耐磨性

耐磨性是材料表面抵抗磨损的能力。材料的耐磨性用磨耗率表示，计算式为

$$Q_{ab}=\frac{m_1-m_2}{m_1}\times 100\% \tag{1-16}$$

式中 Q_{ab}——材料的磨损率（%）；

m_1——试件磨耗前的质量（g）；

m_2——试件磨耗后的质量（g）。

第三节 材料的化学性质及其耐久性

一、材料的化学性质

(一) 酸碱性及碱-集料反应

1）建筑材料由各种化学成分组成，而且绝大部分建筑材料是多孔材料，会吸附水分，许多胶凝材料还需要加水拌和才能固结硬化。因此，在实际使用时，与建筑材料固相部分共存的水溶液（孔隙液或水溶出液）中就会存在一定的氢离子和氢氧根离子，化学领域里通常用pH值表示氢离子的浓度，pH=7为中性，pH<7的为酸性，pH>7的为碱性，pH值越小，酸性越强，反之则碱性越强。

2）水泥中的碱性成分（K_2O、Na_2O）含量过高时，有可能诱发碱-集料反应，从而造成建筑物破坏。

所谓碱-集料反应，是指硬化混凝土中水泥析出的碱（KOH、NaOH）与集料（砂、石）中活性成分发生化学反应，从而产生膨胀的一种破坏作用。碱-集料反应与水泥中的碱含量、集料的矿物组成、气候和环境条件等因素有关，情况比较复杂。

(二) 硫酸盐侵蚀性及钢筋锈蚀

1. 硫酸盐侵蚀

硫酸盐侵蚀是因为各种硫酸盐能与已硬化水泥石中的氢氧化钙发生反应，生成硫酸钙，因硫酸钙在水中溶解度低，所以有可能以二水石膏（$CaSO_4 \cdot 2H_2O$）晶体的形式析出；即使孔隙液中硫酸根浓度还不足以析出二水石膏，但当已饱和了Ca$(OH)_2$的孔隙液中还含有不少水泥水化时常产生的高铝水化铝酸钙（如C_4AH_{13}时），仍会析出针状的水化硫铝酸

钙晶体（即“钙矾石”——$3CaO \cdot Al_2O_3 \cdot 3CaSO_4 \cdot 32H_2O$）。无论是生成二水石膏还是钙矾石，都会伴随着晶体体积的明显增大，对已硬化的混凝土，就会在其内部产生可怕的膨胀应力，导致混凝土结构的破坏，轻则使强度下降，重则使混凝土分崩离析。

2. 钢筋锈蚀

钢筋混凝土结构中的钢筋承受了主要的拉应力，因此，一旦钢筋严重锈蚀就将使整个钢筋混凝土结构失去支撑而溃塌。然而钢筋锈蚀是个比较复杂的电化学过程，对浇捣密实的正常混凝土而言，由于碱度高，钢筋会被钝化，即使在浇捣混凝土时钢筋表面有轻微锈蚀，也会被溶解，但随后其表面则因阳极控制而形成稳定相或吸附膜，抑制了铁变成离子状态的阳极过程，不再锈蚀，即强碱性的混凝土保护了钢筋，使之免遭氧气和湿气等介质的侵害，除非混凝土的碱度很低，或混凝土内因集料、外加剂等含有过多的氯化物，妨碍了钢筋的钝化，或仅仅处于一种很不稳定的钝化状态。

（三）碳化

碳酸化（简称碳化）是胶凝材料中的碱性成分（主要是氢氧化钙）与空气中的二氧化碳（CO_2）发生反应，生成碳酸钙（$CaCO_3$）的过程。

水泥及胶凝材料本身的化学组成对抗碳化性能有着直接的影响，如在砂浆、混凝土表面涂刷保护层，掺入硅粉、矿粉等外掺料，掺加减水剂以减小砂浆、混凝土的水灰比，使水泥石中的孔隙变小、变窄等措施，均是常用的方法；或在使用过程中严格控制水灰比，做好振捣减少蜂窝麻面，使砂浆、混凝土密实，做好浇捣后的养护等，均是十分方便而有效的措施。

二、材料的耐久性

耐久性是指材料在长期使用环境中，在多种破坏因素作用下保持原有性能不被破坏的能力。材料的耐久性是一项综合的技术性质，它包括抗渗性、抗冻性、抗风化性、耐热性、耐蚀性、抗老化性以及耐磨性等各方面的内容。

通常采取以下三个方面的措施提高材料的耐久性：

1）提高材料本身对外界破坏作用的抵抗力，如提高材料的密实度，改变孔结构的形式，合理选定原材料的组成等。

2）减轻环境条件对材料的破坏作用，如对材料进行特殊处理或采取必要的构造措施。

3）在主体材料表面加保护层，如覆盖贴面、喷涂料等，使主体材料与大气、阳光、雨、雪隔绝，不致受到直接侵害。

第四节　建筑材料的环保性能

化学建材在建筑、装饰装修工程中被越来越广泛地使用。它在美化居室环境的同时，也使得民用建筑室内环境污染问题越来越突出。住房和城乡建设部出台的《民用建筑工程室内环境污染控制规范》（2006 年版）（GB 50325—2001）不但对于建筑、装饰装修工程中所用材料的环保质量控制进行了说明，而且重点对于工程验收的环境污染指标做了明确的规定；国家质量监督检验检疫总局、国家环保总局、卫生部联合发布的《室内空气质量标准》（GB/T 18883—2002）也提出了“室内空气应无毒、无害、无异味”的要求。

一、材料的放射性

材料的放射性主要是来自其中的天然放射性核素，主要以铀（U）、镭（Ra）、钍（Th）、钾（K）为代表，这些天然放射性核素在发生衰变时会放出α、β和γ等各种射线，对人体会造成严重影响。^{226}Ra、^{232}Th衰变后会成为氡（^{222}Rn、^{220}Rn），氡是气体。氡气及其子体又极易随着空气中尘埃等悬浮物进入人体，对人体造成伤害。而材料衰变过程中所释放的γ射线等则主要以外部辐射方式对人体造成伤害。

（一）材料的放射性衰变模式及3种射线

放射性衰变的模式有：

1）α衰变：放射出α射线。

2）β衰变：最常见的是放射出β射线。

3）γ衰变：放射出γ射线。

4）自发裂变和其他一些罕见的衰变模式。

α射线是氦原子核，携带2个电子电量的正电荷。α射线的穿透能力较低，即使在气体中，它们的射程也只有几厘米。一般情况下，α射线会被衣物和人体的皮肤阻挡，不会进入人体。因此，α射线外照射对人体的损害是可以不考虑的。

β射线是带负电的电子。β射线的穿透能力较α射线要强，在空气中能走几百厘米，可以穿过几毫米的铝片。

γ射线是波长很短的电磁辐射，也称为光子。γ射线的穿透能力比β射线强得多，对人体会造成极大危害。如^{54}Mn的γ射线能量为0.8348MeV，经过7.5cm厚的铅，γ射线强度还可剩0.1%。

（二）内照射指数、外照射指数

放射线从外部照射人体的现象称为外照射，放射性物质进入人体并从人体内部照射人体的现象称为内照射。

根据各种放射性核素在自然界的含量、发射的射线类型及射线粒子的能量，真正需要引起人们警惕的放射性物质是铀、镭、钍、氡、钾5种。其中，氡是气体，主要带来的是内照射问题。镭（^{226}Ra）比较复杂，除了构成外照射外，其衰变产物为氡（^{222}Rn），直接和空气中氡的含量相关。铀的放射线能量较小，危害较小。其他核素主要引起外照射问题。依据各放射性核素的危害程度，人们采用内照射指数和外照射指数来控制物质中放射性物质的含量。

内照射指数（I_{Ra}）：$I_{Ra}=C_{Ra}/200$

外照射指数（I_{γ}）：$I_{\gamma}=C_{Ra}/370+C_{Th}/260+C_{K}/4200$

式中：C_{Ra}、C_{Th}、C_{K}分别是镭-226、钍-232、钾-40的放射性比活度。

（三）建筑材料放射性核素限量

在日常生活中人体会受到微量的放射核素照射，对人体健康没有影响。但达到一定的剂量时，就会伤害人体。射线粒子会杀死或杀伤细胞，受伤的细胞有可能发生变异，造成癌变、失去正常功能等，使人致病。

《建筑材料放射性核素限量》（GB 6566—2010）规定的核素限量见表1-1。

表 1-1　各类材料放射性核素限量值

建筑材料类别		限量要求		使用范围
		内照射指数	外照射指数	
建筑主体材料	—	≤1.0	≤1.0	使用范围不受限制
	空心率>25	≤1.0	≤1.3	使用范围不受限制
装修材料	A类	≤1.0	≤1.3	使用范围不受限制
	B类	≤1.3	≤1.9	Ⅱ类民用建筑物内饰面及其他一切建筑物的内、外饰面
	C类	—	≤2.8	建筑物的外饰面及室外其他用途

注：外照射指数大于等于 2.8 的花岗石只可用于碑石、海堤、桥墩等人类很少涉及的地方。

二、材料中有机物的污染及危害

（一）苯

苯是一种无色、具有特殊芳香气味的油状液体，微溶于水，能与醇、醚、丙酮和二硫化碳等互溶。甲苯和二甲苯都属于苯的同系物，都是煤焦油分馏或石油的裂解产物。以前使用涂料、胶粘剂和防水材料产品，主要采用苯作为溶剂或稀释剂。而《涂装作业安全规程劳动安全和劳动卫生管理》（GB 7691—1987）中规定："禁止使用含苯（包括工业苯、石油苯、重质苯，不包括甲苯、二甲苯）的涂料、稀释剂和溶剂。"所以目前多用毒性相对较低的甲苯和二甲苯，但由于甲苯挥发速度较快，而二甲苯溶解力强，挥发速度适中，所以二甲苯是短油醇酸树脂、乙烯树脂、氯化橡胶和聚氨酯树脂的主要溶剂，也是目前涂料工业和黏合剂应用面最广，使用量最大的一种溶剂。

苯属中等毒类，其嗅觉阈值为 4.8～15.0mg/m^3。苯于 1993 年被世界卫生组织（WHO）确定为致癌物（Groupl）。苯对人体健康的影响主要表现在血液毒性、遗传毒性和致癌性三个方面。高浓度苯蒸气吸入主要引起中枢神经症状（痉挛和麻醉作用），引起头晕、头痛、恶心。长期吸入低浓度苯，能导致血液和造血机能改变（急性非淋巴白血病，ANLL）及对神经系统影响，严重的将表现为全血细胞减少症，再生障碍性贫血症、骨髓发育异常综合症和血球减少。此外，苯对皮肤、眼睛和上呼吸道有刺激作用，导致喉头水肿、支气管炎以及血小板下降。经常接触苯，皮肤可因脱脂变干燥，严重的出现过敏性湿疹。

甲苯和二甲苯因其挥发性，主要分布在空气中，对眼、鼻、喉等黏膜组织和皮肤等有强烈刺激和损伤，可引起呼吸系统炎症。长期接触，二甲苯可危害人体中枢神经系统中的感觉运动和信息加工过程，对神经系统产生影响，具有兴奋和麻醉作用，导致烦躁、健忘、注意力分散、反应迟钝、身体协调性下降以及头晕、恶心、呼吸困难和四肢麻木等症状，严重的导致黏膜出血、抽搐和昏迷。女性对苯以及其同系物更为敏感，甲苯和二甲苯对生殖功能也有一定影响。孕期接触苯系物混合物时，妊娠高血压综合症、呕吐及贫血等导致胎儿的畸形、神经系统功能障碍以及生长发育迟缓等多种先天性缺陷。

（二）VOC

VOC 是挥发性有机化合物（Volatile Organic Compounds）的英文缩写，包括碳氢化合物、有机卤化物、有机硫化物等，在阳光作用下与大气中氮氧化物、硫化物发生光化学反应，生成毒性更大的二次污染物，形成光化学烟雾。

TVOC是室内最大污染物，极其复杂，而且新的种类不断被合成出来。由于它们单独的浓度低，但是种类特别多，所以一般不予以分别逐个表示，仅以VOC或TVOC表示其总量。

据统计，全世界每年排放到大气中的溶剂约1000万t，其中涂料和胶粘剂释放的挥发性有机化合物是VOC的重要来源。

VOC对人体影响主要有三种类型：

1）气味和感官效应。即器官刺激、感觉干燥等。

2）黏膜刺激和其他系统毒性导致病态。

3）基因毒性和致癌性。

VOC存在于涂料、胶粘剂、水性处理等室内装饰装修材料中，另外地毯、PVC卷材、地板材料中也含有一定量的VOC。

（三）甲醛

甲醛是无色、具有强烈气味的刺激性气体。气体相对密度1.081～1.085，略重于空气，易溶于水，其35%～40%的水溶液通称福尔马林。甲醛（HCHO）是一种挥发性有机化合物，污染源很多，污染度也很高，是室内主要污染物。

自然界中的甲醛是甲烷循环中一个中间产物，背景值很低。室内空气中的甲醛主要有两个来源，一是来自室外的工业废气、汽车尾气、光化学烟雾；二是来自建筑材料、装饰物品以及生活用品等化工产品。

甲醛是一种有毒物质，具有刺激、过敏和致癌作用，通常人的甲醛嗅觉阈为0.06mg/m^3，刺激作用主要对鼻和上呼吸道产生刺激症状，引发哮喘、呼吸道或支气管炎。另外，甲醛对眼睛也有强烈的刺激作用，引起水肿、眼刺痛、眼红、眼痒、流泪等。皮肤直接接触甲醛，可引起皮炎、色斑、坏死。而经常吸入甲醛，能引起慢性中毒，出现黏膜出血、皮肤刺激症、过敏性皮炎、指甲角化和脆弱，全身症状有头痛、乏力、胃食欲缺乏、心悸、失眠以及自主神经紊乱等。另外，通过对动物的试验表明，甲醛对大鼠鼻腔有致癌性。

近年来，还有多项报道表明：甲醛会对人体内免疫水平产生影响，且能引起哺乳动物细胞株的基因突变、DNA单链断裂、DNA链内交联和DNA与蛋白质交联，抑制DNA损伤的修复，影响DNA合成转录，还能损伤染色体。

三、其他污染物的来源和危害

（一）重金属

重金属主要来源于各种材料生产时加入的各种助剂（如催干剂、防污剂、消光剂）以及颜料和各种填料中所含的杂质。

室内环境中重金属污染主要来自溶剂型木器涂料、内墙涂料、木家具、壁纸、聚氯乙烯卷材地板等装饰装修材料。

涂料中的重金属主要来自着色颜料，如红丹、铅铬黄、铅白等，木家具、木器涂料中有毒重金属对人体的影响主要是通过木器在使用过程中干漆膜与人体长期接触，如误入口中，其可溶物将对人体造成危害。

聚氯乙烯卷材地板中若含有铅、镉，随着地板的使用与磨损，铅、镉向表层迁移，在空气中形成铅尘、镉尘，通过接触误入口中而摄入体内，则造成危害。

铅、镉、铬、汞等重金属元素的可溶物进入人的机体后，会逐渐在体内蓄积，转化成毒性更强的金属有机化合物，对人体健康产生严重影响。过量的铅能损害神经、造血和生殖系统，引起抽搐、头痛、脑麻痹、失明、智力迟钝；铅还可引起免疫功能的变化，包括增加对细菌的易感性，抑制抗体产生，以及对巨噬细胞的毒性而影响免疫。铅对儿童的危害更大，因为儿童对铅有特殊的易感性，铅中毒可严重影响儿童生长和智力发育，因此铅污染的控制已成为世界性关注热点。长期吸入镉尘可损害肾、肺功能。长期接触铬化合物可引起接触性皮炎或湿疹。慢性汞中毒主要影响中枢神经系统等。

（二）氨

氨是无色气体，易溶于水、乙醇和乙醚。常温下 1 体积水可以溶解 700 体积的氨，溶于水后的氨形成氢氧化铵，俗称氨水。

建筑中的氨，主要来自建筑施工中使用的混凝土外加剂。混凝土外加剂的使用有利于提高混凝土的强度和施工速度，冬期在混凝土墙体中加入会释放氨气的膨胀剂和防冻剂，或为了提高混凝土凝固速度，加入会释放氨气的高碱膨胀剂和早强剂，将留下氨污染隐患。室内家具涂饰时所用的添加剂和增白剂大部分都用氨水，也是造成氨污染的来源之一。

氨气可通过皮肤和呼吸道引起中毒，嗅觉阈值为 $0.1\sim1.0mg/m^3$。因极易溶于水，对眼、喉、上呼吸道作用快，刺激性极强，轻者引起喉炎、声音嘶哑，重者可发生喉头水肿、喉痉挛而引起窒息，出现呼吸困难、肺水肿、昏迷和休克。但是氨污染释放期比较短，不会在空气中长期大量积存，对人体的危害相应小一些，但也应该引起注意。

四、建筑工程、装饰材料的环保对策及措施建议

（一）严格源头把关

各级质量技术监督部门应把各种建筑和装饰装修材料的环保性能作为一项重要内容落实到产品质量管理中去，促使材料生产厂家树立起生产“绿色建材”，争创“绿色企业”的环保意识。对生产假冒伪劣、有害物质严重超标的企业应追根溯源，加大惩处力度，并予以关停，同时应加强联合执法的力度。

（二）设计先行，建立和完善工程监管体系，推进行业达标

一是建立规范的市场秩序，出台权威性的装饰装修管理规范；二是推行设计师负责制，提高设计人员的整体素质；三是提高设计图样审查质量，将环境指标控制列入图样审查内容；四是建立和完善无机建材放射性和装饰装修材料有害物质限量的检测手段和方法。

（三）加强全过程控制

工程各方应承担起各自在工程建设过程中应尽的责任：工程设计前，勘察单位必须进行土壤氡浓度的测定，以确定相应的防氡措施；工程及装饰设计单位必须根据建筑物类型和装修程度，选择环保性能符合规范规定的材料，并注意控制空间承载量、搭配材料使用比例。通风设计应符合现行标准、规范的规定；材料进场验收，监理单位必须严格查验其环保性能检测报告，对规范规定必须进行工程复验的材料及检测项目不全或对结果有怀疑的材料，必须送有资质的检测机构检测，合格后方可使用。施工单位在施工中，应严格按要求规范各种施工行为，只有这样才能保证工程验收时室内环境污染物浓度检测结果符合规范规定。

(四) 样板领路

当室内装修多次重复使用同一设计时,宜先作样板间,并对样板间室内环境质量进行检测,检测合格后再进行其他部分的装修施工。如检测不合格,应会同设计、监理等单位查找原因,采取相应措施处理,以免验收时检测不合格,难以补救,造成损失。

(五) 加强通风换气

通风换气是一种简便可行的改善室内空气质量的方法,但对于释放时间长的污染源,通风换气只能治标但不治本,它可以暂时减少室内环境污染程度,只要污染源存在,门窗关闭一段时间,污染物就又会蓄积一定浓度,仍会对人身的健康构成威胁。

第二章　标准计量知识

第一节　标准与标准化

一、基础知识

我国的标准从无到有，从工业生产领域拓展到涉及工业、农业、服务业、安全、卫生、环境保护和管理等领域。目前，我国的技术标准体系、工程建设标准体系、标准化管理体系和运行机制，在社会主义现代化建设中占有非常重要的地位。

按照标准的内容可分为基础标准、试验标准、产品标准、工程建设标准、过程标准、服务标准、接口标准。其中，工程建设标准化自 1990 年以来，已初步形成了城乡规划、城镇建设、房屋建筑、铁路工程、水利工程、矿山工程等体系。

二、国家标准与国际标准

（一）国家标准

标准是为了在一定范围内获得最佳秩序，经协商一致制定并由公认机构批准，共同使用的和重复使用的一种规范性文件。标准是以科学、技术和经验的综合成果为基础，以促进最佳的共同效益为目的的特殊文件。

国家标准是指由国务院标准化行政主管部门编制计划，组织草拟，统一审批、编号、发布的在全国范围内统一和适用的标准。

（二）国际标准的采用

1. 等同采用

等同采用是指与国际标准在技术内容和文本结构上相同，或者与国际标准在技术内容上相同，只存在少量编辑性修改。

在我国国家标准封面上和首页上的表示方法为：GB ××××—×××× （idt ISO ××××：××××）。

2. 修改采用

修改采用是指与国际标准之间存在技术性差异，并清楚地标明这些差异以及解释其产生的原因，允许包含编辑性修改。修改采用不包括只保留国际标准中少量或者不重要的条款的情况。修改采用时，我国标准与国际标准在文本结构上应当对应，只有在不影响与国际标准的内容和文本结构进行比较的情况下才允许改变文本结构。

在我国国家标准封面上和首页上的表示方法为：GB ××××—×××× （mod ISO ××××：××××）。

三、企业标准化

1. 企业标准化的定义

企业标准化是指以提高经济效益为目标，以搞好生产、管理、技术和营销等各项工作为主要内容，制定、贯彻实施和管理维护标准的一种有组织的活动。

2. 企业标准化的特征

1）企业标准化必须以提高经济效益为中心。企业标准化也必须以提高经济效益为中心，把能否取得良好的效益，作为衡量企业标准化工作好坏的重要标志。

2）企业标准化贯穿于企业生产、技术、经营管理活动的全过程。现代企业的生产经营活动，必须进行全过程的管理，即产品（服务）开发研究、设计、采购、试制、生产、销售、售后服务都要进行管理。

3）企业标准化是制定标准和贯彻标准的一种有组织的活动。企业标准化是一种活动，而这种活动是有组织的、有目标的、有明确内容的。其实属内容就是制定企业所需的各种标准，组织贯彻实施有关标准，对标准的执行进行监督，并根据发展适时修订标准。

3. 实施企业标准的监督

1）国家标准、行业标准和地方标准中的强制性标准、强制性条文企业必须严格执行；不符合强制性标准的产品，禁止出厂和销售。

2）企业生产的产品，必须按标准组织生产，按标准进行检验。经检验符合标准的产品，由企业质量检验部门签发合格证书。

3）企业研制新产品、改进产品、进行技术改造和技术引进，都必须进行标准化审查。

4）企业应当接受标准化行政主管部门和有关行政主管部门，依据有关法律、法规，对企业实施标准情况进行监督检查。

第二节　计量基础知识

一、基本概念

（一）计量的定义

计量是实现单位统一、保障量值准确可靠的活动。计量学是关于测量的科学，它涵盖测量理论和实践的各个方面。在相当长的历史时期内，计量的对象主要是物理量。

计量工作，是指按一定的科学方法进行的测试、检验、测定分析等工作。计量工作是企业经营管理最基础的工作，各种原始数据反映出来的情况，都是通过一定量的计量手段获得的。

（二）计量的内容

1）计量单位与单位制。

2）计量器具（或测量仪器），包括实现或复现计量单位的计量基准、计量标准与工作计量器具。

3）量值传递与溯源，包括检定、校准、测试、检验与检测。

4）物理常量、材料与物质特性的测定。

5）测量不确定度、数据处理与测量理论及其方法。

6）计量管理，包括计量保证与计量监督等。

（三）计量认证

计量认证是指依据《中华人民共和国计量法》的规定，对产品质量检验机构的计量检定、测试能力和可靠性、公正性进行考核，证明其是否具有为社会提供公证数据的资格。经计量认证的产品质量检验机构所提供的数据，用于贸易出证、产品质量评价、成果鉴定作为公正数据，具有法律效力。

二、计量单位

国际单位制是在米制的基础上发展起来的一种一贯单位制，其国际通用符号为“SI”。SI 单位是我国法定计量单位的主体，所有 SI 单位都是我国的法定计量单位。此外，我国还选用了一些非 SI 的单位，作为国家法定计量单位。

常用的法定计量单位见表 2-1。

表 2-1 常用的法定计量单位符号表

量的名称	单位名称	符号	量的名称	单位名称	符号
长度	米，厘米	m，cm	力，重力	牛顿	N
质量	千克，吨	kg，t	强度，应力	帕斯卡，兆帕	Pa，MPa
时间	秒	s	弹性模量	兆帕	MPa
	分	min	热量，能量	焦耳	J
	小时	h	功率	瓦特	W
	天（日）	d	导热系数	瓦特每米开尔文	W/（m·K），W/（m·℃）
体积	升，毫升	L，mL	频率	赫兹	Hz

法定与非法定计量单位之间的换算关系见表 2-2。

表 2-2 法定与非法定计量单位之间的换算关系表

量的名称	习用计量单位		法定计量单位		换算关系
	中文名称	符号	中文名称	符号	
力，强度	千克力	kgf	牛顿	N	1kgf=10N
应力	千克力每平方厘米	kgf/cm^2	兆帕斯卡	MPa	$1kgf/cm^2 \approx 0.1MPa$
弹性模量	千克力每平方厘米	kgf/cm^2	兆帕斯卡	MPa	$1kgf/cm^2 \approx 0.1MPa$
热，热量	卡	cal	焦耳	J	1cal=4.187J
导热系数	千卡每米小时摄氏度	kcal/（m·h·℃）	瓦特每米开尔文	W/（m·K）	1kcal/（m·h·℃）=1.163W/（m·K）

三、量值溯源

在历史上，计量被称为度量衡，即指长度、容积、质量的测量，所用的器具主要是尺、斗、秤。早在公元前 221 年，秦始皇统一六国后，就决定把战国时混乱的度量衡制度统一起来。随着科技、经济和社会的发展，计量的对象逐渐扩展到工程量、化学量、生理量，甚至心理上。

第二篇　结构性材料

第三章　水　泥

第一节　水泥组成及分类

水泥是一种粉末状的水硬性无机胶凝材料，是最主要的建筑材料之一；可以和集料及增强材料配制成各种混凝土和砂浆，被广泛应用于工业与民用建筑、交通、水利、国防等工程中。

一、水泥的组成

(1) 硅酸盐水泥熟料　由主要含CAO、SiO_2、Al_2O_3、Fe_2O_3的原料，按适当比例磨成细粉烧至部分熔融所得以硅酸钙为主要矿物成分的水硬性胶凝物质。其中硅酸钙矿物不小于66%，氧化钙和氧化硅质量比不小于2.0。

(2) 石膏　是用作调节水泥凝结时间的组分。

1) 天然石膏应符合《天然石膏》(GB/T 5483—2008) 中规定的G类或M类二级 (含) 以上的石膏或混合石膏。

2) 工业副产石膏以硫酸钙为主要成分的工业副产物。采用前应经过试验证明对水泥性能无害。

(3) 活性混合材料　符合《用于水泥中的粒化高炉矿渣》(GB/T 203—2008)、《用于水泥和混凝土中的粒化高炉矿渣粉》(GB/T 18046—2008)、《用于水泥和混凝土中的粉煤灰》(GB/T 1596—2005)、《用于水泥中的火山灰质混合材料》(GB/T 2847—2005) 标准要求的粒化高炉矿渣、粒化高炉矿渣粉、粉煤灰、火山灰质混合材料。

(4) 非活性混合材料　活性指标分别低于《用于水泥中的粒化高炉矿渣》(GB/T 203—2008)、《用于水泥和混凝土中的粒化高炉矿渣粉》(GB/T 18046—2008)、《用于水泥和混凝土中的粉煤灰》(GB/T 1596—2005)、《用于水泥中的火山灰质混合材料》(GB/T 2847—2005) 标准要求的粒化高炉矿渣、粒化高炉矿渣粉、粉煤灰、火山灰质混合材料；石灰石和砂岩，其中石灰石中的三氧化二铝含量应不大于2.5%。

(5) 窑灰　符合《掺入水泥中的回转窑窑灰》(JC/T 742—2009) 的规定。

(6) 助磨剂　水泥粉磨时允许加入助磨剂，其加入量应不大于水泥质量的0.5%，助磨剂应符合《水泥助磨剂》(JC/T 667—2004) 的规定。

二、水泥的分类

（一）通用水泥

通用水泥是工业与民用建筑等土木工程中应用最为广泛的水泥。通用硅酸盐水泥按混合材料的品种和掺量分为硅酸盐水泥、普通硅酸盐水泥、矿渣硅酸盐水泥、火山灰质硅酸盐水泥、粉煤灰硅酸盐水泥和复合硅酸盐水泥等。各品种的组分和代号应符合表 3-1 的规定。

表 3-1　通用硅酸盐水泥的组分　　（单位：%）

<table>
<tr><th rowspan="2">品　种</th><th rowspan="2">代　号</th><th colspan="5">组　　分</th></tr>
<tr><th>熟料＋石膏</th><th>粒化高炉矿渣</th><th>火山灰质混合材料</th><th>粉煤灰</th><th>石灰石</th></tr>
<tr><td rowspan="3">硅酸盐水泥</td><td>P·Ⅰ</td><td>100</td><td>—</td><td>—</td><td>—</td><td>—</td></tr>
<tr><td rowspan="2">P·Ⅱ</td><td>≥95</td><td>≤5</td><td>—</td><td>—</td><td>—</td></tr>
<tr><td>≥95</td><td>—</td><td>—</td><td>—</td><td>≤5</td></tr>
<tr><td>普通硅酸盐水泥</td><td>P·O</td><td>≥80 且<95</td><td colspan="3">>5 且≤20</td><td>—</td></tr>
<tr><td rowspan="2">矿渣硅酸盐水泥</td><td>P·S·A</td><td>≥50 且<80</td><td>>20 且≤50</td><td>—</td><td>—</td><td>—</td></tr>
<tr><td>P·S·B</td><td>≥30 且<50</td><td>>50 且≤70</td><td>—</td><td>—</td><td>—</td></tr>
<tr><td>火山灰质硅酸盐水泥</td><td>P·P</td><td>≥60 且<80</td><td>—</td><td>>20 且≤40</td><td>—</td><td>—</td></tr>
<tr><td>粉煤灰硅酸盐水泥</td><td>P·F</td><td>≥60 且<80</td><td>—</td><td>—</td><td>>20 且≤40</td><td>—</td></tr>
<tr><td>复合硅酸盐水泥</td><td>P·C</td><td>≥50 且<80</td><td colspan="4">>20 且≤50</td></tr>
</table>

（二）其他品种水泥

1. 铝酸盐水泥

铝酸盐水泥是以石灰岩和矾土为主要原料，配制成适当成分的生料，烧至全部或部分熔融所得以铝酸钙为主要矿物的熟料，经磨细而成的水硬性胶凝材料，代号 CA；铝酸盐水泥适用于抢修及需早强的工程、冬期施工及防水耐硫酸盐腐蚀的工程。

2. 快硬硅酸盐水泥

凡以硅酸盐水泥熟料和适量石膏磨细制成的，以 3d 抗压强度表示标号的水硬性胶凝材料，称为快硬硅酸盐水泥（简称快硬水泥）；快硬硅酸盐水泥适用于紧急抢修工程及低温施工工程。

3. 快凝快硬硅酸盐水泥

凡以适当成分的生料烧至部分熔融，所得以硅酸三钙、氟铝酸钙为主要熟料，加入适量的硬石膏、料化高炉矿渣、无水硫酸钠，经过磨细制成的一种凝结快、小时强度增长快的水硬性胶凝材料，称为快凝快硬硅酸盐水泥；快凝快硬硅酸盐水泥适用于紧急抢修工程。

4. 白色硅酸盐水泥

以适当成分的生料烧至部分熔融，所得以硅酸钙为主要成分、氧化铁含量少的熟料，称为白色硅酸盐水泥熟料。以白色硅酸盐水泥熟料加入适量石膏磨细制成的水硬性胶凝材料称为白色硅酸盐水泥（简称白水泥）；白色硅酸盐水泥适用于建筑物内外表面的装饰工程。

5. 道路工程

以适当成分的生料烧至部分熔融，所得以硅酸钙为主要成分和较多铁铝酸盐的硅酸盐水泥熟料称为道路硅酸盐水泥熟料。由道路硅酸盐水泥熟料，0～10%活性混合材料和适量石膏磨细制成的水硬性胶凝材料，称为道路硅酸盐水泥（简称道路水泥，代号为P·R）。

第二节　水泥强度等级与技术性能

一、水泥强度等级

不同品种不同强度等级的通用硅酸盐水泥，其不同龄期的强度等级应符合表3-2的规定。

表3-2　通用硅酸盐水泥不同龄期的强度等级　（单位：MPa）

品种	强度等级	抗压强度		抗折强度	
		3d	28d	3d	28d
硅酸盐水泥	42.5	≥17.0	≥42.5	≥3.5	≥6.5
	42.5R	≥22.0		≥4.0	
	52.5	≥23.0	≥52.5	≥4.0	≥7.0
	52.5R	≥27.0		≥5.0	
	62.5	≥28.0	≥62.5	≥5.0	≥8.0
	62.5R	≥32.0		≥5.5	
普通硅酸盐水泥	42.5	≥17.0	≥42.5	≥3.5	≥6.5
	42.5R	≥22.0		≥4.0	
	52.5	≥23.0	≥52.5	≥4.0	≥7.0
	52.5R	≥27.0		≥5.0	
矿渣硅酸盐水泥 火山灰质硅酸盐水泥 粉煤灰硅酸盐水泥 复合硅酸盐水泥	32.5	≥10.0	≥32.5	≥2.5	≥5.5
	32.5R	≥15.0		≥3.5	
	42.5	≥15.0	≥42.5	≥3.5	≥6.5
	42.5R	≥19.0		≥4.0	
	52.5	≥21.0	≥52.5	≥4.0	≥7.0
	52.5R	≥23.0		≥4.5	

二、水泥的凝结硬化

硅酸盐水泥初凝不小于45min，终凝不大于390min；普通硅酸盐水泥、矿渣硅酸盐水泥、火山灰质硅酸盐水泥、粉煤灰硅酸盐水泥和复合硅酸盐水泥初凝不小于45min，终凝不大于600min。

硅酸盐水泥的凝结硬化过程是一个连续的复杂的物理化学变化过程。当前常把硅酸盐水泥凝结硬化看作是由如下几个过程来完成的，如图3-1所示。

当水泥和水拌和后，水泥颗粒表面开始与水化合，生成水化物，其中结晶体溶解于水中，凝胶体以极细小的质点悬浮在水中，成为水泥浆体。此时水泥颗粒周围的溶液很快成为水化产物的过饱和溶液，如图3-1a所示。

随着水化的继续进行，新生水化产物增多，自由水分减少，凝胶体变稠。包有凝胶层的水泥颗粒凝结成多孔的空间网络，形成凝聚结构。由于此时水化物尚不多，包有水化物膜层的水泥颗粒之间还是分离的，相互间引力较小，如图 3-1b 所示。

水泥颗粒不断水化，水化产物不断生成，水化凝胶体含量不断增加，氢氧化钙、水化铝酸钙结晶与凝胶体各种颗粒互相连接成网，不断充实凝聚结构的空隙，浆体变稠，水泥逐渐凝结，也就是水泥的初凝，水泥此时还不具有强度，如图 3-1c 所示。

水化后期，由于凝胶体的形成与发展，水化越来越困难，未水化的水泥颗粒吸收胶体内的水分水化，使凝聚胶体脱水而更趋于紧密，而且各种水化产物逐渐填充原来水所占的空间，胶体更加紧密，水泥硬化，强度产生，如图 3-1d 所示。

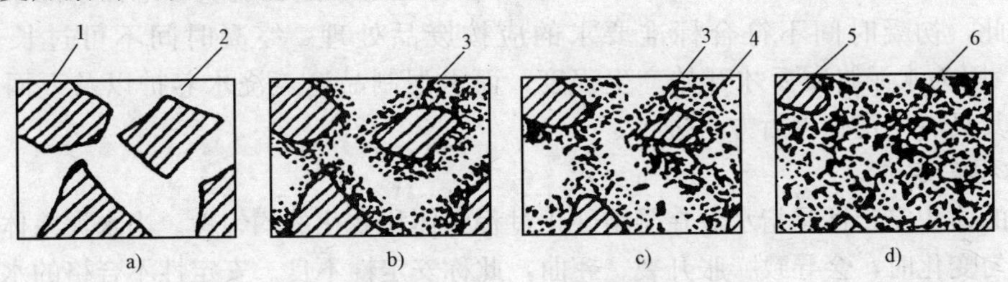

图 3-1 水泥凝结硬化过程示意图

a）分散在水中未水化的水泥颗粒 b）在水泥颗粒表面形成水化物膜层

c）膜层长大并互相连续（凝结） d）水化物进一步发展，填充毛细孔（硬化）

1—水泥颗粒 2—水分 3—凝胶 4—晶体 5—未水化水泥颗粒 6—毛细孔

以上就是水泥的凝结硬化过程。水泥和水拌和凝结硬化后成为水泥石。水泥石是由凝胶、晶体、未水化水泥颗粒、毛细孔（毛细孔水）和凝胶孔等组成的不匀质结构体。

三、水泥的技术性能

（一）物理力学性能

1. 细度

水泥细度是指水泥颗粒粗细的程度，细度是影响水泥性能的重要指标。水泥细度通常采用筛析法或比表面积法进行测定。

硅酸盐水泥和普通硅酸盐水泥以比表面积表示，不小于 $300m^2/kg$；矿渣硅酸盐水泥、火山灰质硅酸盐水泥、粉煤灰硅酸盐水泥和复合硅酸盐水泥以筛余表示，$80\mu m$ 方孔筛筛余不大于 10%或 $45\mu m$ 方孔筛筛余不大于 30%。

水泥与水的反应是从水泥颗粒表面开始，逐渐深入到颗粒内部的。水泥颗粒越细，其比表面积越大，与水的接触面越多，水化反应进行得越快、越充分，一般认为，粒径小于 $40\mu m$ 的水泥颗粒才具有较高的活性，大于 $90\mu m$ 的，则几乎接近惰性。因此，水泥的细度对水泥的性质有很大影响。通常水泥越细，凝结硬化越快，强度（特别是早期强度）越高，收缩也增大。但水泥越细，越易吸收空气中水分而受潮形成絮凝团，反而会使水泥活性降低。此外，提高水泥的细度要增加粉磨时的能耗，降低粉磨设备的生产率，增加成本。

2. 密度与堆积密度

硅酸盐水泥的密度与其矿物组成、储存时间和条件以及熟料的煅烧程度有关，一般为 $3.05 \sim 3.20g/cm^3$。在进行混凝土配合比计算时，通常采用 $3.10g/cm^3$。

硅酸盐水泥的堆积密度除与矿物组成及细度有关外，主要取决于存放时的紧密程度，松散时约为 1000～1100kg/m³，紧密时可达 1600kg/m³。计算时通常采用 1300kg/m³。

3. 凝结时间

水泥从加水开始到失去流动性，即从可塑性状态发展到固体状态所需要的时间称为凝结时间。凝结时间又分为初凝时间和终凝时间。初凝时间是指从水泥加水拌和起到水泥浆开始失去塑性所需的时间；终凝时间为从水泥加水拌和时起到水泥浆完全失去可塑性，并开始具有强度的时间。

初凝时间不能过短（不小于 45min），是为了保证施工过程能从容地在水泥浆初凝之前完成。因此，初凝时间不符合标准要求的应按废品处理。终凝时间不可过长（不大于 390min），因为水泥终凝后才开始产生强度，而水泥制品遮盖浇水养护以及下面工序的进行，需待其具有一定强度后方可进行。

4. 体积安定性

水泥的体积安定性是指水泥在凝结硬化过程中体积变化的均匀性。当水泥浆体硬化过程发生不均匀变化时，会导致膨胀开裂、翘曲，此称安定性不良。安定性不合格的水泥应按废品处理，不得用于建筑工程。

5. 水化热

水泥与水的水化反应是放热反应，所释放的热称为水化热。水化热的多少和释放速率取决于水泥熟料的矿物组成、混合材料的品种和数量、水泥细度和养护条件等。大部分水化热在水泥水化初期放出。

硅酸盐水泥是六种通用水泥中水化热量最大、放热速率最快的一种，普通水泥水化热数量和放热速率其次，掺大量混合材料的水泥则水化热较少。

水泥的水化热多，有利于冬期施工，可在一定程度上防止冻害。但不利于大体积工程，大量水化热聚集于内部，造成内部与表面有较大温差，内部受热膨胀，表面冷却收缩，使大体积混凝土在温度应力下严重受损。

6. 标准稠度用水量

水泥的许多性质都与新拌制的水泥浆的稀稠程度有关，如凝结时间、体积安定性测定等。所谓标准稠度，是按规定的方法拌制的水泥净浆，用维卡仪测定试杆沉入净浆并距底板 6±1mm 时的水泥净浆的稠度（标准法）。或在水泥标准稠度测定仪上，试锥下沉（28±2）mm时的水泥净浆的稠度（代用法）。

水泥标准稠度用水量是指水泥净浆达到标准稠度时所需要的水，通常用水与水泥质量的比（百分数）来表示。硅酸盐水泥的标准稠度用水量一般在 21%～28%之间。

水泥的标准稠度用水量主要与水泥的细度及其矿物成分有关。

7. 强度和强度等级

水泥作为胶凝材料，强度是它最重要的性质之一，也是划分强度等级的依据。

水泥强度是指水泥胶砂强度，是评定水泥强度等级的依据。硅酸盐水泥的强度不但与熟料的矿物成分，混合材料的品种、数量及水泥的细度等有关，还与水泥的水灰比、试件的制作方法、养护条件等有关。

1）硅酸盐水泥的强度等级分为 42.5、42.5R、52.5、52.5R、62.5、62.5R 六个等级。

2）普通硅酸盐水泥的强度等级分为 42.5、42.5R、52.5、52.5R 四个等级。

3）矿渣硅酸盐水泥、火山灰质硅酸盐水泥、粉煤灰硅酸盐水泥、复合硅酸盐水泥的强度等级分为 32.5、32.5R、42.5、42.5R、52.5、52.5R 六个等级。

（二）化学性质

通用硅酸盐水泥的化学指标应符合表 3-3 的规定。

表 3-3 通用硅酸盐水泥的化学指标 （单位：%）

<table>
<tr><th>品 种</th><th>代 号</th><th>不溶物
（质量分数）</th><th>烧失量
（质量分数）</th><th>三氧化硫
（质量分数）</th><th>氧化镁
（质量分数）</th><th>氯离子
（质量分数）</th></tr>
<tr><td rowspan="2">硅酸盐水泥</td><td>P·I</td><td>≤0.75</td><td>≤3.0</td><td rowspan="3">≤3.5</td><td rowspan="3">≤5.0①</td><td rowspan="8">≤0.06③</td></tr>
<tr><td>P·Ⅱ</td><td>≤1.50</td><td>≤3.5</td></tr>
<tr><td>普通硅酸盐水泥</td><td>P·O</td><td>—</td><td>≤5.0</td></tr>
<tr><td rowspan="2">矿渣硅酸盐水泥</td><td>P·S·A</td><td>—</td><td>—</td><td rowspan="2">≤4.0</td><td>≤6.0②</td></tr>
<tr><td>P·S·B</td><td>—</td><td>—</td><td>—</td></tr>
<tr><td>火山灰质硅酸盐水泥</td><td>P·P</td><td>—</td><td>—</td><td rowspan="3">≤3.5</td><td rowspan="3">≤6.0②</td></tr>
<tr><td>粉煤灰硅酸盐水泥</td><td>P·F</td><td>—</td><td>—</td></tr>
<tr><td>复合硅酸盐水泥</td><td>P·C</td><td>—</td><td>—</td></tr>
</table>

①如果水泥压蒸试验合格，则水泥中氧化镁的含量（质量分数）允许放宽至 6.0%。

②如果水泥中氧化镁的含量（质量分数）大于 6.0%时，需进行水泥压蒸安定性试验并合格。

③当有更低要求时，该指标由买卖双方协商确定。

第三节 水泥必试项目及取样方法

一、常用水泥必试项目

1. 不溶物、烧失量、氧化镁、三氧化硫和碱含量

按《水泥化学分析方法》（GB/T 176—2008）进行试验。

2. 压蒸安定性

按《水泥压蒸安定性试验方法》（GB/T 750—1992）进行试验。

3. 氯离子

按《水泥标准稠度用水量、凝结时间、安定性检验方法》（GB/T 1346—2001）进行试验。

4. 标准稠度用水量、凝结时间和安定性

按《水泥标准稠度用水量、凝结时间、安定性检验方法》（GB/T 1346—2001）进行试验。

5. 强度

按《水泥胶砂强度检验方法（ISO 法）》（GB/T 17671—1999）进行试验。但火山灰质硅酸盐水泥、粉煤灰硅酸盐水泥、复合硅酸盐水泥和掺火山灰质混合材料的普通硅酸盐水泥在进行胶砂强度检验时，其用水量按 0.50 水灰比和胶砂流动度不小于 180mm 来确定。当流动度小于 180mm 时，须以 0.01 的整倍数递增的方法将水灰比调整至胶砂流动度不小于 180mm。

胶砂流动度试验按《水泥胶砂流动度测定方法》（GB/T 2419—2005）进行，其中胶砂制备按《水泥胶砂强度检验方法（ISO 法）》（GB/T 17671—1999）进行。

6. 比表面积

按《水泥比表面积测定方法 勃氏法》（GB/T 8074—2008）进行试验。

二、水泥取样方法

水泥取样可连续取，亦可从 20 个以上不同部位取等量样品，总量至少 12kg。当散装水泥运输工具的容量超过该厂规定出厂编号吨数时，允许该编号的数量超过取样规定吨数；具体见表 3-4。

表 3-4 水泥取样方法

序号	项目		内容
1	取样部位		取样应在有代表性的部位进行，并且不应在污染严重的环境中取样。一般在以下部位取样： （1）水泥输送管路中 （2）袋装水泥堆场 （3）散装水泥卸料处或水泥运输机具上
2	取样步骤	手工取样	（1）散装水泥　当所取水泥深度不超过 2m 时，每一个编号内采用散装水泥取样器随机取样。通过转动取样器内管控制开关，在适当位置插入水泥一定深度，关闭后小心抽出，将所取样品放入符合要求的容器中。每次抽取的单样量应尽量一致 （2）袋装水泥　每一个编号内随机抽取不少于 20 袋水泥，采用袋装水泥取样器取样，将取样器沿对角线方向插入水泥包装袋中，用大拇指按住气孔，小心抽出取样管，将所取样品放入符合要求的容器中。每次抽取的单样量应尽量一致
		自动取样	采用自动取样器取样。该装置一般安装在尽量接近于水泥包装机或散装容器的管路中，从流动的水泥流中取出样品，将所取样品放入符合要求的容器中
3	取样量		（1）混合样的取样量应符合相关水泥标准要求 （2）分割样的取样量应符合下列规定： 1）袋装水泥：每 1/10 编号从一袋中取至少 6kg 2）散装水泥：每 1/10 编号在 5min 内取至少 6kg
4	样品制备与试验	混合样	每一编号所取水泥单样通过 0.9mm 方孔筛后充分混匀，一次或多次将样品缩分到相关标准要求的定量，均分为试验样和封存样。试验样按相关标准要求进行试验，封存样按相关规定要求储存以备仲裁。样品不得混入杂物和结块
		分割样	每一编号所取 10 个分割样应分别通过 0.9mm 方孔筛，不得混杂，并按要求进行 28d 抗压强度匀质性试验。样品不得混入杂物和结块

第四节　常用水泥的验收与保管

一、水泥交货与验收

1）交货时，水泥的质量验收可抽取实物试样以其检验结果为依据；也可以生产者同编号水泥的检验报告为依据。采取何种方法验收由买卖双方商定，并在合同或协议中注明。卖方有告知买方验收方法的责任。当无书面合同或协议，或未在合同、协议中注明验收方法的，卖方应在发货票上注明“以本厂同编号水泥的检验报告为验收依据”字样。

2）以抽取实物试样的检验结果为验收依据时，买卖双方应在发货前或交货地共同取样和签封。取样方法按《水泥取样方法》（GB 12573—2008）进行，取样数量为 20kg，缩分为二等份。一份由卖方保存 40d，一份由买方按本标准规定的项目和方法进行检验。

在 40d 以内，买方检验认为产品质量不符合本标准要求，而卖方又有异议时，则双方应将卖方保存的另一份试样送省级或省级以上国家认可的水泥质量监督检验机构进行仲裁检验。水泥安定性仲裁检验时，应在取样之日起 10d 以内完成。

3）以生产者同编号水泥的检验报告为验收依据时，在发货前或交货时买方在同编号水泥中取样，双方共同签封后由卖方保存 90d，或认可卖方自行取样、签封并保存 90d 的同编号水泥的封存样。

在 90d 内，买方对水泥质量有疑问时，则买卖双方应将共同认可的试样送省级或省级以上国家认可的水泥质量监督检验机构进行仲裁检验。

二、水泥的贮运与保管

硅酸盐水泥的贮运方式主要有散装和袋装。散装水泥从出厂、运输、储存到使用，直接通过专用工具进行，发展散装水泥具有较好的经济和社会效益。我国目前袋装水泥一般采用袋装水泥，每袋净含量为 50kg，且应不少于标志质量的 99%；随机抽取 20 袋总质量（含包装袋）应不少于 1000kg。其他包装形式由供需双方协商确定，但有关袋装质量要求，应符合上述规定。

水泥包装袋上应清楚标明：执行标准、水泥品种、代号、强度等级、生产者名称、生产许可证标志（QS）及编号、出厂编号、包装日期、净含量。包装袋两侧应根据水泥的品种采用不同的颜色印刷水泥名称和强度等级，硅酸盐水泥和普通硅酸盐水泥采用红色，矿渣硅酸盐水泥采用绿色；火山灰质硅酸盐水泥、粉煤灰硅酸盐水泥和复合硅酸盐水泥采用黑色或蓝色。

水泥在运输和保管时，不得混入杂物。不同品种、强度等级及出厂日期的水泥，应分别储存，并加以标志，不得混杂。散装水泥堆放时间应考虑防水防潮，堆置高度一般不超过 10 袋，每平方米可堆放 1t 左右。使用时应遵循先存先用的原则。存放期一般不应超过 3 个月。即使在储存良好的条件下，水泥会因吸收空气中的水分缓慢水化而丧失强度。袋装水泥储存 3 个月后，强度约降低 10%～20%；6 个月后，约降低 15%～30%；1 年后约降低 25%～40%。

第四章　气硬性胶凝材料

第一节　石　　灰

一、生石灰的生产与熟化

（一）生石灰的生产

石灰岩煅烧即成生石灰。煅烧时，石灰岩中碳酸钙和少量碳酸镁分解，生成氧化钙、氧化镁和二氧化碳气体。其反应式如下：

$$CaCO_3 \xrightarrow{900℃} CaO + CO_2 \uparrow$$

$$MgCO_3 \xrightarrow{700℃} MgO + CO_2 \uparrow$$

碳酸钙煅烧温度达到900℃时，分解速度开始加快。但在实际生产中，由于石灰石致密程度、杂质含量及块度大小不同，并考虑到煅烧中的热损失，所以实际的煅烧温度为1000～1200℃，或者更高。当煅烧温度达到700℃时，石灰岩中的次要成分碳酸镁开始分解为氧化镁。

入窑石灰石的块度不宜过大，并力求均匀，以保证煅烧质量的均匀。石灰石越致密，要求的煅烧温度越高。当入窑石灰石块度较大、煅烧温度较高时，石灰石块的中心部位达到分解温度时，其表面已超过分解温度，得到的石灰石晶粒粗大，遇水后熟化反应缓慢，称其为过火石灰。若煅烧温度较低，不仅使煅烧周期延长，而且大块石灰石的中心部位还没完全分解，此时称其为欠火石灰。过火石灰熟化十分缓慢，其细小颗粒可能在石灰使用之后熟化，体积膨胀，致使硬化的砂浆产生“崩裂”或“鼓泡”现象，影响工程质量。欠火石灰降低了石灰的质量，也影响了石灰石的产灰量。

（二）石灰的熟化

石灰的熟化是指生石灰（CaO）与水发生作用生成熟石灰［Ca（OH）$_2$］的过程。其反应式如下：

$$CaO + H_2O \longrightarrow Ca(OH)_2 + 64.9kJ$$

生石灰具有强烈的消化能力，熟化时放出大量的热（约64.9kJ/mol），其放热速度也比其他胶凝材料快得多。生石灰熟化的另一个特点是质量为一份的生石灰可生成1.32份质量的熟石灰，其体积增大1.0～2.5倍。煅烧良好、氧化钙含量高、杂质含量低的生石灰（块灰），其熟化速度快、放热量大、体积膨胀也大。

生石灰熟化的方法有淋灰法和化灰法。淋灰法就是在生石灰中均匀加入70%左右的水（理论值为32.1%）便可得到颗粒细小、分散的熟石灰粉。工地上调制熟石灰粉时，每堆放半米高的生石灰块，淋60%～80%的水，再堆放再淋，使之成粉且不结块为止。目前，多用机械方法将生石灰熟化为熟石灰粉。化灰法是在生石灰中加入适量的水（约为块灰质量的2.5～3.0倍），得到的浆体称为石灰乳，石灰乳沉淀后除去表层多余水分后得到的膏状物称为石灰膏。调制石灰膏通常在化灰池和储灰坑中完成。

为避免过火石灰在使用以后因吸收水分而逐步熟化膨胀，使已硬化的砂浆或制品产生隆起、开裂等破坏现象，在使用前必须将过火石灰除掉或使过火石灰熟化。常采用的方法是将石灰进行陈伏处理，处理前先用筛网（石灰乳经筛网流入储灰池）除掉较大尺寸过火石灰颗粒及欠火石灰颗粒，再将其于储灰池中放置7d以上，使较小的过火石灰颗粒充分熟化。陈伏时为防止石灰碳化，石灰膏的表面须保存有一层水。使用消石灰粉时也须进行陈伏处理。

二、石灰的硬化

（一）干燥硬化

石灰浆体在干燥过程中，毛细孔隙失水，浆体中大量水分向外蒸发，或为附着基面吸收，使浆体中形成大量彼此相通的孔隙网，尚留于孔隙内的自由水，由于水的表面张力，产生毛细管压力，使石灰粒子更加紧密，因而获得强度，同时也产生明显的体积收缩。浆体进一步干燥时，这种作用也随之加强。

（二）结晶硬化

石灰浆体中高度分散的胶体粒子，为粒子间的扩散水层所隔开，当水分逐渐减少时，扩散水层逐渐减薄，因而胶体粒子在分子力的作用下互相粘结，形成凝聚结构的空间网，从而获得强度。在存在水分的情况下，由于氢氧化钙能溶解于水，故胶体凝聚结构逐渐通过由胶体逐渐变为晶体的过程，转变为较粗晶粒的结晶结构网，从而使强度提高。但是，由于这种结晶结构网的接触点溶解度较高，故当再遇到水时会引起强度降低。

（三）碳化硬化

氢氧化钙与空气中的二氧化碳化合生成碳酸钙晶体的过程称为碳化。反应式如下：

$$Ca(OH)_2 + CO_2 + H_2O \longrightarrow CaCO_3 + 2H_2O$$

生成的碳酸钙具有相当高的强度。由于空气中二氧化碳的浓度很低，因此碳化过程极为缓慢。当石灰浆体含水量过少，处于干燥状态时，碳化反应几乎停止。石灰浆体含水过多时，孔隙中几乎充满水，二氧化碳气体难以向内部渗透，即碳化作用仅限于在表面进行。当碳化生成的碳酸钙达到一定厚度时，则阻碍二氧化碳向内部渗透，也阻碍内部水分向外蒸发，从而减慢碳化速度。

上述硬化过程中的各种变化是同时进行的。在内部，对强度增长起主导作用的是结晶硬化，干燥硬化也起一定的附加作用。表层的碳化作用固然可以获得较高的强度，但进行得非常慢；而且从反应式看，这个过程的进行，一方面必须有水分存在，另一方面又放出较多的水，这将不利于干燥硬化和结晶硬化。由于石灰浆具有这种硬化机理，故它不宜用于长期处于潮湿或反复受潮的地方。具体使用时，往往在石灰浆中掺入填充材料，如掺入砂子配成石灰砂浆使用，掺入砂可减少收缩，更主要的是砂的掺入能在石灰浆内形成连通的毛细孔道使内部水分蒸发并进一步碳化，以加速硬化。为了避免收缩裂缝，常加纤维材料，制成石灰麻刀灰、石灰纸筋灰等。

三、石灰的技术性质

按石灰中氧化镁的含量，将生石灰划分为钙质石灰（MgO含量＜5%）和镁质石灰

（MgO 含量≥5%）；按消石灰中氧化镁的含量将消石灰粉划分为钙质消石灰粉（MgO 含量<4%）、镁质消石灰粉（4%≤MgO 含量≤24%）和白云石消石灰粉（24%≤MgO 含量≤30%）。建筑石灰按质量可分为优等品、一等品、合格品三种，具体指标应满足表 4-1～表 4-4 的要求。

表 4-1 生石灰的主要技术指标

项目	钙质生石灰			镁质生石灰		
	优等品	一等品	合格品	优等品	一等品	合格品
（CaO＋MgO）含量，不小于（%）	90	85	80	85	80	75
未消化残渣含量（5mm 圆孔筛余），不大于（%）	5	10	15	5	10	15
CO_2，不大于（%）	5	7	9	6	8	10
产浆量，不小于/（L/kg）	2.8	2.3	2.0	2.8	2.3	2.0

表 4-2 生石灰粉的技术指标

项目		钙质生石灰粉			镁质生石灰粉		
		优等品	一等品	合格品	优等品	一等品	合格品
（CaO＋MgO）含量，不小于（%）		85	80	75	80	75	70
CO_2 含量，不大于（%）		7	9	11	8	10	12
细度	0.90mm 筛的筛余，不大于（%）	0.2	0.5	1.5	0.2	0.5	1.5
	0.125mm 筛的筛余，不大于（%）	7.0	12.0	18.0	7.0	12.0	18.0

表 4-3 消石灰粉的技术指标

项目		钙质消石灰粉			镁质消石灰粉			白云石消石灰粉		
		优等品	一等品	合格品	优等品	一等品	合格品	优等品	一等品	合格品
（CaO＋MgO）含量，不小于（%）		70	65	60	65	60	55	65	60	55
游离水（%）		0.4～2	0.4～2	0.4～2	0.4～2	0.4～2	0.4～2	0.4～2	0.4～2	0.4～2
体积安定性		合格	合格	—	合格	合格	—	合格	合格	—
细度	0.90mm 筛的筛余，不大于（%）	0	0	0.5	0	0	0.5	0	0	0.5
	0.125mm 筛的筛余，不大于（%）	3	10	15	3	10	15	3	10	15

表 4-4　石灰体积和用量的换算

石灰组成（块：灰）	在密实状态下每 $1m^3$ 石灰质量/kg	每 $1m^3$ 熟石灰用生石灰数量/kg	每 1000kg 生石灰消解后的体积/m^3	每 $1m^3$ 石灰膏用生石灰数量/kg
10：0	1470	355.4	2.814	—
9：1	1453	369.6	2.706	—
8：2	1439	382.7	2.613	571
7：3	1426	399.2	2.505	602
6：4	1412	417.3	2.396	636
5：5	1395	434.0	2.304	674
4：6	1379	455.6	2.195	716
3：7	1367	475.5	2.103	736
2：8	1354	501.5	1.994	820
1：9	1335	526.0	1.902	—
0：10	1320	557.7	1.793	—

四、石灰的试验方法

化学成分和物理性能按《建筑石灰试验方法　物理试验方法》（JC/T 478.1—1992）及《建筑石灰试验方法　化学分析方法》（JC/T 478.2—1992）的规定进行。

五、石灰的运输、保管与应用

（一）石灰的运输

（1）包装、标志　生石灰粉、消石灰粉用牛皮纸、复合纸、编织袋包装。袋上应标明：厂名、产品名称、商标、净重、等级和批量编号。

（2）包装重量及偏差　生石灰粉：每袋净重分（40±1）kg 和（50±1）kg 两种。

消石灰粉：每袋净重分（20±0.5）kg 和（40±1）kg 两种。

（3）储存及运输储存　应分类、分等级储存在干燥的仓库内。不宜长期存放。生石灰应与可燃物及有机物隔离保管，以免腐蚀，或引起火灾。

运输：在运输中不准与易燃、易爆及液态物品同时装运，运输时要采取防水措施。

（4）质量证明书　每批产品出厂时应向用户提供质量证明书，注明：厂名、商标、产品名称、等级、试验结果、批量编号、出厂日期、标准编号及使用说明。

（二）石灰的保管

1）磨细生石灰及质量要求严格的块灰，最好存放在地基干燥的仓库内。仓库门窗应密闭，屋面不得漏水，灰堆必须与墙壁距离 70mm。

2）生石灰露天存放时，存放期不宜过长，地基必须干燥、不积水，石灰应尽量堆高。为防止水分及空气渗入灰堆内部，可于灰堆表面洒水拍实，使表面结成硬壳，以防损失。

3）直接运到现场使用的生石灰，最好立即进行熟化，过淋处理后，存放在淋灰池内，并用草席等遮盖，冬期应注意防冻。

4）生石灰应与可燃物及有机物隔离保管，以免腐蚀或引起火灾。

（三）石灰的应用

1）拌制灰土或三合土。灰土是将消石灰粉和黏土按一定比例拌和均匀，夯实而成。三合土是将消石灰粉、黏土和集料按一定比例混合均匀并夯实。

2）配制水泥石灰混合砂浆、石灰砂浆等。

3）生产硅酸盐制品。

第二节　石　　膏

一、石膏胶凝材料的生产

（一）建筑石膏

建筑石膏是将二水石膏（生石膏）加热至107～170℃时，部分结晶水脱出后得到半水石膏（熟石膏），再经磨细得到粉状的建筑中常用的石膏品种，故称“建筑石膏”。反应式如下：

$$CaSO_4 \cdot 2H_2O \xrightarrow[107\sim170℃]{加热} CaSO_4 \cdot 1/2H_2O + 3/2H_2O$$

该半水石膏的晶粒较为细小，称为β型半水石膏，将此熟石膏磨细得到的白色粉末称为建筑石膏。若在上述条件下煅烧一等或二等的半水石膏，然后磨得更细些，这种β型半水石膏称为模型石膏，是建筑装饰制品的主要原料。

（二）硬石膏

继续升温煅烧二水石膏，还可以得到几类不同的硬石膏（无水石膏）。当温度升至180～210℃时，半水石膏继续脱水得到脱水半水石膏。其结构变化不大，仍具有凝结硬化性质，当煅烧温度升至320～390℃时，得到可溶性硬石膏。其水化凝结速度较半水石膏快，但它的需水量大、硬化慢、强度低。当煅烧温度达到400～750℃时，石膏完全失去结合水，成为不溶性石膏，其结晶体变得紧密而稳定，密度达2.29g/cm^3，难溶于水，凝结很慢，甚至完全不凝结。但若加入石灰激发剂后，又使其具有水化凝结和硬化能力。这些材料按比例磨细后可制得无水石膏（强度为4.9～29.4MPa）。当煅烧温度超过800℃时，部分$CaSO_4$分解出CaO，磨细后的石膏称为高温煅烧石膏，硬化后有较高的强度和耐磨性，抗水性较好，所以也称其为地板石膏。

（三）高强度石膏

将二水石膏置于蒸压釜中，在127kPa的水蒸气中（124℃）脱水，则得到晶粒比β型半水石膏粗大、使用时拌和用水量少的半水石膏，称为α型半水石膏。将此熟石膏磨细得到的白色粉末称为高强度石膏。由于高强度石膏晶粒粗大，比表面小，调成可塑性浆体时需水量（35%～45%）只是建筑石膏需水量的一半，因此硬化后具有较高的密实度和强度。其3h的抗压强度可达9～24MPa，其抗拉强度也很高。7d的抗压强度可达15～40MPa。高强度石膏的密度为2.6～2.8g/cm^3。

二、建筑石膏的凝结硬化

随着水化的不断进行，生成的二水石膏胶体微粒不断增多，这些微粒较原来的半水石膏更加细小，比表面积很大，吸附着很多的水分；同时浆体中的自由水分由于水化和蒸发而不断减少，浆体的稠度不断增加，胶体微粒间的接近及相互之间不断增加的范德华力，使浆体逐渐失去可塑性，即浆体逐渐产生凝结。随着水化的不断进行，二水石膏胶体微粒凝聚并转变为晶体。晶体颗粒逐渐长大，且晶体颗粒间相互搭接、交错、共生（两个以上晶粒生长在一起），产生强度，即浆体逐渐硬化（图 4-1）。这一过程不断进行，直至浆体完全干燥，强度不再增加。此时浆体已硬化成为人造石材。

浆体的凝结硬化过程是一个连续进行的过程。将浆体开始失去可塑性的状态称为浆体初凝，从加水至初凝的这段时间称为初凝时间；浆体完全失去可塑性，并开始产生强度称为浆体终凝，从加水至终凝的时间称为浆体的终凝时间。

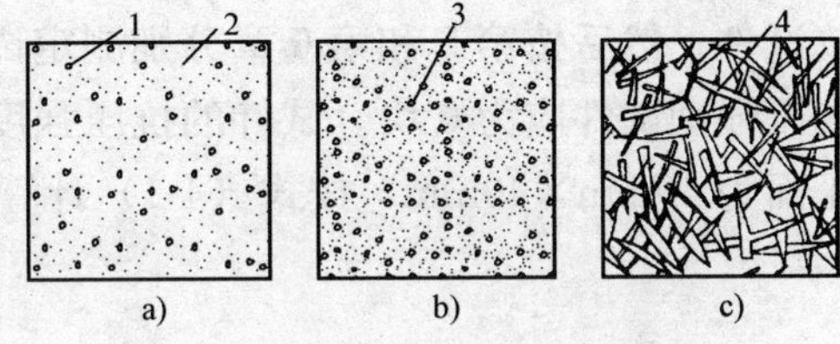

图 4-1　建筑石膏凝结硬化示意图

a）胶化　b）结晶开始　c）结晶长大与交错

1—半水石膏　2—二水石膏胶体微粒

3—二水石膏晶体　4—交错的晶体

三、建筑石膏的技术性质

（1）组成　建筑石膏组成中β半水硫酸钙（β-$CaSO_4 \cdot 1/2H_2O$）的含量（质量分数）应不小于 60.0%。

（2）物理力学性能　建筑石膏的物理力学性能应符合表 4-5 的要求。

表 4-5　物理力学性能

等　级	细度（0.2mm 方孔筛筛余）（%）	凝结时间/min		2h 强度/MPa	
		初凝	终凝	抗折	抗压
3.0	≤10	≥3	≤30	≥3.0	≥6.0
2.0				≥2.0	≥4.0
1.6				≥1.6	≥3.0

（3）放射性核素限量　工业副产建筑石膏的放射线核素限量应符合《建筑材料放射性核素限量》（GB 6566—2010）的要求。

（4）限制成分　工业副产建筑石膏中限制成分氧化钾（K_2O）、氧化钠（Na_2O）、氧化镁（MgO）、五氧化二磷（P_2O_5）和氟（F）的含量由供需双方商定。

四、建筑石膏的试验方法

（一）细度的测定

按《建筑石膏　粉料物理性能的测定》（GB/T 17669.5—1999）的相应规定测定。称取约 200g 试样，在 40℃±4℃下烘至恒量（烘干时间相隔 1h 的两次称量之差不超过 0.2g 时，即为恒量），并在干燥器中冷却至室温。将筛孔尺寸为 0.2mm 的筛下安上接收盘，称取 50.0g 试样倒入其中，盖上筛盖，按《建筑石膏　粉料物理性能的测定》（GB/T 17669.5—

1999）规定的操作方法进行测定。当1min的过筛试样质量不超过0.1g时，则认为筛分完成。称量筛上物，作为筛余量。细度以筛余量与试样原始质量之比的百分数形式表示，精确至0.1%。重复试验，至两次测定值之差不大于1%，取二者的平均值作为试验的结果。

（二）凝结时间的测定

按《建筑石膏　净浆物理性能的测定》（GB/T 17669.4—1999）第6章首先测定试样的标准稠度用水量并记录，然后按第7章测定其凝结时间。

（三）强度的测定

按《建筑石膏　力学性能的测定》（GB/T 17669.3—1999）中4.3制备试件，按4.4存放试件，然后按第5和第6章分别测定试样与水接触后2h试件的抗折强度和抗压强度，但抗压强度试件应为6块。试件的抗压强度用最大量程为50kN的抗压试验机测定。试件的受压面为40mm×40mm，按式（4-1）计算每个试件的抗压强度R_C。

$$R_C=\frac{P}{1600} \tag{4-1}$$

式中　R_C——抗压强度（MPa）；

P——破坏荷载（N）。

试验结果的确定按《水泥胶砂强度检验方法（ISO法）》（GB/T 17671—1999）中10.2进行。

（四）放射性核素限量的测定

按《建筑材料放射性核素限量》（GB 6566—2010）规定的方法测定。

（五）限制成分含量的测定

按《石膏化学分析方法》（GB/T 5484—2000）第16章测定氧化钾（K_2O）、氧化钠（Na_2O）的含量，按第12章测定氧化镁（MgO）的含量，按第21章测定五氧化二磷（P_2O_5）的含量，按第20章测定氟（F）的含量。

五、建筑石膏的贮运与应用

（一）建筑石膏的贮运

1）建筑石膏一般采用袋装或散装供应。袋装时，应用防潮包装袋包装。

2）产品出厂应带有产品检验合格证。袋装时，包装袋上应清楚标明产品标记，以及生产厂名、厂址、商标、批量编号、净重、生产日期和防潮标志。

3）建筑石膏在运输和储存时，不得受潮和混入杂物。

4）建筑石膏自生产之日起，在正常运输与储存条件下，储存期为三个月。

（二）建筑石膏的应用

由于品种不同，石膏的性质各异，用途也不一样。建筑石膏在建筑工程中主要可用做室内抹灰、粉刷、油漆打底等，还可以制造建筑装饰制品、石膏板，以及水泥原料中的调凝剂和激发剂，具体见表4-6。

表 4-6　建筑石膏的应用

<table>
<tr><th>序号</th><th colspan="2">用　途</th><th>建筑石膏的特点与应用</th></tr>
<tr><td>1</td><td colspan="2">室内抹灰和粉刷</td><td>由于建筑石膏的优良特性，常被用于室内高级抹灰和粉刷。建筑石膏加水、砂及缓凝剂拌和成石膏砂浆，用于室内抹灰或作为油漆打底使用
石膏砂浆具有隔热、保温性能好，热容量大，吸湿性大的特点，因此能够调节室内温、湿度，经常保持均衡状态，给人以舒适感。粉刷后的表面光滑、细腻、洁白美观。这种抹灰墙面还具有绝热、阻火、吸声以及施工方便、凝结硬化快、粘结牢固等特点，所以称其为室内高级粉刷和抹灰材料。石膏抹灰的墙面及顶棚，可以直接涂刷油漆及粘贴墙纸</td></tr>
<tr><td>2</td><td colspan="2">建筑装饰制品</td><td>以模型石膏为主要原料，掺加少量纤维增强材料和胶料，加水搅拌成石膏浆体。将浆体注入各种各样的金属（或玻璃）模具中，就获得了花样、形状不同的石膏装饰制品。如平板、多孔板、花纹板、浮雕板等
石膏装饰板具有色彩鲜艳、品种多样、造型美观、施工方便等优点，是公用建筑物和顶棚常用的装饰制品</td></tr>
<tr><td rowspan="3">3</td><td rowspan="3">石膏板</td><td>纸面石膏板</td><td>以建筑石膏为主要原料，掺入适量的纤维材料、缓凝剂等作为芯材，并以纸板作为增强护面材料，经加水搅拌、浇筑、辊压、凝结、切断、烘干等工序制得。纸面石膏板分为普通型、耐水型和耐火型三种，板的长度为 1800～3600mm，宽度为 900～1200mm，厚度为 9、12、15、18mm。纸面石膏板的抗折荷载为 400～800N。纸面石膏板主要用于隔墙、内墙等，自重仅为砖墙的 1/5。耐水型可用于厨房、卫生间等潮湿场合，耐火型用于耐火性要求高的场合。安装时须采用龙骨（固定石膏板的支架，通常由木材或铝合金、薄钢等制成）安装固定。纸面石膏板的生产效率高，但纸板用量大，成本较高</td></tr>
<tr><td>纤维石膏板</td><td>以纤维材料（多使用玻璃纤维）为增强材料，与建筑石膏、缓凝剂、水等混合经特殊工艺制成的石膏板。纤维石膏板的强度高于纸面石膏板，规格基本相同，但生产效率低。纤维石膏板除可用于隔墙、内墙外，还可用来代替木材制作家具</td></tr>
<tr><td>空心石膏板</td><td>以建筑石膏为主，加入适量的轻质多孔材料、纤维材料和水经搅拌、浇筑、振捣成型、抽芯、脱模、干燥而成。空心石膏板的长度为 2500～3000mm、宽度为 450～600mm、厚度为 60～100mm。主要用于隔墙、内墙等，使用时不需龙骨</td></tr>
</table>

第五章　集料、掺合料与外加剂

第一节　粗集料（石子）

粗集料是指粒径为 4.75～9.0mm 的岩石颗粒，俗称石子。

一、粗集料（石子）的分类

石子分为卵石和碎石。碎石比卵石干净，而且表面粗糙，颗粒富有棱角。与水泥石粘结较牢。

天然卵石又分河卵石、海卵石和山卵石等。河卵石表面光滑、少棱角，较洁净，有的具有天然级配。而山卵石含杂物较多，使用前必须加以冲洗，故河卵石为最常用。

石子按照粒径尺寸分为单粒粒级和连续粒级，按照石子技术要求分为Ⅰ类、Ⅱ类、Ⅲ类。其中Ⅰ类宜用于强度等级大于 C60 的混凝土；Ⅱ类宜用于强度等级 C30～C60 及抗冻、抗渗或其他要求的混凝土；Ⅲ类宜用于强度等级小于 C30 的混凝土。

二、粗集料（碎石及卵石）的技术要求

（1）颗粒级配　碎石和卵石的颗粒级配见表 5-1。

表 5-1　碎石和卵石的颗粒级配

方筛孔/mm	公称粒径/mm	2.36	4.75	9.50	16.0	19.0	26.5
		累计筛余（%）					
连续粒级	5～10	95～100	80～100	0～15	0		
	5～16	95～100	85～100	30～60	0～10	0	
	5～20	95～100	90～100	40～80	—	0～10	0
	5～25	95～100	90～100	—	30～70	—	0～5
	5～31.5	95～100	90～100	70～90	—	15～45	—
	5～40		95～100	70～90	—	30～65	—
单粒粒级	10～20		95～100	85～100		0～15	0
	16～31.5		95～100		85～100		
	20～40			95～100		80～100	
	31.5～63				95～100		
	40～80					95～100	

（2）针片状颗粒的含量　卵石和碎石中针片状颗粒含量见表 5-2。

表 5-2　卵石和碎石中针片状颗粒含量表

项　　目	指　　标		
	Ⅰ类	Ⅱ类	Ⅲ类
针片状颗粒含量（按质量分数计）（%）	<5	<15	<25

（3）泥和泥块的含量　泥是指粒径小于 0.08mm 的岩屑、淤泥与黏土的总和；黏土块是指水浸后粒径大于 2.5mm 的块状黏土。

卵石和碎石中泥含量和黏土块含量应符合表 5-3 的规定。

表 5-3　卵石和碎石中泥含量和黏土块含量表

项　　目	指　　标		
	Ⅰ类	Ⅱ类	Ⅲ类
含泥量（按质量分数计）（%）	<0.5	<1.0	<1.5
泥块含量（按质量分数计）（%）	0	<0.5	<0.7

（4）碎石或卵石中的有害物质　碎石或卵石中的硫化物和硫酸盐含量，以及卵石中有机杂质等有害物质含量应符合表 5-4 的规定。

表 5-4　碎石或卵石中的有害物质含量

项　　目	指　　标		
	Ⅰ类	Ⅱ类	Ⅲ类
有机物	合　格	合　格	合　格
硫化物及硫酸盐（按 SO_3 质量分数计）（%）	<0.5	<1.0	<1.0

（5）坚固性　碎（卵）石的坚固性用硫酸钠溶液法检验，经 5 次循环后其质量损失应符合表 5-5 的规定。

表 5-5　碎石或卵石的坚固性指标

项　　目	指　　标		
	Ⅰ类	Ⅱ类	Ⅲ类
质量损失（%）	<5	<8	<12

（6）压碎指标　碎（卵）石的压碎指标应符合表 5-6 的规定。

表 5-6　碎（卵）石的压碎指标

项　　目	指　　标		
	Ⅰ类	Ⅱ类	Ⅲ类
卵石压碎指标（%）	<12	<16	<16
碎石压碎指标（%）	<10	<20	<30

三、粗集料（碎石及卵石）试验

（一）取样方法

1）在料堆上取样时，取样部位应均匀分布。取样前先将取样部位表层铲除，然后从不同部位抽取大致等量的石子15份（在料堆的顶部、中部和底部等不同部位均匀取得）组成一组样品。

2）从皮带运输机上取样时，应用接料器在皮带运输机机尾的出料处定时抽取大致等量的石子8份，组成一组样品。

3）从火车、汽车、货船上取样时，从不同部位和深度抽取大致等量的石子16份，组成一组样品。

（二）试样数量

单项试验的最少取样数量应符合表5-7的规定。做几项试验时，如确能保证试样经一项试验后不致影响另一项试验的结果，可用同一试样进行几项不同的试验。

表5-7 单项试验取样数量 （单位：kg）

序号	试验项目	不同最大粒径/mm下的最少取样量							
		9.5	16.0	19.0	26.5	31.5	37.5	63.0	75.0
1	颗粒级配	9.5	16.0	19.0	25.0	31.5	37.5	63.0	80.0
2	含泥量	8.0	8.0	24.0	24.0	40.0	40.0	80.0	80.0
3	泥块含量	8.0	8.0	24.0	24.0	40.0	40.0	80.0	80.0
4	针片状颗粒含量	1.2	4.0	8.0	12.0	20.0	40.0	40.0	40.0
5	有机物含量	按试验要求的粒级和数量取样							
6	硫酸盐和硫化物含量								
7	坚固性								
8	岩石抗压强度	随机选取完整石块锯切或钻取成试验用样品							
9	压碎指标值	按试验要求的粒级和数量取样							
10	表观密度	8.0	8.0	8.0	8.0	12.0	16.0	24.0	24.0
11	堆积密度与空隙率	40.0	40.0	40.0	40.0	80.0	80.0	120.0	120.0
12	碱集料反应	20.0	20.0	20.0	20.0	20.0	20.0	20.0	20.0

（三）试样处理

将所取样品置于平板上，在自然状态下拌和均匀，并堆成堆体，然后沿互相垂直的两条直径把堆体分成大致相等的四份，取其中对角线的两份重新拌匀，再堆成堆体，重复上述过程，直到把样品缩分到试验所需量为止。

（四）试验方法

按《建筑用卵石、碎石》（GB/T 14685—2001）第六章规定执行。

四、粗集料（碎石及卵石）质量验收与保管

1）供货单位应提供石的产品合格证及质量检验报告；使用单位应按石的同产地同规格

分批验收。采用大型工具（如火车、货船或汽车）运输的，应以 400m³ 或 600t 为一验收批；采用小型工具（如拖拉机等）运输的，应以 200m³ 或 300t 为一验收批，不足上述量者，应按一验收批进行验收。

2）每验收批石至少应进行颗粒级配、含泥量、泥块含量检验。对于碎石或卵石，还应检验针片状颗粒含量，对于重要工程或特殊工程，应根据工程要求增加检测项目。对其他指标的合格性有怀疑时，应予检验。

当石的质量比较稳定、进料量又较大时，可以 1000t 为一验收批。

3）使用单位的质量检验报告内容应包括：委托单位、样品编号、工程名称、样品产地、类别、代表数量、检测依据、检测条件、检测项目、检测结果、结论等。

4）石的数量验收，可按质量计算，也可按体积计算。测定质量，可用汽车地量衡或以船舶吃水线为依据；测定体积，可以车皮或船舶的容积为依据。采用其他小型运输工具时，可按量方确定。

5）石在运输、装卸和堆放过程中，应防止颗粒离析、混入杂质，并应按产地、种类和规格分别堆放。碎石或卵石的堆料高度不宜超过 5m，对于单粒级或最大粒径不超过 20mm 的连续粒级，其堆粒高度可增加到 10m。

第二节　细集料（砂）

细集料是指粒径为 0.15～4.75mm 的岩石颗粒，俗称砂。

一、细集料（砂）的分类

砂可按产地、细度模数和加工方法不同分类。

（1）按产地不同　分为河砂、海砂和山砂。

1）河砂因长期受流水冲洗，颗粒成圆形，一般工程大都采用河砂。

2）海砂因长期受海水冲刷，颗粒圆滑，较洁净，但常混有贝壳及其碎片，且氯盐含量较高。

3）山砂存在于山谷或旧河床中，颗粒多带棱角，表面粗糙，石粉含量较多。

（2）按细度模数不同　分为粗砂、中砂、细砂三级。

（3）按其加工方法不同　分为天然砂和人工破碎砂两大类。

1）不需加工而直接使用的为天然砂，包括河砂，海砂和山砂。

2）人工破碎砂则是将天然石材破碎而成的或加工粗集料过程中的碎屑。

二、细集料（砂）的技术要求

（1）细度模数　砂的粗细程度按细度模数（μf）分为粗、中、细三级，其范围应符合粗砂（μf 为 3.1～3.7）、中砂（μf 为 2.3～3.0）、细砂（μf 为 1.6～2.2）的规定。

（2）颗粒级配　砂按 0.630mm 筛孔的累计筛余量，分成三个级配区。砂的颗粒级配应处于表 5-1 中的任何一个区以内。砂的实际颗粒级配与表 5-1 中所列的累计筛余百分率相比，除 5.00mm 和 0.630mm 外，允许稍有超出分界线，但其总量百分率不应大于 5%。

配制混凝土时宜优先选用Ⅱ区砂，当采用Ⅰ区砂时，应提高砂率，并保持足够的水泥用量，以保证混凝土的和易性；当采用Ⅲ区砂时，宜适当降低砂率，以保证混凝土强度。

当砂颗粒级配不符合表5-8要求时，应采取相应措施并经试验证明能确保工程质量，方可允许使用。

表5-8 砂颗粒级配区

累计筛余（%） 级配区 / 筛孔尺寸/mm	Ⅰ 区	Ⅱ 区	Ⅲ 区
10.0	0	0	0
5.00	0～10	0～10	0～10
2.50	5～35	0～25	0～15
1.25	35～65	10～50	0～25
0.630	71～85	41～70	16～40
0.315	80～95	70～92	55～85
0.160	90～100	90～100	90～100

（3）砂的含泥量和泥块含量 根据天然砂的含泥量和泥块含量及人工砂的石粉含量和泥块含量，不同类别的混凝土用砂应分别满足不同的要求，见表5-9和表5-10。

表5-9 天然砂的含泥量和泥块含量

项 目	Ⅰ 类	Ⅱ 类	Ⅲ 类
含泥量（按质量分数计）（%）	＜1.0	＜3.0	＜5.0
泥块含量（按质量分数计）（%）	0	＜1.0	＜2.0

表5-10 人工砂的石粉含量和泥块含量

	项	目		Ⅰ类	Ⅱ类	Ⅲ类
1	亚甲蓝试验	MB值＜1.4或合格	石粉含量（按质量分数计）（%）	＜3.0	＜5.0	＜7.0①
2			泥块含量（按质量分数计）（%）	0	＜1.0	＜2.0
3		MB值≥1.4或不合格	石粉含量（按质量分数计）（%）	＜1.0	＜3.0	＜5.0
4			泥块含量（按质量分数计）（%）	0	＜1.0	＜2.0

①根据使用地区和用途，在试验验证的基础上，可由供需双方协商确定。

（4）砂的有害物质 砂在生成过程中，由于环境的影响和作用，常混有对混凝土性质造成不利的物质，以天然砂尤为严重。依规定，砂中不应混有草根、树叶、树枝、塑料、煤块、炉渣等杂物。其他有害物质，包括云母、轻物质、有机物、硫化物和硫酸盐、氯盐的含量控制应符合表5-11的规定。

表5-11 砂中有害物质含量

项 目	指 标		
	Ⅰ类	Ⅱ类	Ⅲ类
云母（按质量分数计）（%）	＜1.0	＜2.0	＜2.0
轻物质（按质量分数计）（%）	＜1.0	＜1.0	＜1.0

（续）

项　　目	指　　标		
	Ⅰ类	Ⅱ类	Ⅲ类
有机物（比色法）（%）	合格	合格	合格
硫化物和硫酸盐（按 SO_3 质量分数计）（%）	<0.5	<0.5	<0.5
氯化物（按氯离子质量分数计）（%）	<0.01	<0.02	<0.06

（5）坚固性　砂的坚固性用硫酸钠溶液检验，试样经 5 次循环后其重量损失应符合表 5-12的规定。

表 5-12　砂的坚固性指标

混凝土所处的环境条件	循环后的质量损失（%）
在严寒及寒冷地区室外使用并经常处于潮湿或干湿交替状态下的混凝土	≤8
其他条件下使用的混凝土	≤10

三、细集料（砂）的试验

（一）取样方法

1）在料堆上取样时，取样部位应均匀分布。取样前先将取样部位表面铲除，然后从不同部位抽取大致等量的砂 8 份，组成一组样品。

2）从皮带运输机上取样时，应用接料器在皮带运输机机尾的出料处定时抽取大致等量的砂 4 份，组成一组样品。

3）从火车、汽车、货船上取样时，从不同部位和深度抽取大致等量的砂 8 份，组成一组样品。

（二）试样数量

单项试验的最少取样数量应符合表 5-13 的规定。做几项试验时，如确能保证试样经一项试验后不致影响另一项试验的结果，可用同一试样进行几项不同的试验。

表 5-13　单项试验取样数量

（单位：kg）

序号	试验项目		最少取样数量
1	颗粒级配		4.4
2	含泥量		4.4
3	石粉含量		6.0
4	泥块含量		20.0
5	云母含量		0.6
6	轻物质含量		3.2
7	有机物含量		2.0
8	硫化物与硫酸盐含量		0.6
9	氯化物含量		4.4
10	坚固性	天然砂	8.0
		人工砂	20.0
11	表观密度		2.6
12	堆积密度与空隙率		5.0
13	碱集料反应		20.0

（三）试样处理

1）用分料器法。将样品在潮湿状态下拌和均匀，然后通过分料器，取接料斗中的其中一份再次通过分料器。重复上述过程，直至把样品缩分到试验所需量为止。

2）人工四分法。将所取样品置于平板上，在潮湿状态下拌和均匀，并堆成厚度约为 20mm 的圆饼，然后沿互相垂直的两条直径把圆饼分成大致相等的四份，取其中对角线的两份重新拌匀，再堆成圆饼。重复上述过程，直至把样品缩分到试验所需量为止。

3）堆积密度、人工砂坚固性检验所用试样可不经缩分，在拌匀后直接进行试验。

（四）试验方法

按《建筑用砂》（GB/T 14684—2001）中第六章规定进行。

四、细集料（砂）的质量验收与保管

1）供货单位应提供砂的产品合格证及质量检验报告；使用单位应按砂的同产地同规格分批验收。采用大型工具（如火车、货船或汽车）运输的，应以400m^3或600t为一验收批；采用小型工具（如拖拉机等）运输的，应以200m^3或300t为一验收批，不足上述量者，应按一验收批进行验收。

2）每验收批砂至少应进行颗粒级配、含泥量、泥块含量检验。对于海砂或有氯离子污染的砂，还应检验其氯离子含量；对于海砂，还应检验贝壳含量；对于人工砂及混合砂，还应检验石粉含量。对于重要工程或特殊工程，应根据工程要求增加检测项目。对其他指标的合格性有怀疑时，应予检验。

当砂的质量比较稳定、进料量又较大时，可以1000t为一验收批。

3）使用单位的质量检验报告内容应包括：委托单位、样品编号、工程名称、样品产地、类别、代表数量、检测依据、检测条件、检测项目、检测结果、结论等。

4）砂石的数量验收，可按质量计算，也可按体积计算。测定质量，可用汽车地量衡或以船舶吃水线为依据；测定体积，可以车皮或船舶的容积为依据。采用其他小型运输工具时，可按量方确定。

5）砂石在运输、装卸和堆放过程中，应防止颗粒离析、混入杂质，并应按产地、种类和规格分别堆放。

第三节　轻　集　料

轻集料是堆积密度不大于1200kg/m^3的粗、细集料的总称。

一、轻集料的分类

（1）人造轻集料　采用无机材料经加工制粒、高温焙烧而制成的轻粗集料（陶粒等）及轻细集料（陶砂等）。

（2）天然轻集料　由火山爆发形成的多孔岩石经破碎、筛分而制成的轻集料。如浮石、火山渣等。

（3）工业废渣轻集料　由工业副产品成固体废弃物经破碎、筛分而制成的轻集料。如自燃煤矸石、煤渣等。

①自然煤矸石　采煤、选煤过程中排出的煤矸石、经堆积、自燃、破碎、筛分而成的一种工业废渣轻集料。

②煤渣　煤在锅炉内燃烧后的多孔残渣，经破碎、筛分而成的一种工业废渣轻集料。

二、轻集料的技术要求

1. 颗粒级配

1）各种轻粗集料和轻细集料的颗粒级配应符合表5-14的要求，但人造轻粗集料的最大粒径不宜大于 19.0mm。

2）轻细集料的细度模数宜在 2.3～4.0 范围内。

表 5-14 轻细集料颗粒级配

轻集料	级配类别	公称粒级/mm	各号筛的累计筛余（按质量分数计）/（%）方孔筛孔径											
			37.5mm	31.5mm	26.5mm	19.0mm	16.0mm	9.50mm	4.75mm	2.36mm	1.18mm	600μm	300μm	150μm
细集料	—	0～5	—	—	—	—	—	0	0～10	0～35	20～60	30～80	65～90	75～100
粗集料	连续粒级	5～40	0～10	—	—	40～60	—	50～85	90～100	95～100	—	—	—	—
		5～31.5	0～5	0～10	—	—	40～75	—	90～100	95～100	—	—	—	—
		5～25	0	0～5	0～10	—	30～70	—	90～100	95～100	—	—	—	—
		5～20	0	0～5	—	0～10	—	40～80	90～100	95～100	—	—	—	—
		5～16	—	—	0	0～5	0～10	20～60	85～100	95～100	—	—	—	—
		5～10	—	—	—	—	0	0～15	80～100	95～100	—	—	—	—
	单粒级	10～16	—	—	—	0	0～15	85～100	90～100	—	—	—	—	—

3）各种粗细混合轻集料，宜满足下列要求：

①2.36mm 筛上累计筛余为（60±2）%。

②筛除 2.36mm 以下颗粒后，2.36mm 筛上的颗粒级配满足表 5-14 中公称粒级 5～10mm 的颗粒级配的要求。

2. 密度等级

轻集料密度等级按堆积密度划分，并应符合表 5-15 的要求。

表 5-15 轻集料密度等级

轻集料种类	密度等级		堆积密度范围/（kg/m³）
	轻粗集料	轻细集料	
人造轻集料 天然轻集料 工业废渣轻集料	200	—	>100，≤200
	300	—	>200，≤300
	400	—	>300，≤400
	500	500	>400，≤500
	600	600	>500，≤600
	700	700	>600，≤700
	800	800	>700，≤800
	900	900	>800，≤900
	1000	1000	>900，≤1000
	1100	1100	>1000，≤1100
	1200	1200	>1100，≤1200

3. 筒压强度与强度标号

1）不同密度等级的轻粗集料的筒压强度应不低于表5-16的规定。

表5-16 轻粗集料筒压强度

轻粗集料种类	密度等级	筒压强度/MPa
人造轻集料	200	0.2
	300	0.5
	400	1.0
	500	1.5
	600	2.0
	700	3.0
	800	4.0
	900	5.0
天然轻集料 工业废渣轻集料	600	0.8
	700	1.0
	800	1.2
	900	1.5
	1000	1.5
工业废渣轻集料中的 自燃煤矸石	900	3.0
	1000	3.5
	1100～1200	4.0

2）不同密度等级高强轻粗集料的筒压强度和强度标号应不低于表5-17的规定。

表5-17 高强轻粗集料的筒压强度和强度标号

轻粗集料种类	密度等级	筒压强度/MPa	强度标号
人造轻集料	600	4.0	25
	700	5.0	30
	800	6.0	35
	900	6.5	40

4. 吸水率与软化系数

1）不同密度等级粗集料的吸水率应不大于表5-18的规定。

表5-18 轻粗集料的吸水率

轻粗集料种类	密度等级	1h吸水率/%
人造轻集料 工业废渣轻集料	200	30
	300	25
	400	20
	500	15
	600～1200	10
人造轻集料中的粉煤灰陶粒①	600～900	20
天然轻集料	600～1200	—

①系指采用烧结工艺生产的粉煤灰陶粒。

2）人造轻粗集料和工业废料轻粗集料的软化系数应不小于0.8；天然轻粗集料的软化系数应不小于0.7。

3）轻细集料的吸水率和软化系数不作规定，报告实测试验结果。

5. 轻粗集料的粒型系数

不同粒型轻粗集料的粒型系数应符合表5-19的规定。

表5-19　轻粗集料的粒型系数

轻粗集料种类	平均粒型系数
人造轻集料	≤2.0
天然轻集料 工业废渣轻集料	不作规定

6. 有害物质规定

轻集料中有害物质应符合表5-20的规定。

表5-20　轻集料有害物质规定

项目名称	技术指标
含泥量（%）	≤3.0
	结构混凝土用轻集料≤2.0
泥块含量（%）	≤1.0
	结构混凝土用轻集料≤0.5
煮沸质量损失（%）	≤5.0
烧失量（%）	≤5.0
	天然轻集料不作规定，用于无筋混凝土的煤渣允许≤18
硫化物和硫酸盐含量（按SO_3计）（%）	≤1.0
	用于无筋混凝土的自燃煤矸石允许含量≤1.5
有机物含量	不深于标准色；如深于标准色，按《轻集料及其试验方法　第2部分：轻集料试验方法》（GB/T 17431.2—2010）中第18.6.3条的规定操作，且试验结果不低于95%
氯化物（以氯离子含量计）（%）	≤0.02
放射性	符合《建筑材料放射性核素限量》（GB 6566—2010）

三、轻集料试验

（一）取样方法

1）应从每批产品中随机抽取有代表性的试样。

2）初次抽取的试样应不少于10份，其总料量应多于试验用料量的一倍。

3）初次抽取试样应符合下列要求：

①生产企业中进行常规检验时，应在通往料仓或料堆的运输机的整个宽度上，在一定的时间间隔内抽取。

②对均匀料堆进行取样时，以400m³为一批，不足一批者亦以一批论。试样可从料堆锥体从上到下的不同部位、不同方向任选10个点抽取。但要注意避免抽取离析的及面层的材料。

③从袋装料和散装料（车、船）抽取试样时，应从10个不同位置和高度（或料袋）中抽取。

（二）试样数量

抽取的试样拌和均匀后，按四分法缩减到试验所需的用料量（按表 5-21）。

表 5-21 取样数量

序 号	试验项目	用料量/L		
		细集料	粗集料	
			D_{max}≤19.0mm	D_{max}>19.0mm
1	颗粒级配（筛分析）	2	10	20
2	堆积密度	15	30	40
3	表观密度	—	4	4
4	筒压强度	—	5	5
5	强度标号	—	20	20
6	吸水率	—	4	4
7	软化系数	—	10	10
8	粒型系数	—	2	2
9	含泥量及泥块含量	—	5～7	5～7
10	煮沸质量损失	—	2	4
11	烧失量	1	1	1
12	硫化物及硫酸盐含量	1	1	1
13	有机物含量	6	3～8	4～10
14	氯化物含量	1	1	1
15	放射性	3	3	3

（三）试验方法

表 5-21 中试验项目 1～试验项目 13 按《轻集料及其试验方法　第 2 部分：轻集料试验方法》（GB/T 17431.2—2010）第 5 章～第 18 章规定执行；氯化物含量试验按《建筑用砂》（GB/T 14684—2001）中 6.11 规定执行；放射性按《建筑材料放射性核素限量》（GB 6566—2010）规定执行。

（四）轻集料质量验收与保管

（1）出厂检验　轻粗集料的检验项目为：颗粒级配、堆积密度、粒型系数、筒压强度和吸水率；高强轻粗集料应检测强度标号。

轻细集料的检验项目为：细度模数、堆积密度。

（2）型式检验　轻集料的型式检验包括《轻集料及其试验方法　第 2 部分：轻集料试验方法》（GB/T 17431.2—2010）第 5 章规定的全部项目；放射性检验仅在产品投产或原材料发生变化时进行。在下列情况下应进行型式检验：

1）新产品投产时。

2）正常生产时，每半年进行一次。

3）当原材料或生产工艺变化时。

4）停产半年以上，恢复生产时。

（3）细批规则　轻集料按类别、名称、密度等级分批检验与验收。每 400m³ 为一批。不足 400m³ 亦按一批计。

（4）抽样规则　样品的抽样按《轻集料及其试验方法　第 2 部分：轻集料试验方法》（GB/T 17431.2—2010）第 4 章的有关规定进行。

（5）判定规则

1）判定　各项试验结果均符合《轻集料及其试验方法　第 2 部分：轻集料试验方法》（GB/T 17431.2—2010）第 5 章的相应规定时，则判该批产品合格。

2）复验　若试验结果中有一项性能不符合上述（1）～（4）项的规定，允许从同一批轻集料中加倍取样，对不合格项进行复验。

复验后，若该项试验结果符合上述（1）～（4）项的规定，则判该批产品合格；否则，判该批产品为不合格。

（6）产品堆放和运输

1）轻集料应按类别、密度等级和颗粒级配等分别堆放和运输，并应有防雨措施。

2）可用车、船散装或袋装运输。运输过程中应避免污染或压碎。

3）运输时，应采取措施防止粉尘飞扬和散落。

第四节　掺　合　料

一、掺合料的品种

用于混凝土中的掺合料可分为活性矿物掺合料和非活性矿物掺合料两大类。活性矿物掺合料虽然本身不硬化或硬化速度很慢，但能与水泥水化生成的 $Ca(OH)_2$ 生成具有水硬性的胶凝材料；如粒化高炉矿渣、火山灰质材料、粉煤灰、硅灰等。非活性矿物掺合料一般与水泥组分不起化学作用，或化学作用很小；如磨细石英砂、石灰石、硬矿渣之类的材料。

（一）粉煤灰

从煤粉炉烟道气体中收集到的细颗粒粉末称为粉煤灰。粉煤灰按煤种可分为 F 类和 C 类，F 类是由无烟煤或烟煤煅烧收集的粉煤灰，C 类是由褐煤或次烟煤煅烧收集的粉煤灰，其氧化钙含量一般大于 10%。粉煤灰按其品质分为Ⅰ、Ⅱ和Ⅲ三个等级；其技术要求应符合表 5-22 的规定。

粉煤灰能够改善混凝土拌合物的和易性，降低混凝土水化热，提高混凝土的抗渗性和抗硫酸盐性能，早期强度较低。因而主要用于大体积混凝土、泵送混凝土、预拌（商品）混凝土中。

表 5-22　拌制混凝土和砂浆用粉煤灰技术要求

项目		技术要求		
		Ⅰ级	Ⅱ级	Ⅲ级
细度 45μm 方孔筛筛余，不大于（%）	F类粉煤灰	12.0	25.0	45.0
	C类粉煤灰			
需水量比，不大于（%）	F类粉煤灰	95	105	115
	C类粉煤灰			
烧失量，不大于（%）	F类粉煤灰	5.0	8.0	15.0
	C类粉煤灰			
三氧化硫含量，不大于（%）	F类粉煤灰	3.0		
	C类粉煤灰			
游离氧化钙，不大于（%）	F类粉煤灰	1.0		
	C类粉煤灰	4.0		
含水量，不大于（%）	F类粉煤灰	1.0		
	C类粉煤灰			
安定性，雷氏夹沸煮后增加距离，不大于/mm	C类粉煤灰	5.0		

（二）高钙粉煤灰（简称“高钙灰”）

高钙粉煤灰是褐煤或次烟煤经粉磨和燃烧后，从烟道气体中收集到的粉末；其氧化钙含量在8%以上，一般具有需水性低、活性高和可自硬特征。

高钙粉煤灰按其品质分为Ⅰ、Ⅱ两个等级，其技术要求应符合表5-23的规定。

高钙粉煤灰需水量比较低，对水泥、混凝土强度的贡献比较明显，早期强度比粉煤灰有所提高。但其含钙量及游离氧化钙含量波动大，超过一定范围容易使水泥混凝土构筑物开裂、破坏。高钙灰主要应用于泵送混凝土、商品混凝土中。

表5-23 高钙粉煤灰技术指标

序号	质量指标	高钙粉煤灰等级	
		Ⅰ	Ⅱ
1	细度（45μm筛余）（%）	≤12	≤20
2	游离氧化钙（%）	≤3.0	≤2.5
3	体积安定性/mm	≤5	≤5
4	烧失量（%）	≤5	≤8
5	需水量比（%）	≤95	<100
6	三氧化硫（%）	≤3	≤3
7	含水率（%）	≤1	≤1

注：表中%含量均为质量分数。

（三）粒化高炉矿渣粉

以粒化高炉矿渣为主要原料，可掺加少量石膏磨制成一定细度的粉体，称作粒化高炉矿渣粉，简称矿渣粉；其技术指标应符合表5-24的规定。

表5-24 粒化高炉矿渣粉技术指标

项目		级别		
		S105	S95	S75
密度/（g/cm^3）		≥2.8		
比表面积/（m^2/kg）		≥500	≥400	≥300
活性指数（%）	7d	≥95	≥75	≥55
	28d	≥105	≥95	≥75
流动度比（%）		≥95		
含水量（质量分数）（%）		≤1.0		
三氧化硫（质量分数）（%）		≤4.0		
氯离子（质量分数）（%）		≤0.06		
烧失量（质量分数）（%）		≤3.0		
玻璃体含量（质量分数）（%）		≥85		
放射性		合格		

（四）硅粉

硅粉是在生产硅铁、硅钢或其他硅金属时，高纯度石英和煤在电弧炉中还原所得到的、以无定形SiO_2为主要组分的球形玻璃体颗粒粉尘，其大部分颗粒粒径小于1μm，平均粒径0.1μm，比表面积20000m^2/kg，密度2.2g/cm^3，堆积密度250～300kg/m^3。

硅粉有极高的火山灰活性，在混凝土中应用1kg硅粉可代替3～4kg水泥，节约水泥率最高可达30%；使用硅粉和超塑化剂可生产高达100MPa以上的混凝土，在混凝土中掺用硅粉可改善混凝土拌合物的和易性，提高其黏聚性，减少离析和泌水。在硬化混凝土中可使水泥浆体毛细孔减少，提高密实度，改善抗渗性能，提高强度，同时对抗冻、抗碳化、抗硫酸盐、抗氯盐侵蚀及抑制碱-集料反应等均有显著效果。

（五）沸石粉

沸石粉是由沸石岩经粉磨加工制成的、以水化硅铝酸盐为主的矿物火山灰质活性掺合材料。沸石岩系有30多个品种，用做混凝土掺合料的主要有斜发沸石或绦光沸石。沸石粉的主要化学成分为：SiO_2 占60%～70%，Al_2O_3 占10%～30%，可溶硅占5%～12%，可溶铝占6%～9%。沸石岩具有较大的内表面积和开放性结构，沸石粉本身没有水化能力，在水泥中碱性物质激发下其活性才表现出来。

沸石粉的技术要求有：细度为0.080mm方孔筛筛余≤7%；吸氨值≥100mg/100g；密度2.2～2.4g/cm³；堆积密度700～800kg/m³；火山灰试验合格；SO_3 含量≤3%；水泥胶砂28d强度比不得低于62%。

沸石粉掺入混凝土中，可取代10%～20%的水泥，可以改善混凝土拌合物的黏聚性，减少泌水，宜用于泵送混凝土，可减少混凝土离析及堵泵。

二、掺合料试验

混凝土掺合料试验见表5-25。

表5-25　混凝土掺合料试验

混凝土掺合料试验报告					编　　号	
					试验编号	
					委托编号	
工程名称					试样编号	
委托单位					试验委托人	
掺合料种类			等　级		产　地	
代表数量			来样日期	年　月　日	试验日期	年　月　日
试验结果	一、细度	1. 0.045mm方孔筛筛余（%）				
		2. 80μm方孔筛筛余（%）				
	二、需水量比					
	三、吸氨值（体积分数，%）					
	四、28d水泥胶砂抗压强度比					
	五、烧失量（%）					
	六、其他					
结论：						
批准		审核			试验	
试验单位						
报告日期						

注：本表由试验单位提供，建设单位、施工单位、城建档案馆各保存一份。

三、掺合料质量验收

（一）粉煤灰

1）粉煤灰以连续供应的200t相同等级的粉煤灰为一批，不足200t的按一批计。

2）粉煤灰的检验项目主要有细度、烧失量。同一供应单位每月测定一次需水量比，每季测定一次三氧化硫含量。

3）粉煤灰质量检验中，如有一项指标不符合要求，可重新从同一批粉煤灰中加倍取样，进行复验。复验后仍达不到要求时，应进行降级或按不合格品处理。

4）粉煤灰的贮运

①袋装粉煤灰的包装袋上应清楚地标明厂名、级别、质量、批号和包装日期。

②粉煤灰运输和储存时，不得与其他材料混杂，并注意防止受潮和污染环境。

（二）高钙灰

1）高钙灰以连续供应的100t相同等级的粉煤灰为一批，不足100t的按一批计。

2）高钙粉煤灰的检验项目主要有细度、游离氧化钙、体积安定性。同一供应单位每月测定一次需水量比和烧失量，每季测定一次三氧化硫含量。

3）高钙灰质量检验中，如有一项指标不符合要求，可重新从同一批高钙灰中加倍取样，进行复验。复验后仍达不到要求时，应进行降级或按不合格品处理。体积安定性及游离氧化钙含量不合格的高钙粉煤灰严禁用于混凝土中。

（三）粒化高炉矿渣微粉

1）粒化高炉矿渣微粉：年产量10～30万t，以400t为一批；年产量4～10万t，以200t为一批。

2）矿渣微粉的检验项目主要有活性指数、流动度比。

3）粒化高炉矿渣微粉质量检验中，若其中任何一项不符合要求，应重新加倍取样，对不合格的项目进行复验。评定时以复验结果为准。

第五节　外　加　剂

根据《混凝土外加剂定义、分类、命名和术语》（GB/T 8075—2005）的规定，按外加剂的主要功能可分为以下四类：①改善混凝土拌合物流变性能的外加剂，包括减水剂和泵送剂；②调节混凝土凝结时间、硬化性能的外加剂，包括缓凝剂、促凝剂和速凝剂；③改善混凝土耐久性的外加剂，包括引气剂、防水剂、阻锈剂和矿物外加剂；④改善混凝土其他性能的外加剂，包括膨胀剂、防冻剂、着色剂等。

一、减水剂

减水剂是混凝土外加剂中最重要的品种，按其减水率大小，可分普通减水剂（以木质素磺酸盐类为代表）、高效减水剂（包括萘系、密胺系、氨基磺酸盐系、脂肪族系等）和高性能减水剂（以聚羧酸系高性减水剂为代表）。常用减水剂的分类及代号见表5-26，性能指标见表5-27。

表5-26　常用减水剂的分类及代号

名　称	类　型	代　号
普通减水剂	早强型普通减水剂	WR-A
	标准型普通减水剂	WR-S
	缓凝型普通减水剂	WR-R
高效减水剂	标准型高效减水剂	HWR-S
	缓凝型高效减水剂	HWR-R
高性能减水剂	早强型高性能减水剂	HPWR-A
	标准型高性能减水剂	HPWR-S
	缓凝型高性能减水剂	HPWR-R

表 5-27　常用减水剂性能指标

项　目		外加剂品种							
		高性能减水剂 HPWR			高效减水剂 HWR		普通减水剂 WR		
		早强型 HPWR-A	标准型 HPWR-S	缓凝型 HPWR-R	标准型 HWR-S	缓凝型 HWR-R	早强型 WR-A	标准型 WR-S	缓凝型 WR-R
减水率，不小于（%）		25	25	25	14	14	8	8	8
泌水率比，不大于（%）		50	60	70	90	100	95	100	100
含气量（%）		≤6.0	≤6.0	≤6.0	≤3.0	≤4.5	≤4.0	≤4.0	≤5.5
凝结时间之差/min	初凝	−90～+90	−90～+120	>+90	−90～+120	>+90	−90～+90	−90～+120	>+90
	终凝			—		—			—
1h 经时变化量	坍落度/min	—	≤80	≤60	—	—	—	—	—
	含气量（%）	—	—	—					
抗压强度比，不小于（%）	1d	180	170	—	140	—	135	—	—
	3d	170	160	—	130	—	130	115	—
	7d	145	150	140	125	125	110	115	110
	28d	130	140	130	120	120	100	110	110
收缩率比不大于（%）	28d	110	110	110	135	135	135	135	135
相对耐久性（200 次），不小于（%）		—	—	—	—	—	—	—	—

注：1. 表中抗压强度比、收缩率比、相对耐久性为强制性指标，其余为推荐性指标。

2. 除含气量和相对耐久性外，表中所列数据为掺外加剂混凝土与基础混凝土的差值或比值。

3. 凝结时间之差性能指标中的“−”号表示提前，“+”表示延缓。

4. 相对耐久性（200 次）性能指标中的“≥80”表示将 28d 龄期的受检混凝土试件快速冻融循环 200 次后，动弹性模量保留值≥80%。

5. 1h 含气量经时变化量指标中的“−”号表示含气量增强，“+”号表示含气量减少。

6. 其他品种的外加剂是否需要测定相对耐久性指标，由供、需双方协商确定。

7. 当用户对泵送剂等产品有特殊要求时，需要进行的补充试验项目、试验方法及指标，由供需双方协商决定。

二、早强剂

早强剂是能加速水泥水化和硬化，促进混凝土早期强度增长的外加剂，可缩短混凝土养护龄期，加快施工进度，提高模板和场地周转率。早强剂主要是无机盐类、有机物等，但现在越来越多地使用各种复合型早强剂；其性能指标见表 5-28。

三、缓凝剂

缓凝剂是可在较长时间内保持混凝土工作性，延缓混凝土凝结和硬化时间的外加剂。缓凝剂的种类较多，可分为有机和无机两大类，主要有：

1）糖类及碳水化合物，如淀粉、纤维素的衍生物等。

2）羟基羧酸，如柠檬酸、酒石酸、葡萄糖酸以及其盐类。

3）可溶硼酸盐和磷酸盐等。

缓凝剂的性能指标见表 5-29。

表 5-28 早强剂性能指标

项目		性能
减水率，不小于（%）		—
泌水率比，不大于（%）		100
含气量（%）		—
凝结时间之差/min	初凝	−90～+90
	终凝	—
1h 经时变化量	坍落度/min	—
	含气量（%）	
抗压强度比，不小于（%）	1d	135
	3d	130
	7d	110
	28d	100
收缩率比，不大于（%）	28d	135
相对耐久性（200 次），不小于（%）		—

注：同表 5-27 注。

表 5-29 缓凝剂性能指标

项目		性能
减水率，不小于（%）		—
泌水率比，不大于（%）		100
含气量（%）		—
凝结时间之差/min	初凝	>+90
	终凝	—
1h 经时变化量	坍落度/min	—
	含气量（%）	
抗压强度比，不小于（%）	1d	—
	3d	—
	7d	100
	28d	100
收缩率比，不大于（%）	28d	135
相对耐久性（200 次），不小于（%）		—

注：同表 5-27 注。

四、引气剂

引气剂是一种在搅拌过程中具有在砂浆或混凝土中引入大量、均匀分布的微气泡，而且在硬化后能保留在其中的一种外加剂。引气剂的种类较多，主要有：

1）可溶性树脂酸盐（松香酸）。

2）文沙尔树脂。

3）皂化的吐尔油。

4）十二烷基磺酸钠。

5）十二烷基苯磺酸钠。

6）磺化石油羟类的可溶性盐等。

引气剂的性能指标见表 5-30。

五、引气减水剂

引气减水剂是兼有引气和减水功能的外加剂，它是由引气剂与减水剂复合组成，根据工程要求不同，性能有一定的差异；其性能指标见表 5-31。

表 5-30　引气剂性能指标

项　　目		性　能
减水率，不小于（%）		6
泌水率比，不大于（%）		70
含气量（%）		≥3.0
凝结时间之差/min	初凝	−90～+120
	终凝	
1h 经时变化量	坍落度/min	—
	含气量（%）	−1.5～+1.5
抗压强度比，不小于（%）	1d	—
	3d	95
	7d	95
	28d	90
收缩率比，不大于（%）	28d	135
相对耐久性（200 次），不小于（%）		80

注：同表 5-27 注。

表 5-31　引气减水剂性能指标

项　　目		性　能
减水率，不小于（%）		10
泌水率比，不大于（%）		70
含气量（%）		≥3.0
凝结时间之差/min	初凝	−90～+120
	终凝	
1h 经时变化量	坍落度/min	—
	含气量（%）	−1.5～+1.5
抗压强度比，不小于（%）	1d	—
	3d	115
	7d	110
	28d	100
收缩率比，不大于（%）	28d	135
相对耐久性（200 次），不小于（%）		80

注：同表 5-27 注。

六、泵送剂

泵送剂是用于改善混凝土泵送性能的外加剂，它由减水剂、调凝剂、引气剂、润滑剂等多种成分复合而成。根据工程要求，其产品性能会有所差异；其性能指标见表 5-32。

表 5-32　泵送剂性能指标

项　　目		性　能
减水率，不小于（%）		12
泌水率比，不大于（%）		70
含气量（%）		≤5.5
凝结时间之差/min	初凝	—
	终凝	
1h 经时变化量	坍落度/min	≤80
	含气量（%）	—
抗压强度比，不小于（%）	1d	—
	3d	—
	7d	115
	28d	100
收缩率比，不大于（%）	28d	135
相对耐久性（200 次），不小于（%）		—

注：同表 5-27 注。

七、外加剂试验

（一）取样规定

试验项目及所需数量见表 5-33。

表 5-33 试验项目及所需数量

<table>
<tr><th colspan="2" rowspan="2">试验项目</th><th rowspan="2">外加剂类别</th><th rowspan="2">试验类别</th><th colspan="4">试验所需数量</th></tr>
<tr><th>混凝土拌和批数</th><th>每批取样数目</th><th>基准混凝土总取样数目</th><th>受检混凝土总取样数目</th></tr>
<tr><td colspan="2">减水率</td><td>除早强剂、缓凝剂外的各种外加剂</td><td rowspan="6">混凝土拌合物</td><td>3</td><td>1 次</td><td>3 次</td><td>3 次</td></tr>
<tr><td colspan="2">泌水率比</td><td rowspan="3">各种外加剂</td><td>3</td><td>1 个</td><td>3 个</td><td>3 个</td></tr>
<tr><td colspan="2">含气量</td><td>3</td><td>1 个</td><td>3 个</td><td>3 个</td></tr>
<tr><td colspan="2">凝结时间差</td><td>3</td><td>1 个</td><td>3 个</td><td>3 个</td></tr>
<tr><td rowspan="2">1h 经时变化量</td><td>坍落度</td><td>高性能减水剂、泵送剂</td><td>3</td><td>1 个</td><td>3 个</td><td>3 个</td></tr>
<tr><td>含气量</td><td>引气剂、引气减水剂</td><td>3</td><td>1 个</td><td>3 个</td><td>3 个</td></tr>
<tr><td colspan="2">抗压强度比</td><td rowspan="2">各种外加剂</td><td rowspan="2">硬化混凝土</td><td>3</td><td>6、9 或 12 块</td><td>18、27 或 36 块</td><td>18、27 或 36 块</td></tr>
<tr><td colspan="2">收缩率比</td><td>3</td><td>1 条</td><td>3 条</td><td>3 条</td></tr>
<tr><td colspan="2">相对耐久性</td><td>引气减水剂、引气剂</td><td>硬化混凝土</td><td>3</td><td>1 条</td><td>3 条</td><td>3 条</td></tr>
</table>

注：1. 试验时，检验同一种外加剂的三批混凝土的制作宜在开始试验一周内的不同日期完成。对比的基准混凝土和受检混凝土应同时成型。

2. 试验前后应仔细观察试样，对有明显缺陷的试样和试验结果都应舍除。

（二）试验方法

按《混凝土外加剂》（GB 8076—2008）中第六章规定进行。

八、外加剂的贮运与保管

外加剂应存放在专用仓库或固定的场所妥善保管，以易于识别、便于检查和提货为原则。搬运时应轻拿轻放，防止破损，运输时避免受潮。

在规定的存放条件和有效期限内，使用单位经复验发现外加剂性能与检验标准不符时，则应予以退回或更换。

第六章　混凝土、建筑砂浆与混凝土用水

第一节　混　凝　土

凡由胶凝材料与集料等按适当比例制成拌合物，经硬化后所得到的人造石材均称为混凝土。

一、混凝土的分类与特点

（一）混凝土的分类

由于种类繁多，混凝土可以从不同角度进行分类。

（1）按胶凝材料不同　可分为水泥混凝土、沥青混凝土、水玻璃混凝土、聚合物混凝土等。

（2）按用途不同　可分为结构混凝土、道路混凝土、水工混凝土、耐热混凝土、耐酸混凝土、防射线混凝土等。

（3）按体积密度不同　可分为特重混凝土（$\rho_0>2500\text{kg/m}^3$）、重混凝土（$\rho_0=1900\sim2500\text{kg/m}^3$）、轻混凝土（$\rho_0=600\sim1900\text{kg/m}^3$）、特轻混凝土（$\rho_0<600\text{kg/m}^3$）。

（4）按性能特点不同　可分为抗渗混凝土、耐酸混凝土、耐热混凝土、高强混凝土、高性能混凝土等。

（5）按施工方法分类　可分为现浇混凝土、预制混凝土、泵送混凝土、喷射混凝土等。

（二）混凝土的特点

1. 普通混凝土的优点

（1）原材料丰富，造价低廉　混凝土中砂、石集料约占80%，而砂、石材料资源丰富，可就地取材，造价低廉。

（2）混凝土拌合物有良好的可塑性　混凝土未凝结硬化前，可利用模板浇灌成任何形状及尺寸的整体结构或构件。

（3）性能可以调整　通过改变混凝土组成材料的品种及比例，可制得不同物理力学性能的混凝土，来满足各种工程的不同需要。

（4）与钢筋有牢固的粘结力　混凝土与钢筋的线膨胀系数基本相同，二者复合成钢筋混凝土后，能保证共同工作，从而大大扩展了混凝土的应用范围。

（5）良好的耐久性　配制合理的混凝土，具有良好的抗冻、抗渗、抗风化及耐腐蚀等性能，比木材、钢材等材料耐久，维护费用低。

（6）生产能耗较低　混凝土生产能耗远小于烧土制品及金属材料。

2. 普通混凝土的缺点

（1）自重大，比强度（强度与表观密度之比）小　每 $1m^3$ 普通混凝土重达 2400kg 左右，致使在建筑工程中形成肥梁胖柱、厚基础，对高层、大跨度建筑不利。

（2）抗拉强度低　一般其抗拉强度为抗压强度的 1/20～1/10，因此受拉时易产生脆性破坏。

（3）导热系数大　普通混凝土导热系数为 1.40W/（m·K），为红砖的两倍，故保温隔热性能差。

（4）硬化较慢，生产周期长　在标准条件下养护 28d 后，混凝土强度增长才趋于稳定，在自然条件下养护的混凝土预制构件，一般要养护 7～14d 方可投入使用。

二、新拌混凝土的和易性

和易性指混凝土拌合物在拌和、运输、浇筑、振捣等过程中，不发生分层、离析、泌水等现象，并获得质量均匀、密实的混凝土的性能。和易性反映混凝土拌合物拌和均匀后，在各施工环节中各组成材料能较好地一起流动的特性，是一项综合技术性能，包括流动性、黏聚性和保水性。

（1）流动性　流动性是指混凝土拌合物在自重或外力作用下，能产生流动，并均匀密实地填满模板的性能。

（2）黏聚性　黏聚性是指混凝土拌合物在施工过程中其组成材料之间有一定的黏聚力，不致产生分层和离析的性能。

（3）保水性　保水性是指混凝土拌合物在施工过程中，具有一定的保水能力，不致产生严重泌水的性能。

混凝土拌合物的流动性可采取坍落度法和维勃稠度法测定。对于流动性大的塑性混凝土用坍落度法测定，坍落值小于 10mm 的干硬性混凝土拌合物采用维勃稠度法测定；然后再根据流动性经验观察、评定黏聚性和保水性，来最终确定和易性好坏。混凝土拌合物的流动性、黏聚性和保水性，三者是相互联系又相互矛盾的，当流动性大时，往往黏聚性和保水性差，反之亦然。因此，和易性良好就是要使这三方面的性质达到良好的统一。

三、混凝土的强度

（一）混凝土强度分类

混凝土强度包括抗压强度、抗拉强度、抗弯强度、抗剪强度和与钢筋的粘结强度等。其中抗压强度最大，约为抗拉强度的 10～20 倍。工程上大部分都采用混凝土立方体抗压强度作为设计依据，也是施工中控制评定混凝土质量的主要指标。

1. 混凝土立方体抗压强度

根据国家标准《混凝土结构设计规范》（GB 50010—2010）规定，制作边长为 150mm 的立方体试件为标准试件，按标准的方法成型，在标准条件下［温度（20±3)℃，相对湿度＞90%］，养护到 28d 龄期，用标准的试验方法测得的极限抗压强度，称为混凝土标准立方体抗压强度。在立方体极限抗压强度总体分布中，具有 95%保证率的抗压强度，称为立方体抗压强度标准值，用 $f_{cu,k}$ 表示。

为了能测定混凝土实际达到的强度，常将混凝土试件放在与工程相同的条件下进行养护，然后再按所需要的龄期进行试验，测得立方体试件抗压强度值，作为工程混凝土质量控制和质量评定的主要依据。

2. 混凝土轴心抗压强度

混凝土强度等级是根据立方体试件确定的，但在钢筋混凝土结构设计计算中，考虑到混凝土构件的实际受力状态，计算轴心受压构件时，常以轴心抗压强度为依据。将混凝土制成150mm×150mm×300mm的标准试件，在标准温度、标准湿度养护28d的条件下，测试件的抗压强度值，即为混凝土的轴心抗压强度。

混凝土轴心抗压强度与立方体抗压强度之比约为0.7～0.8。

3. 混凝土抗拉强度

混凝土抗拉强度对混凝土的开裂控制起着重要作用，在结构设计中，抗拉强度是确定混凝土抗裂度的重要指标。

抗拉强度一般以劈拉试验法间接取得。

混凝土劈裂抗拉强度应按式（6-1）计算

$$f_{ts} = 2P/(\pi A) = 0.637P/A \tag{6-1}$$

式中 f_{ts}——混凝土劈裂抗拉强度（MPa）；

P——破坏荷载（N）；

A——试件劈裂面积（mm^2）。

4. 混凝土抗弯强度

在道路等设计和施工中，抗弯强度是一项很重要的技术指标。混凝土的抗弯强度试验是以标准方法制备成150mm×150mm×550mm的梁形试件，在标准条件下养护28d后，按三分点加载，测定其抗弯强度 f_{cf}，按式（6-2）计算

$$f_{cf} = PL/(bh^2) \tag{6-2}$$

式中 f_{cf}——混凝土抗弯强度（MPa）；

P——破坏荷载（N）；

L——支座间距（mm）；

b——试件截面宽度（mm）；

h——试件截面高度（mm）。

（二）混凝土强度等级

混凝土强度等级由符号C和混凝土强度标准值组成。强度标准值以5N/mm^2分段划分，并以其下限值作为示值。在现行国家标准《混凝土结构设计规范》（GB 50010—2010）中规定的混凝土强度等级有：C15、C20、C25、C30、C35、C40、C45、C50、C55、C60、C65、C70、C75、C80等，此外，混凝土垫层可用C10级混凝土。

（三）混凝土强度的检验评定

混凝土强度评定分为“统计方法”和“非统计方法”两种（表6-1）。对大批量、连续生产混凝土的强度评定应采用“统计方法”；对小批量或零星生产混凝土的强度评定应采用“非统计方法”。

表 6-1 混凝土强度评定方法

<table>
<tr>
<td rowspan="2">统计方法评定</td>
<td>当连续生产的混凝土，生产条件在较长时间内保护一致，且同一品种、同一强度等级混凝土的强度变异性保持稳定时</td>
<td>①一个检验批的样本容量应为连续的 3 组试件，其强度应同时符合下列规定
$$m_{f_{cu}} \geqslant f_{cu,k} + 0.7\sigma_0$$
$$f_{cu,min} \geqslant f_{cu,k} - 0.7\sigma_0$$
②检验批混凝土立方体抗压强度的标准差应按下式计算
$$\sigma_0 = \sqrt{\frac{\sum_{i=1}^{n} f_{cu,i}^2 - nm_{f_{cu}}^2}{n-1}}$$
③当混凝土强度等级不高于 C20 时，其强度的最小值尚应满足下式要求
$$f_{cu,min} \geqslant 0.85 f_{cu,k}$$
④当混凝土强度等级高于 C20 时，其强度的最小值尚应满足下列要求
$$f_{cu,min} \geqslant 0.90 f_{cu,k}$$
式中 $m_{f_{cu}}$——同一检验批混凝土立方体抗压强度的平均值（N/mm^2），精确到 $0.1N/mm^2$；
$f_{cu,k}$——混凝土立方体抗压强度标准值（N/mm^2），精确到 $0.1N/mm^2$；
σ_0——检验批混凝土立方体抗压强度的标准差（N/mm^2），精确到 $0.01N/mm^2$；当检验批混凝土强度标准差 σ_0 计算值小于 $2.5N/mm^2$ 时，应取 $2.5N/mm^2$；
$f_{cu,i}$——前一个检验期内同一品种、同一强度等级的第 i 组混凝土试件的立方体抗压强度代表值（N/mm^2），精确到 $0.1N/mm^2$；该检验期不应少于 60d，也不得大于 90d；
n——前一检验期内的样本容量，在该期间内样本容量不应少于 45；
$f_{cu,min}$——同一检验批混凝土立方体抗压强度的最小值（N/mm^2），精确到 $0.1N/mm^2$</td>
</tr>
<tr>
<td>其他情况</td>
<td>①当样本容量不少于 10 组时，其强度应同时满足下列要求
$$m_{f_{cu}} \geqslant f_{cu,k} + \lambda_1 \cdot S_{f_{cu}}$$
$$f_{cu,min} \geqslant \lambda_2 \cdot f_{cu,k}$$
②同一检验批混凝土立方体抗压强度的标准差应按下式计算
$$S_{f_{cu}} = \sqrt{\frac{\sum_{i=1}^{n} f_{cu,i}^2 - nm_{f_{cu}}^2}{n-1}}$$
式中 $S_{f_{cu}}$——同一检验批混凝土立方体抗压强度的标准差（N/mm^2），精确到 $0.01N/mm^2$，当检验批混凝土强度标准差 $S_{f_{cu}}$ 计算值小于 $2.5N/mm^2$ 时，应取 $2.5N/mm^2$；
λ_1，λ_2——合格评定系数，按表 6-2 取用；
n——本检验期内的样本容量</td>
</tr>
<tr>
<td>非统计方法评定</td>
<td colspan="2">①当用于评定的样本容量小于 10 组时，应采用非统计方法评定混凝土强度
②按非统计方法评定混凝土强度时，其强度应同时符合下列规定
$$m_{f_{cu}} \geqslant \lambda_3 \cdot f_{cu,k}$$
$$f_{cu,min} \geqslant \lambda_4 \cdot f_{cu,k}$$
式中 λ_3，λ_4——合格评定系数，应按表 6-3 取用</td>
</tr>
</table>

表 6-2 混凝土强度的合格评定系数

试件组数	10～14	15～19	≥20
λ_1	1.15	1.05	0.95
λ_2	0.90	0.85	

表 6-3 混凝土强度的非统计法合格评定系数

混凝土强度等级	<C60	≥C60
λ_3	1.15	1.10
λ_4	0.95	

混凝土强度应分批进行检验评定。一个检验批的混凝土应由强度等级相同、试验龄期相同、生产工艺条件和配合比基本相同的混凝土组成。

四、混凝土的耐久性

混凝土抵抗环境介质作用并长期保持其良好的使用性能的能力称为混凝土的耐久性。

（一）混凝土耐久性的内容

混凝土耐久性包括：抗冻性、抗渗性、抗腐蚀性、抗碳化性、碱集料反应、干缩、耐磨性等。

（1）抗冻性　抗冻性是指混凝土在水饱和状态下能经受多次冻融循环而不破坏，且也不严重降低强度的性能。

（2）抗渗性　抗渗性是指混凝土抵抗水、油等流体在压力作用下抵抗渗透的性能。抗掺性是混凝土一项重要性质，它直接影响混凝土的抗侵蚀性和抗冻性。

（3）抗腐蚀性　抗腐蚀性是指混凝土在含有侵蚀性介质环境中遭受到化学侵蚀、物理作用不破坏的能力。混凝土的抗侵蚀性主要取决于水泥的抗侵蚀性。

（4）抗碳化性　抗碳化性是指混凝土能够抵抗空气中的二氧化碳与水泥石中氢氧化钙作用，生成碳酸钙和水的能力。碳化又叫中性化。碳化使混凝土的碱度降低，导致钢筋锈蚀。碳化还将显著地增加混凝土的收缩，使混凝土的抗压和抗拉强度降低。

（5）碱集料反应　混凝土碱集料反应是指混凝土内水泥中的碱（$Na_2O+0.658K_2O$）与集料中的活性 SiO_2 反应，生成碱-硅酸凝胶（Na_2SiO_3），并从周围介质中吸收水分而膨胀，导致混凝土开裂破坏的现象。

（6）干缩　混凝土因毛细孔和凝胶体中水分蒸发与散失而引起的体积缩小称为干缩，当干缩受到限制时，混凝土会出现干缩裂缝而影响耐久性。在一般工程设计中，采用的混凝土线收缩量为 0.00015～0.0002。混凝土收缩过大，会引起变形开裂，缩短使用寿命，因而在可能条件下，应尽量降低水灰比，减少水泥用量，正确选用水泥品种，采用洁净的砂石集料，并加强早期养护。

（7）耐磨性　混凝土抵抗机械磨损的能力称为耐磨性，它与混凝土强度有密切的关系。提高水泥熟料中硅酸三钙和铁铝酸四钙的含量，提高石子的硬度，有利于混凝土的耐磨性。对一般有耐磨性要求的混凝土，其强度等级应在 C20 级以上，而耐磨性要求较高时应采用不低于 C30 的混凝土，并把表面做得平整光滑；对于磨损比较严重的部位，则应采用环氧砂浆、环氧混凝土、钢纤维混凝土、钢屑混凝土或聚合物浸渍混凝土等做成耐冲磨的面层；对煤仓或矿石料斗等则需用铸石镶砌。

（二）混凝土耐久性能等级划分

1）混凝土抗冻性能、抗水渗透性能和抗硫酸盐侵蚀性能的等级划分应符合表 6-4 的规定。

表 6-4　混凝土抗冻性能、抗水渗透性能和抗硫酸盐侵蚀性能的等级划分

抗冻等级（快冻法）		抗冻标号（慢冻法）	抗渗等级	抗硫酸盐等级
F50	F250	D50	P4	KS30
F100	F300	D100	P6	KS60
F150	F350	D150	P8	KS90
F200	F400	D200	P10	KS120

（续）

抗冻等级（快冻法）	抗冻标号（慢冻法）	抗渗等级	抗硫酸盐等级
＞F400	＞D200	P12	KS150
		＞P12	＞KS150

2）混凝土抗氯离子渗透性能的等级划分应符合下列规定：

①当采用氯离子迁移系数（RCM 法）划分混凝土抗氯离子渗透性能等级时，应符合表 6-5的规定，且混凝土测试龄期应为 84d。

表 6-5　混凝土抗氯离子渗透性能的等级划分（RCM 法）

等　级	RCM-Ⅰ	RCM-Ⅱ	RCM-Ⅲ	RCM-Ⅳ	RCM-Ⅴ
氯离子迁移系数 D_{RCM}（RCM）法 /（$\times 10^{-12}m^2/s$）	$D_{RCM} \geqslant 4.5$	$3.5 \leqslant D_{RCM} < 4.5$	$2.5 \leqslant D_{RCM} < 3.5$	$1.5 \leqslant D_{RCM} < 2.5$	$D_{RCM} < 1.5$

②当采用电通量划分混凝土抗氯离子渗透性能等级时，应符合表 6-6 的规定，且混凝土测试龄期宜为 28d。当混凝土中水泥混合材与矿物掺合料之和超过胶凝材料用量的 50％时，测试龄期可为 56d。

表 6-6　混凝土抗氯离子渗透性能的等级划分（电通量法）

等　级	Q-Ⅰ	Q-Ⅱ	Q-Ⅲ	Q-Ⅳ	Q-Ⅴ
电通量 Q_s（C）	$Q_s \geqslant 4000$	$2000 \leqslant Q_s < 4000$	$1000 \leqslant Q_s < 2000$	$500 \leqslant Q_s < 1000$	$Q_s < 500$

3）混凝土抗碳化性能的等级划分应符合表 6-7 的规定。

表 6-7　混凝土抗碳化性能的等级划分

等　级	T-Ⅰ	T-Ⅱ	T-Ⅲ	T-Ⅳ	T-Ⅴ
碳化深度 d /mm	$d \geqslant 30$	$20 \leqslant d < 30$	$10 \leqslant d < 20$	$0.1 \leqslant d < 10$	$d < 0.1$

4）混凝土早期抗裂性能的等级划分应符合表 6-8 的规定。

表 6-8　混凝土早期抗裂性能的等级划分

等　级	L-Ⅰ	L-Ⅱ	L-Ⅲ	L-Ⅳ	L-Ⅴ
单位面积上的总开裂面积 c/（mm^2/m^2）	$c \geqslant 1000$	$700 \leqslant c < 1000$	$400 \leqslant c < 700$	$100 \leqslant c < 400$	$c < 100$

（三）混凝土耐久性评定

1）混凝土的耐久性应根据混凝土的各耐久性检验项目的检验结果，分项进行评定。符合设计规定的检验项目，可评定为合格。

2）同一检验批全部耐久性项目检验合格者，该检验批混凝土耐久性可评定为合格。

3）对于某一检验批被评定为不合格的耐久性检验项目，应进行专项评审并对该检验批的混凝土提出处理意见。

五、普通混凝土配合比设计

（一）基本要求

1）满足混凝土结构设计的强度等级要求。

2）满足施工和易性要求。

3）满足工程所处环境对混凝土耐久性的要求。

4）满足经济要求，节约水泥，降低成本。

（二）配合比设计中的三个参数

反映四种组成材料间关系的三个基本参数，即水灰比、单位用水量和砂率。

1. 水灰比的确定

水灰比的确定主要取决于混凝土的强度和耐久性。从强度角度看，水灰比应小些，水灰比可根据混凝土的强度公式来确定。从耐久性角度看，水灰比小些，水泥用量多些，混凝土的密度就高，耐久性则优良，这可通过控制最大水灰比和最小水泥用量来满足。由强度和耐久性分别决定的水灰比往往是不同的，此时应取较小值。但在强度和耐久性都已满足的前提下，水灰比应取较大值，以获得较高的流动性。

2. 单位用水量的确定

用水量的多少是影响混凝土拌合物流动性大小的重要因素。单位用水量在水灰比和水泥用量不变的情况下，实际反映的是水泥浆量与集料用量之间的比例关系。水泥浆量要满足包裹粗、细集料表面并保持足够流动性的要求，但用水量过大，会降低混凝土的耐久性。

3. 砂率的确定

砂率的大小不仅影响拌合物的流动性，而且对黏聚性和保水性也有很大的影响，因此配合比设计应选用合理砂率。砂率主要应从满足工作性和节约水泥两个方面考虑。在水灰比和水泥用量（即水泥浆量）不变的前提下，砂率应取坍落度最大而黏聚性和保水性又好的砂率，即合理砂率，这可由表6-9初步决定，经试拌调整而最终确定。在工作性满足的情况下，砂率尽可能取小值以达到节约水泥的目的。

表6-9　混凝土的砂率　（单位：%）

水灰比/（W/C）	卵石最大粒径/mm			碎石最大粒径/mm		
	10	20	40	16	20	40
0.40	26～32	25～31	24～30	30～35	29～34	27～32
0.50	30～35	29～34	28～33	33～38	32～37	30～35
0.60	33～38	32～37	31～36	36～41	35～40	33～38
0.70	36～41	35～40	34～39	39～44	38～43	36～41

注：1. 本表数值系中砂的选用砂率，对细砂或粗砂，可相应地减少或增大砂率。

2. 只用一个单粒级粗集料配制混凝土时，砂率应适当增大。

3. 对薄壁构件，砂率取偏大值。

4. 本表中的砂率系指砂与集料总量的质量比。

（三）配合比设计步骤

混凝土的配合比设计是一个计算、试配、调整的复杂过程，是一个逐步满足混凝土的强度、工作性、耐久性、节约水泥等设计目标的过程，大致可分为初步配合比、基准配合比、试验室配合比、施工配合比四个设计阶段，如图 6-1 所示。

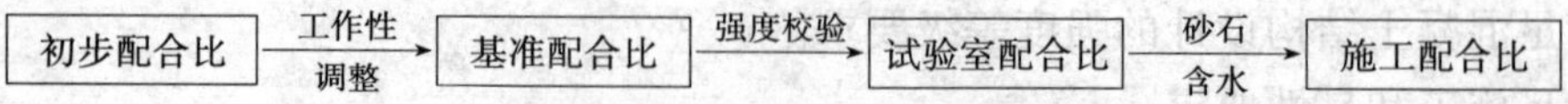

初步配合比 —工作性调整→ 基准配合比 —强度校验→ 试验室配合比 —砂石含水→ 施工配合比

图 6-1 混凝土配合比设计的过程

1. 初步配合比

（1）确定混凝土配制强度

$$f_{cu,0} = f_{cu,k} + 1.645\sigma \tag{6-3}$$

式中 $f_{cu,0}$——混凝土配制强度（MPa）；

$f_{cu,k}$——混凝土立方体抗压强度标准值（MPa），即混凝土的设计强度等级；

σ——混凝土强度标准差（MPa）。

（2）确定水灰比

$$W/C = \frac{\alpha_a f_{ce}}{f_{cu,0} + \alpha_a \alpha_b f_{ce}} \tag{6-4}$$

式中 α_a、α_b——回归系数，应根据工程所使用的水泥、集料，通过试验建立的水灰比与混凝土强度关系式确定。当不具备试验统计资料时，回归系数可取：碎石，$\alpha_a=0.46$，$\alpha_b=0.07$；卵石，$\alpha_a=0.48$，$\alpha_b=0.33$。

$f_{cu,0}$——混凝土的试配强度（MPa）。

f_{ce}——水泥 28d 抗压强度实测值（MPa）。

f_{ce}值也可根据 3d 强度或快测强度推定 28d 强度关系式推定得出。

（3）确定用水量

$$m_{wa} = (1-\beta) m_{w0} \tag{6-5}$$

式中 m_{wa}——掺外加剂时每立方米混凝土的用水量（kg）；

m_{w0}——未掺外加剂时每立方米混凝土的用水量（kg）；

β——外加剂的减水率（%），经试验确定。

（4）计算水泥用量 由已求得的水灰比 W/C 和用水量 m_{w0} 可计算出水泥用量 m_{c0}

$$m_{c0} = \frac{m_{w0}}{W/C} \tag{6-6}$$

（5）选取合理的砂率 根据粗集料的种类、最大粒径及混凝土的水灰比，由表 6-9 查得或根据混凝土拌合物的和易性要求，通过试验确定合理砂率。

（6）计算砂、石用量 在已知砂率的情况下，砂、石的用量可用质量法或体积法求得，见表 6-10。

表 6-10　砂、石用量计算

<table>
<tr><th>序号</th><th>计算方法</th><th>用量计算</th></tr>
<tr><td>1</td><td>质量法</td><td>假定各组成材料的质量之和即拌合物的体积密度接近一个固定值。按下列关系式计算
$$m_{c0}+m_{s0}+m_{g0}+m_{w0}=m_{cp}$$
$$\beta_s=\frac{m_{s0}}{m_{s0}+m_{g0}}\times100\%$$
式中　m_{c0}、m_{s0}、m_{g0}、m_{w0}——每立方米混凝土中的水泥、细集料（砂）、粗集料（石子）、水的质量（kg）；
m_{cp}——每立方米混凝土拌合物的假定质量（kg），可根据实际经验在 2350～2450kg 间选取。
由以上关于 m_{g0} 和 m_{s0} 的二元方程组，可解出 m_{g0} 和 m_{s0}。
则混凝土的初步配合比（初步满足强度和耐久性要求）为 $m_{c0}:m_{w0}:m_{s0}:m_{g0}$</td></tr>
<tr><td>2</td><td>体积法</td><td>假定混凝土拌合物的体积等于各组成材料的体积与拌合物中所含空气的体积之和。如取混凝土拌合物的体积为 1m³，则可得到以下关于 m_{s0} 和 m_{g0} 的二元方程组
$$\frac{m_{c0}}{\rho_c}+\frac{m_{g0}}{\rho_g}+\frac{m_{s0}}{\rho_s}+\frac{m_{w0}}{\rho_w}+0.01\alpha=1$$
$$\rho_s=\frac{m_{s0}}{m_{s0}+m_{g0}}\times100\%$$
式中　ρ_c——水泥的密度（kg/m³），可取 2900～3100kg/m³；
ρ_g'——粗集料（石子）的表观密度（kg/m³）；
ρ_s'——细集料（砂）的表观密度（kg/m³）；
ρ_w——水的密度（kg/m³），可取 1000kg/m³；
α——混凝土的含气百分数，在不使用引气型外加剂时 α 可取 1</td></tr>
</table>

经过表 6-10 的计算，即可求出初步配合比。配合比可用两种方法表示：一种是以每立方米混凝土中各种材料的用量来表示；另一种是以水泥用量为 1 的各材料比值来表示

$$水泥:砂:石子=1:\frac{m_{s0}}{m_{c0}}:\frac{m_{g0}}{m_{c0}} \tag{6-7}$$

$$水灰比\left(\frac{W}{C}\right)=\frac{m_{w0}}{m_{c0}} \tag{6-8}$$

2. 基准配合比

按初步配合比进行混凝土配合比的试配和调整。试配时，混凝土的搅拌量可按表6-11选取。当采用机械搅拌时，其搅拌不应小于搅拌机额定搅拌量的 1/4。

表 6-11　混凝土试配的最小搅拌量

集料最大粒径/mm	拌合物数量/L
31.5 及以下	15
40	25

试拌后立即测定混凝土的工作性。当试拌得出的拌合物坍落度比要求值小时，应在水灰比不变的前提下，增加用水量（同时增加水泥用量）；当比要求值大时，应在砂率不变的前提下，增加砂、石用量；当黏聚性、保水性差时，可适当加大砂率。调整时，应及时记录调整后的各材料用量（m_{cb}，m_{wb}，m_{sb}，m_{gb}），并实测调整后混凝土拌合物的体积密度ρ_{oh}（kg/m³）。

3. 试验室配合比

经调整后的基准配合比虽工作性已满足要求，但经计算而得出的水灰比是否真正满足强度的要求还需加以强度试验检验。在基准配合比的基础上进行强度试验时，应采用三个不同的配合比，其中一个为基准配合比中的水灰比，另外两个较基准配合比的水灰比分别增加和减少 0.05。其用水量应与基准配合比的用水量相同，砂率可分别增加和减少 1%。当不同水灰比的混凝土拌合物坍落度与要求值的差超过允许偏差时，可通过增、减用水量进行调整。

4. 施工配合比

试验室得出的设计配合比值中，集料是以干燥状态为准的，而施工现场集料含有一定的水分，因此应根据集料的含水率对配合比设计值进行修正，修正后的配合比为施工配合比。

应注意，进行混凝土配合比计算时，其计算公式和有关参数表格中的数值均是以干燥状态集料（含水率小于 0.05%的细集料或含水率小于 0.2%的粗集料）为基准。当以饱和面干集料为基准进行计算时，则应进行相应的调整，即施工配合比公式中的 w_s 和 w_g 分别表示现场砂石含水率与其饱和面干含水率之差。

每 1m³ 混凝土的最大水灰比和最小水泥用量见表 6-12。

表 6-12 每 1m³ 混凝土的最大水灰比和最小水泥用量

环境条件		结构物类别	最大水灰比			最小水泥用量/（kg/m³）		
			素混凝土	钢筋混凝土	预应力混凝土	素混凝土	钢筋混凝土	预应力混凝土
干燥环境		正常的居住或办公用房屋内部件	不作规定	0.65	0.60	200	260	300
潮湿环境	无冻害	高湿度的室内部件 室外部件 在非侵蚀性土和（或）水中的部件	0.70	0.60	0.60	225	280	300
潮湿环境	有冻害	经受冻害的室外部件 在非侵蚀性土和（或）水中且经受冻害的部件 高湿度且经受冻害的室内部件	0.55	0.55	0.55	250	280	300
有冻害和除冰剂的潮湿环境		经受冻害和有除冰剂作用的室内和室外部件	0.50	0.50	0.50	300	300	300

注：1. 当用活性掺合料取代部分水泥时，表中的最大水灰比及最小水泥用量即为替代前的水灰比和水泥用量。

2. 配制 C15 级及其以下等级的混凝土，可不受本表限制。

（四）普通混凝土配合比设计实例

【例 6-1】某高层框架结构用混凝土，设计强度等级为 C30，施工坍落度要求为 50mm（采用机械搅拌、振捣），根据施工单位近期同一品种混凝土资料，强度标准差为 4.8MPa。采用的材料如下：

水泥　42.5 级矿渣硅酸盐水泥（实测强度为 46.8MPa），$\rho_c = 3.0\text{g/cm}^3$；

河砂　$\rho'_s = 2.65\text{g/cm}^3$，$\rho'_{os} = 1450\text{kg/m}^3$，$M_x = 2.4$；

碎石　$\rho'_g = 2.70\text{g/cm}^3$，$\rho'_{og} = 1520\text{kg/m}^3$，最大粒径 $D_{max} = 31.5\text{mm}$；

自来水。

试设计混凝土配合比（以干燥状态集料为基准）。

【解】

1. 计算初步配合比

（1）求试配强度 $f_{cu,0}$

$$\begin{aligned} f_{cu,0} &= f_{cu,k} + 1.645\sigma \\ &= (30 + 1.645 \times 4.8)\text{MPa} = 37.9\text{MPa} \end{aligned}$$

（2）求水灰比 W/C

根据强度经验公式：

$$f_{cu,0} = \alpha_a f_{ce}\left(\frac{C}{W} - \alpha_b\right)$$

这里，对于碎石取 $\alpha_a = 0.46$、$\alpha_b = 0.07$，水泥的实测强度 $f_{ce} = 46.8\text{MPa}$：

$$\begin{aligned} \frac{C}{W} &= \frac{f_{cu,0}}{\alpha_a \cdot f_{ce}} + \alpha_b \\ &= \frac{37.9}{0.46 \times 46.8} + 0.07 = 1.83 \end{aligned}$$

所以 $$\frac{W}{C} = 0.55$$

查表 6-12，用于干燥环境的混凝土，其最大水灰比不作规定，故取 $\frac{W}{C} = 0.55$。

（3）确定用水量 m_{w0}

由于粗集料采用碎石 $D_{max} = 31.5\text{mm}$，施工要求坍落度为 50mm，查《普通混凝土配合比设计规程》（JGJ 55—2000）中塑性混凝土用水量，取 $m_{w0} = 185\text{kg}$。

（4）计算水泥用量 m_{c0}

$$m_{c0} = m_{w0} / (\frac{W}{C}) = 185/0.55\text{kg} = 336\text{kg}$$

查表 6-12，最小水泥用量应大于 260kg，故取

$$m_{c0} = 336\text{kg}$$

（5）确定合理砂率值 β_s

根据集料及水灰比情况，查表 6-9，取合理砂率 $\beta_s = 35\%$。

（6）计算砂、石用量（m_{s0}、m_{g0}）并定出初步配合比

1）若采用质量法，解以下方程组

$$\begin{cases} m_{c0} + m_{s0} + m_{g0} + m_{w0} = m_{cp} \\ \dfrac{m_{s0}}{m_{s0} + m_{g0}} = \beta_s \end{cases}$$

这里取 $m_{cp} = 2440\text{kg}$

$$\begin{cases} 336 + m_{s0} + m_{g0} + 185 = 2440 \\ \dfrac{m_{s0}}{m_{s0} + m_{g0}} = 35\% \end{cases}$$

解得：$m_{s0} = 672\text{kg}$，$m_{g0} = 1247\text{kg}$

2）若采用体积法，解以下方程组，其中取 $\alpha = 1$

$$\begin{cases}\dfrac{m_{c0}}{\rho_c}+\dfrac{m_{s0}}{\rho_s}+\dfrac{m_{g0}}{\rho_g}+\dfrac{m_{w0}}{\rho_w}+0.01\alpha=1\\ \dfrac{m_{s0}}{m_{s0}+m_{g0}}=\beta_s\end{cases}$$

$$\begin{cases}\dfrac{336}{3000}+\dfrac{m_{s0}}{2650}+\dfrac{m_{g0}}{2700}+\dfrac{185}{1000}+0.01=1\\ \dfrac{m_{s0}}{m_{s0}+m_{g0}}=35\%\end{cases}$$

解得：$m_{s0}=651\text{kg}$，$m_{g0}=1210\text{kg}$

如果按质量法，则初步配合比为：

水泥　$m_{c0}=336\text{kg}$

砂　$m_{s0}=672\text{kg}$

石子　$m_{g0}=1247\text{kg}$

水　$m_{w0}=185\text{kg}$

或者　$m_{c0}:m_{s0}:m_{g0}=336:672:1247=1:2.00:3.71$

$\dfrac{W}{C}=0.55$

2. 试配

(1) 试拌调整，得出基准配合比

由于石料最大粒径 $D_{max}=31.5\text{mm}$，故称取 15L 拌合物所需材料：水泥 5.04kg、砂 10.08kg、石子 18.71kg、水 2.78kg。

经试拌并进行稠度试验，结果是黏聚性和保水性均好，坍落度 $T<40\text{mm}$，可见选用的砂率较为合适，但坍落度偏小些，需进行调整。根据经验，每增加 10mm 坍落度，约需增加用水量 2%～4%，因此调整时应保持水灰比不变，增加水泥浆数量（按 4%），则需增加水泥 0.20kg、水 0.11kg，经拌和后做稠度试验，测得坍落度值 $T=50\text{mm}$，符合施工要求，并测得拌合物的体积密度 $\rho_{ocf}=2432\text{kg/m}^3$。试拌后各种材料的实际用量是：

水泥　$m_{cb}=(5.04+0.20)\text{kg}=5.24\text{kg}$

砂　$m_{sb}=10.08\text{kg}$

石子　$m_{gb}=18.71\text{kg}$

水　$m_{wb}=(2.78+0.11)\text{kg}=2.89\text{kg}$

得出基准配合比

$m_{cb}:m_{sb}:m_{gb}=5.24:10.08:18.71=1:1.92:3.57$

$\dfrac{W}{C}=0.55$

(2) 检验强度

在基准配合比的基础上，拌制三种不同水灰比的混凝土，并制作三组强度试件。其中一种是水灰比为 0.55 的基准配合比，另两种的水灰比分别为 0.60 及 0.50，因基准配合比的拌合物黏聚性和保水性都很好，故改变水灰比后可不必调整砂率，即采用基准配合比中的砂石用量即可。为了保证拌合物稠度不变，三种配合比的用水量均取 m_{wb}。

经标准养护 28d 后，进行强度试验得出的强度值分别为：

水灰比 0.50（灰水比 2.00）……45.1MPa

水灰比 0.55（灰水比 1.82）……39.2MPa

水灰比 0.60（灰水比 1.67）……34.1MPa

3. 确定配合比

绘制强度与灰水比关系曲线，如图 6-2 所示，由图中查得试配强度 37.9MPa 对应的灰水比值为 1.73，即水灰比为 0.58。

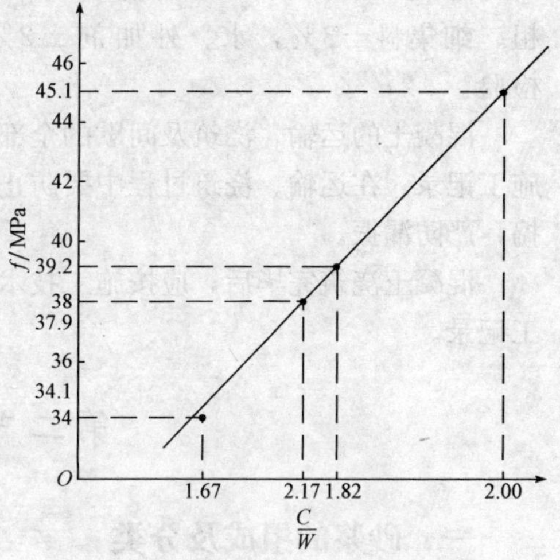

图 6-2　强度—灰水比关系曲线

至此，可初步定出混凝土配合比为：

水　$m_w = \dfrac{m_{wb} \cdot \rho_{ocf}}{m_{cb}+m_{sb}+m_{gb}+m_{wb}}$

$= \dfrac{2432}{5.24+10.08+18.71+2.89} \times 2.89\text{kg}$

$= 65.87 \times 2.89\text{kg}$

$= 190\text{kg}$

水泥　$m_c = 190 \times 1.73\text{kg} = 329\text{kg}$

砂　$m_s = 65.87 \times 10.08\text{kg} = 664\text{kg}$

石子　$m_g = 65.87 \times 18.71\text{kg} = 1232\text{kg}$

重新测得拌合物的体积密度为 2435kg/m³，而计算体积密度为（329＋664＋1232＋190）kg/m³＝2415kg/m³，其校正系数

$$\delta = \frac{2435}{2415} = 1.008$$

由于实测值与计算值之差不超过计算值的 2%，因此上述配合比可不作校正，即配合比为：

$$m_c : m_s : m_g = 329 : 664 : 1232 = 1 : 2.02 : 3.74$$

水灰比为：$\dfrac{W}{C} = 0.58$

六、混凝土的质量控制

（一）原材料的质量控制

混凝土是由多种材料混合制作而成的，任何一种组成材料的质量偏差或不稳定都会造成混凝土整体质量的波动。水泥要严格按其技术质量标准进行检验，并按有关条件进行品种的合理选用，特别要注意水泥的有效期；粗、细集料应控制其杂质和有害物质含量，若不符合要求应经处理并检验合格后方能使用；采用天然水现场进行拌和的混凝土，对拌和用水的质量应按标准进行检验。水泥、砂、石、外加剂等主要材料应检查产品合格证、出厂检验报告或进场复验报告。

（二）配合比设计的质量控制

混凝土应按行业标准《普通混凝土配合比设计规程》（JGJ 55—2000）的有关规定，根据混凝土的强度等级、耐久性和工作性等要求进行配合比设计。首次使用的混凝土配合比应进行开盘鉴定，其工作性应满足设计配合比的要求。开始生产时应至少留置一组标准养护试件，作为检验配合比的依据。混凝土拌制前，应测定砂、石含水率，根据测试结果及时调整材料用量，提出施工配合比。生产时应检验配合比设计资料、试件强度试验报告、集料含水率测试结果和施工配合比通知单。

（三）混凝土生产施工工艺的质量控制

混凝土的原材料必须称量准确，每盘称量的允许偏差应控制在水泥、掺合料±2%，粗、细集料±3%，水、外加剂±2%。每工作班抽查不少于一次，各种衡器应定期检验。

混凝土的运输、浇筑及间歇的全部时间不应超过混凝土的初凝时间。要及时观察、检查施工记录。在运输、浇筑过程中要防止离析、泌水、流浆等不良现象发生，并分层按顺序振捣，严防漏振。

混凝土浇筑完毕后，应按施工技术方案及时采取有效的养护措施，应随时观察并检查施工记录。

第二节 建筑砂浆

一、砂浆的组成及分类

（一）砂浆的组成

砂浆是由胶结料、细集料、掺合料和水配制而成的工程材料，在建筑工程施工中起粘结、衬垫和传递力的作用。

1. 胶结料

胶结料宜用普通硅酸盐水泥，也可用矿渣硅酸盐水泥。水泥强度等级应根据砂浆强度等级进行选择。水泥砂浆采用的水泥强度等级不宜大于32.5级，水泥混合砂浆采用的水泥强度等级不宜大于42.5级，严禁使用废品水泥。

2. 细集料

细集料宜用中砂，毛石砌体宜用粗砂。砂的含泥量不应超过5%。强度等级为M2.5的水泥混合砂浆，砂的含泥量不应超过10%。人工砂、山砂及特细砂，经试配能满足砌筑砂浆技术条件时，含泥量可适当放宽。砂应过筛，不得含有草根等杂物。

3. 掺合料

（1）石灰膏　块状生石灰熟化成石灰膏时，应用孔洞不大于3mm×3mm的网过滤，熟化时间不得少于7d；对于磨细生石灰粉，其熟化时间不得少于2d。沉淀池中储存的石灰膏，应采取防止干燥、冻结和污染的措施。严禁使用脱水的硬化石灰膏。

（2）黏土膏　采用黏土或粉质黏土制备黏土膏时，宜用搅拌机加水搅拌，通过孔洞不大于3mm×3mm的网过筛。黏土中的有机物含量用比色法鉴定应浅于标准色。

（3）磨细生石灰粉　其细度用0.080mm筛的筛余量不应大于15%。

（4）电石膏　制作电石膏的电石渣应经20min加热至70℃，无乙炔气味时方可使用。

（5）粉煤灰　可采用Ⅲ级粉煤灰。

（6）有机塑化剂　砌筑砂浆中所掺入的微沫剂等有机塑化剂，应经砂浆性能试验合格后，方可使用。

4. 水

拌制砂浆应采用不含有害物质的洁净水或饮用水。

（二）砂浆分类

砂浆可按多种方法分类：按胶凝材料可分为水泥砂浆、石灰砂浆和混合砂浆等；按用途可分为砌筑砂浆、抹灰（面）砂浆和防水砂浆；按堆积密度可分为重质砂浆和轻质砂浆等；按生产工艺可分为传统砂浆、预拌砂浆和干粉砂浆等。

1. 砌筑砂浆

将砖、砌块、石等粘结成为砌体的砂浆称为砌筑砂浆。砌筑砂浆宜用水泥砂浆或水泥混合砂浆。

1）水泥砂浆是由水泥、细集料和水配制而成的砂浆。$1m^3$ 水泥砂浆中材料用量见表6-13。

表 6-13　$1m^3$ 水泥砂浆材料用量

强度等级	$1m^3$ 砂浆水泥用量/kg	$1m^3$ 砂浆砂子用量/kg	$1m^3$ 砂浆用水量/kg
M2.5～M5	200～230	1430～1480	270～330
M7.5～M10	220～280		
M15	280～340		
M20	340～400		

2）水泥混合砂浆是由水泥、细集料、掺加料和水配制成的砂浆。$1m^3$ 水泥混合砂浆中材料用量见表 6-14。

表 6-14　$1m^3$ 水泥混合砂浆材料用量

强度等级	$1m^3$ 砂浆水泥用量/kg	$1m^3$ 砂浆砂子用量/kg	$1m^3$ 砂浆石灰膏用量/kg	$1m^3$ 砂浆用水量/kg
M2.5	120～130	1430～1480	110～130	240～310
M5	170～190	1430～1480	100～110	
M7.5	210～230	1430～1480	70～100	
M10	260～280	1430～1480	40～70	

2. 抹面砂浆

抹面砂浆又称抹灰砂浆，主要是以薄层抹于建筑物的墙体、顶棚等部位的底层、中层或面层，对建筑物起到保护、增强耐久性和表面装饰作用。

（1）一般抹面砂浆　一般抹面砂浆所用材料主要有水泥、石灰、石膏、黏土及砂等，其主要功能是保护建筑物不受风、雨、雪和大气中有害气体的侵蚀，提高砌体的耐久性并使建筑物保持光洁。

各层抹灰砂浆的组成材料及用途见表 6-15。

表 6-15 各层抹灰砂浆的材料组成及用途

层次名称	使用砂浆种类	用途	备注
底层 (3mm)	砖墙基层：石灰或水泥砂浆 混凝土基层：混合或水泥砂浆 板条、苇箔基层：麻刀灰或纸筋灰 金属网基层：麻刀灰（适加水泥）	起粘结作用	有防水、防潮要求时，应采用水泥砂浆打底
中层（5～13mm）	与底层相同	起找平作用	分层或一次抹成
面层 (2mm)	室内：麻刀灰、纸筋灰 室外：各种水泥砂浆，水泥拉毛灰和各种假石	起装饰作用	面层镶嵌材料有大理石、预制水磨石、瓷板、瓷砖等

（2）装饰抹面砂浆　装饰抹面砂浆是用于室内外装饰以增加建筑物美感为主要目的的砂浆，常以白水泥、石灰、石膏或普通水泥为胶结材料，以白色、浅色或彩色的天然砂、大理石及花岗石的石粒或特制的塑料色粒为集料。为了进一步满足人们对建筑艺术的需求，还可以利用各种矿物颜料调制成多种色彩，但所加入的颜料应具有耐碱、耐光和不溶解等性质。

装饰抹面砂浆的表面可以进行各种艺术性的处理，以形成不同形式的风格，达到不同的建筑艺术效果；如制成水磨石、水刷石、剁假石、麻点、干粘石、粘花、拉毛、拉条、喷甩云片以及人造大理石等。

3. 特种砂浆

（1）防水砂浆　制作防水层的砂浆称为防水砂浆，它具有防潮、防渗作用，是一种刚性防水层；适用于地下室、水池、管道、坝堤、隧道、沟渠及屋面以及具有一定刚度的砖、石或混凝土工程的施工部位。对于变形较大或可能发生不均匀沉降的建筑物不宜采用。

常用防水砂浆、防水净浆的配合比见表 6-16。

表 6-16 常用防水砂浆、防水净浆的配合比

种类	材料	配合比
氯化物金属盐类防水剂砂浆	防水剂：水：水泥：砂	1：6：8：3（体积比）
氯化物金属盐类防水剂净浆	防水剂：水：水泥	1：6：8（体积比）
金属皂类防水剂砂浆	水泥：砂	1：2，防水剂用量为水泥重量的 1.5%～5%（体积比）
氯化铁防水剂砂浆（用于底层）	水泥：砂：防水剂	1：2：0.03（重量比）
氯化铁防水剂砂浆（用于面层）	水泥：砂：防水剂	1：2.5：0.03（重量比）
氯化铁防水剂净浆	水泥：砂：防水剂	0.6：1：0.03（重量比）

（2）聚合物水泥防水砂浆　以水泥、细集料为主要原材料，以聚合物和添加剂等为改性材料并以适当配比混合而成的防水材料。

聚合物水泥防水砂浆的物理力学性能应符合表 6-17 的要求。

表 6-17　聚合物水泥防水砂浆的物理力学性能

序号	项　　目		干粉类（Ⅰ类）	乳液类（Ⅱ类）
1	凝结时间*	初凝/min	≥45	≥45
		终凝/h	≤12	≤24
2	抗渗压力/MPa	7d	≥1.0	
		28d	≥1.5	
3	抗压强度/MPa	28d	≥24.0	
4	抗折强度/MPa	28d	≥8.0	
5	压折比		≤3.0	
6	粘结强度/MPa	7d	≥1.0	
		28d	≥1.2	
7	耐碱性：饱和 $Ca(OH)_2$ 溶液，168h		无开裂、剥落	
8	耐热性：100℃水，5h		无开裂、剥落	
9	抗冻性—冻融循环：（−15℃～+20℃），25 次		无开裂、剥落	
10	收缩率（%）	28d	≤0.15	

注：*凝结时间项目可根据用户需要及季节变化进行调整。

(3) 建筑保温砂浆　以膨胀珍珠岩或膨胀硅石，胶凝材料为主要成分，掺加其他功能组分制成的用于建筑物墙体绝热的干拌混合物，使用时需加适当面层。

建筑保温砂浆硬化后的物理力学性能应符合表 6-18 的要求。

表 6-18　建筑保温砂浆硬化后的物理力学性能

项　　目	技　术　要　求	
	Ⅰ　型	Ⅱ　型
干密度/（kg/m^3）	240～300	301～400
抗压强度/MPa	≥0.20	≥0.40
导热系数（平均温度 25℃）/［W/（m·K）］	≤0.070	≤0.085
线收缩率（%）	≤0.30	≤0.30
压剪粘结强度/kPa	≥50	≥50
燃烧性能级别	应符合《建筑材料及制品燃烧性能分级》（GB 8624—2006）规定的 A 级要求	应符合《建筑材料及制品燃烧性能分级》（GB 8624—2006）规定的 A 级要求

（三）砂浆的技术性质

1. 和易性

同混凝土一样，新拌砂浆应具有良好的和易性。砂浆的和易性是指新拌制的砂浆是否便于施工操作，并能保证质量的综合性质；包括流动性和保水性两个方面。和易性好的砂浆可以比较容易地在砖石表面上铺成均匀连续的薄层，且能与底面紧密地粘结，并保证工程质量。

(1) 流动性　砂浆的流动性也叫做稠度，是指在自重或外力作用下流动的性能，用“沉入度”表示。

用砂浆稠度仪通过试验测定沉入度值，以标准圆锥体在砂浆内自由沉入 10s 后测定，沉入深度用毫米（mm）表示。沉入度大，砂浆流动性大，但流动性过大，硬化后强度将会降低；若流动性过小，则不便于施工操作。

(2) 保水性　保水性是指新拌砂浆保持内部水分的能力。保水性好的砂浆，在存放、运输和使用过程中，能很好地保持其中的水分使其不致很快流失，在砌筑时容易铺成均匀密实的砂浆薄层，保证砌体的质量。

2. 砂浆的强度及强度等级

砂浆在砌体中主要起传递荷载的作用，并经受周围环境介质的作用，因此砂浆应具有一定的粘结强度、抗压强度和耐久性。试验证明，砂浆的粘结强度、耐久性均随抗压强度的增大而提高，即它们之间有一定的相关性，而且抗压强度的试验方法较为成熟，测试较为简单准确，所以工程上常以抗压强度作为砂浆的强度指标。

砂浆的强度等级是以边长为 70.7mm 的立方体试块，在标准养护条件（水泥混合砂浆为温度 20±2℃，相对湿度 60%～80%；水泥砂浆为温度 20±2℃，相对湿度 90%以上）下，用标准试验方法测得 28d 龄期的抗压强度来确定的。砌筑砂浆的强度等级有 M20、M15、M10、M7.5、M5、M2.5。

3. 砂浆的粘结力

砂浆能把许多块状的砖石材料粘结成为一个整体。因此，砌体的强度、耐久性及抗震性取决于砂浆粘结力的大小。砂浆的粘结力随其抗压强度的增大而提高。此外，砂浆的粘结力与砖石的表面状态、清洁程度、湿润状况及施工养护条件等因素有关。

4. 砂浆的变形及抗冻性

砂浆在承受荷载或温湿度条件变化时，均会产生变形。如果变形过大或者不均匀，会降低砌体质量，引起沉陷或裂缝。用轻集料拌制的砂浆，其收缩变形要比普通砂浆大。

在受冻融影响较多的建筑部位，要求砂浆具有一定的抗冻性。对有冻融次数要求的砌筑砂浆，经冻融试验后，质量损失率不得大于 5%，抗压强度损失率不得大于 25%。

（四）新型建筑砂浆

限于篇幅所限，本书只简单介绍商品砂浆。商品砂浆按产品形式可分为预拌砂浆和干粉砂浆。

1. 预拌砂浆

(1) 定义　预拌砂浆是指水泥、砂、保水增稠材料、粉煤灰、水和外加剂等组分按一定比例，在集中搅拌站（厂）经计量、拌制后，用搅拌运输车运至使用地点，放入密闭容器储存，并在规定时间内使用完毕的砂浆拌合物。

(2) 使用　预拌砂浆由于其品种多、批量小、操作过程又不同于现场砂浆等原因，在使用过程中存在一定的难度，这就需要生产单位、施工单位和监理单位三方共同努力，共同把关，共同协作，严格按《预拌砂浆生产与应用技术规程》（DG/TJ 08-502—2000）执行，确保施工质量。

（3）验收

1）一般规定。检验是指对砂浆强度、稠度、分层度、凝结时间4项质量指标进行测试。生产厂方应对所有检验项目进行测试。施工单位进行稠度和强度测试。

当判定预拌砂浆的质量是否符合要求时，强度、稠度以工程现场检验结果为依据；而分层度、凝结时间以出厂检验结果为依据；其他检验项目应按合同规定执行。

预拌砂浆生产单位应提供发货单及质量证明书。如有争议可实行见证取样检验。

工程现场应配备砂浆稠度仪、砂浆试模和普通烧结黏土砖底模等仪器设备，并注意对验收人员进行岗位技术培训。

2）取样、组批和判断

①试样应随机从运输车中采取，砂浆试样约为卸料过程中卸料量的1/4至3/4。试样量应满足砂浆质量检验项目所需用量的1.5倍，且不宜少于0.01m^3。

②用于出厂检验的试样，每50m^3相同配合比的砌筑砂浆，取样不得少于一次，每一工作班相同配合比的砂浆不满50m^3时，取样也不得少于一次。抹灰和地面砂浆每一工作班取样不得少于一次。

③用于交货检验的试样，砌筑砂浆应按《砌体结构工程施工质量验收规范》（GB 50203—2011）规定执行，即：

a. 同一验收批砂浆试块强度平均值应大于或等于设计强度等级值的1.10倍。

b. 同一验收批砂浆试块抗压强度的最小一组平均值应大于或等于设计强度等级值的85％。

c. 每一检验批且不超过250m^3砌体的各类、各强度等级的普通砌筑砂浆，每台搅拌机应至少抽检一次。验收批的预拌砂浆、蒸压加气混凝土砌块专用砂浆，抽检可为3组。

3）注意事项

①现场强度试块制作除应满足《建筑砂浆基本性能试验方法标准》（JGJ/T 70—2009）要求外，在砂浆凝结并且成型后还应在室温20±3℃、相对湿度50％～70％的养护室静置5d，第五天放入标准养护室，养护温度为20±3℃、相对湿度大于90％。底模用普通烧结实心黏土砖的含水率应控制在2％以下。

②交货检验的砂浆试样在砂浆运送到交货地点后应按《建筑砂浆基本性能试验方法标准》（JGJ/T 70—2009）规定在20min内完成，稠度测试和强度试块的制作应在30min内完成。

2. 干粉砂浆

（1）定义　干粉砂浆是指由专业生产厂家生产的，经干燥筛分处理的细集料与无机胶结料、保水增稠材料、矿物掺合料和添加剂按一定比例混合而成的一种颗粒状或粉状混合物；它既可由专用罐车运输到工地加水拌和使用，也可采用包装形式运到工地拆包加水拌和使用。

（2）使用　普通干粉砂浆的使用比较简单，施工单位应严格按规定执行，确保施工质量。

（3）验收。

1）一般规定。检验是指对砂浆强度、分层度、凝结时间等项质量指标进行测试。生产厂方应对所有检验项目进行测试。

当判定干粉砂浆的交货检验，是以实物试样检验结果为依据，还是以专业生产厂家同编号干粉砂浆的检验报告为依据，由买卖双方商定并在合同中注明。建议采用以实物试样检验结果为依据。

干粉砂浆必须提供质量证明书。如有争议实行见证取样检验。

2）取样、组批和判断。交货检验以抽取实物试样的检验结果为验收依据时，买卖双方应在发货前或交货地共同取样和签封，试样量至少 80kg。将试样量缩分为两等份，一份由卖方保存 40d，一份由买方检验砂浆强度、分层度和凝结时间。

交货检验以专业生产厂家同编号干粉砂浆的检验报告为依据时，在发货前或交货时买方在同编号干粉砂浆中抽取试样，双方共同签封后保存 3 个月；或委托买方在同编号干粉砂浆中抽取试样，签封保存 3 个月。

3）注意事项

①普通干粉砂浆试验时，稠度取值范围是：砌筑砂浆 80±10mm，抹灰砂浆 100±10mm，地面砂浆 45±5mm。

②抗压强度试块拆模时间应在成型 24h 后并放入标准养护室，养护条件：温度 20±3℃、相对湿度大于 90%。

③共同签封的试样应密闭处理，并放置在干燥环境中，应避免受潮结块。

二、砌筑砂浆配合比设计

（一）基本要求

1）砂浆拌合物的和易性应满足施工要求，且拌合物的体积密度：水泥砂浆≥1900kg/m³；水泥混合砂浆≥1800kg/m³。

2）砌筑砂浆的强度、耐久性应满足设计要求。

3）经济上应合理，水泥及掺合料的用量应较少。

（二）配合比设计步骤

1. 配合比计算

1）计算砂浆的试配强度 $f_{m,0}$。应按式（6-9）计算

$$f_{m,0} = f_2 + 0.645\sigma \tag{6-9}$$

式中 $f_{m,0}$——砂浆的试配强度，精确至 0.1MPa；

f_2——砂浆抗压强度平均值，精确至 0.1MPa；

σ——砂浆现场强度标准差，精确至 0.01MPa。

①当有统计资料时，标准差 σ 应由式（6-10）计算

$$\sigma = \sqrt{\frac{\sum_{i=1}^{n} f_{m,i}^2 - n\mu_{fm}^2}{n-1}} \tag{6-10}$$

式中 $f_{m,i}$——统计周期内同一品种砂浆第 i 组试件的强度（MPa）；

μ_{fm}——统计周期内同一品种砂浆 n 组试件强度的平均值（MPa）；

n——统计周期内同一品种砂浆试件的总组数，$n \geq 25$。

②当不具有近期统计资料时，砂浆现场强度标准差 σ 可按表 6-19 选用。

表 6-19　砂浆现场强度标准差 σ 选用值　（单位：MPa）

施工水平 \ 砂浆强度等级	M2.5	M5	M7.5	M10	M15	M20
优良	0.50	1.00	1.50	2.00	3.00	4.00
一般	0.62	1.25	1.88	2.50	3.75	5.00
较差	0.75	1.50	2.25	3.00	4.50	6.00

2）计算水泥用量 Q_C

$$Q_C = \frac{1000\ (f_{m,0} - \beta)}{\alpha f_{ce}} \tag{6-11}$$

式中　Q_C——$1m^3$ 砂浆的水泥用量，精确至 1kg；

f_{ce}——水泥的实测强度，精确至 0.1MPa；

α、β——砂浆的特征系数，其中 $\alpha = 3.03$，$\beta = -15.09$。

当计算出水泥砂浆中的水泥用量不足 $200kg/m^3$ 时，应按 $200kg/m^3$ 选用。

3）计算掺合料用量 Q_D

$$Q_D = Q_A - Q_C \tag{6-12}$$

式中　Q_D——$1m^3$ 砂浆的掺合料用量，精确至 1kg；石灰膏、黏土膏使用时稠度为 120 ±5mm；

Q_A——$1m^3$ 砂浆中水泥和掺合料的总量，精确至 1kg；宜在 300～350kg 之间。

当石灰膏稠度不满足时，其换算系数可按表 6-20 进行换算。

表 6-20　石灰膏不同稠度时的换算系数

石灰膏稠度/mm	120	110	100	90	80	70	60	50	40	30
换算系数	1.00	0.99	0.97	0.95	0.93	0.92	0.90	0.88	0.87	0.86

4）确定砂子用量 Q_S。每立方米砂浆中的砂用量，应以干燥状态（含水率<0.5%）的堆积密度值作为计算值。当含水率大于 0.5%时，应考虑砂的含水率。

5）确定用水量 Q_W。每立方米砂浆中的用水量，根据砂浆稠度等要求可选用 240～310 kg。同时应注意以下几点：

①混合砂浆中的用水量，不包括石灰膏或黏土膏中的水。

②当采用细砂或粗砂时，用水量分别取上限或下限。

③稠度小于 70 mm 时，用水量可小于下限。

④施工现场气候炎热或干燥时，可酌量增加用水量。

2. 水泥砂浆材料用量

水泥砂浆材料用量可按表 6-21 选用。

表 6-21 每立方米水泥砂浆材料用量 (单位：kg)

强 度 等 级	每立方米砂浆水泥用量	每立方米砂浆砂用量	每立方米砂浆用水量
M2.5～M5	200～230	1 m^3 砂的堆积密度值	270～330
M7.5～M10	220～280		
M15	280～340		
M20	340～400		

3. 配合比的试验、调整与确定

按计算或查表所得的配合比，采用工程中实际使用的材料进行试拌，测定其拌合物的稠度和分层度。当不能满足要求时，应调整材料用量，直到符合要求为止，确定试配时砂浆基准配合比。

试配时至少应采用三个不同的配合比，其中一个为基准配合比，其他配合比的水泥用量应按基准配合比分别增加及减少 10%，在保证稠度、分层度合格的条件下，可将用水量或掺合料用量进行相应地调整。三组配合比分别成型、养护、测定 28d 砂浆强度，由此确定符合试配强度要求的且水泥用量最低的配合比作为砂浆配合比。

砂浆配合比确定后，当原材料有变更时，其配合比必须重新通过试验确定。

（三）建筑砂浆配合比设计实例

【例 6-2】某工程要求用于砌筑砖墙的砂浆为 M7.5 强度等级，稠度为 70～90mm 的水泥石灰混合砂浆。水泥采用 32.5 级矿渣硅酸盐水泥；砂为中砂，堆积密度为 1450kg/m^3，含水率为 2%；石灰膏的稠度为 100mm；施工水平一般。

【解】

(1) 计算砂浆试配强度 $f_{m,0}$

$$f_{m,0} = f_2 + 0.645\sigma = (7.5 + 0.645 \times 1.88)\text{MPa} = 8.7\text{MPa}$$

(2) 计算水泥用量 Q_C

$$Q_C = \frac{1000(f_{m,0} - \beta)}{\alpha f_{ce}} = \frac{1000 \times (8.7 + 15.09)}{3.03 \times 32.5}\text{kg/m}^3 = 242\text{kg/m}^3$$

(3) 计算石灰膏用量 Q_D

取砂浆中水泥和石灰膏的总量为 330kg/m^3

$$Q_D = Q_A - Q_C = (330 - 242)\text{kg/m}^3 = 88\text{kg/m}^3$$

将稠度为 100mm 的石灰膏换算成 120mm，查表 6-3，换算系数为 0.97。

$$Q_D = 88\text{kg/m}^3 \times 0.97 = 85\text{kg/m}^3$$

(4) 确定砂子用量 Q_S

$$Q_S = 1450\text{kg/m}^3 \times (1 + 2\%) = 1479\text{kg/m}^3$$

(5) 确定用水量 Q_W

可选取 280kg，扣除砂中所含的水量，拌合用水量为：

$$Q_W = (280 - 1450 \times 2\%)\ \text{kg} = 251\text{kg}$$

水泥石灰砂浆试配时的配合比为：

水泥：石灰膏：砂＝242：85：1479＝1：0.35：6.11

三、砂浆的质量控制与评定

（一）取样

1）建筑砂浆试验用料应从同一盘砂浆或同一车砂浆中取样，取样量不应少于试验所需量的4倍。

2）当施工过程中进行砂浆试验时，砂浆取样方法应按相应的施工验收规范执行，并宜在现场搅拌点或预拌砂浆卸料点至少3个不同部位及时取样；对于现场取得的试样，试验前应人工搅拌均匀。

3）从取样完毕到开始进行各项性能试验，不宜超过15min。

（二）试样的制备

1）在试验室制备砂浆试样时，所用材料应提前24h运入室内。拌和时，试验室的温度应保持在20±5℃。当需要模拟施工条件下所用的砂浆时，所用原材料的温度宜与施工现场保持一致。

2）试验所用原材料应与现场使用材料一致。砂应通过4.75mm筛。

3）试验室拌制砂浆时，材料用量应以质量计。水泥、外加剂、掺合料等的称量精度应为±0.5%，细集料的称量精度应为±1%。

4）在试验室搅拌砂浆时应采用机械搅拌，搅拌机应符合现行行业标准《试验用砂浆搅拌机》（JG/T 3033—1996）的规定，搅拌的用量宜为搅拌机容量的30%～70%，搅拌时间不应少于120s。掺有掺合料和外加剂的砂浆，其搅拌时间不应少于180s。

（三）试验方法

按《建筑砂浆基本性能试验方法标准》（JGJ/T 70—2009）规定进行。

第三节　混凝土用水

混凝土用水是混凝土拌合用水和混凝土养护用水的总称，包括：饮用水、地表水、地下水、再生水、混凝土企业设备洗刷水和海水等。其中地表水指存在于江、河、湖、塘、沼泽和冰川等中的水；地下水指存在于岩石缝隙或土壤孔隙中可以流动的水；再生水指污水经适当再生工艺处理后具有使用功能的水。

一、混凝土用水技术要求

（一）混凝土拌合用水

1）混凝土拌合用水水质要求应符合表6-22的规定。对于设计使用年限为100年的结构混凝土，氯离子含量不得超过500mg/L；对使用钢丝或经热处理钢筋的预应力混凝土，氯离子含量不得超过350mg/L。

表6-22　混凝土拌合用水水质要求

项　目	预应力混凝土	钢筋混凝土	素混凝土
pH值	≥5.0	≥4.5	≥4.5
不溶物/（mg/L）	≤2000	≤2000	≤5000
可溶物/（mg/L）	≤2000	≤5000	≤10000
Cl^-/（mg/L）	≤500	≤1000	≤3500
SO_4^{2-}/（mg/L）	≤600	≤2000	≤2700
碱含量/（rag/L）	≤1500	≤1500	≤1500

注：碱含量用$Na_2O+0.658K_2O$计算值来表示。采用非碱活性集料时，可不检验碱含量。

2）地表水、地下水、再生水的放射性应符合现行国家标准《生活饮用水卫生标准》（GB 5749—2006）的规定。

3）被检验水样应与饮用水样进行水泥凝结时间对比试验。对比试验的水泥初凝时间差及终凝时间差均不应大于 30min；同时，初凝和终凝时间应符合《通用硅酸盐水泥》（GB 175—2007）的规定。

4）被检验水样应与饮用水样进行水泥胶砂强度对比试验，被检验水样配制的水泥胶砂 3d 和 28d 强度不应低于用水配制的水泥胶砂 3d 和 28d 强度的 90%。

5）混凝土拌合用水不应有漂浮明显的油脂和泡沫，不应有明显的颜色和异味。

6）混凝土企业设备洗刷水不宜用于预应力混凝土、装饰混凝土、加气混凝土和暴露于腐蚀环境的混凝土；不得用于使用碱活性或潜在碱活性集料的混凝土。

7）未经处理的海水严禁用于钢筋混凝土和预应力混凝土。

8）在无法获得水源的情况下，海水可用于素混凝土，但不宜用于装饰混凝土。

（二）混凝土养护用水

1）混凝土养护用水可不检验不溶物和可溶物，其他检验项目应符合前述“（一）混凝土拌合用水”中 1）、2）的规定。

注：不溶物指在规定的条件下，水样经过滤，未通过滤膜部分干燥后留下的物质；可溶物指在规定的条件下，水样经过滤，通过滤膜部分干燥蒸发后留下的物质。

2）混凝土养护用水可不检验水泥凝结时间和水泥胶砂强度。

二、混凝土用水检验

（一）取样规定

1）水质检验水样不应少于 5L；用于测定水泥凝结时间和胶砂强度的水样不应少于 3L。

2）采集水样的容器应无污染；容器应用待采集水样冲洗三次再灌装，并应密封待用。

3）地表水宜在水域中心部位、距水面 100mm 以下采集，并应记载季节、气候、雨量和周边环境的情况。

4）地下水应在放水冲洗管道后接取，或直接用容器采集；不得将地下水积存于地表后再从中采集。

5）再生水应在取水管道终端接取。

6）混凝土企业设备洗刷水应沉淀后，在池中距水面 100mm 以下采集。

（二）检验方法

1）pH 值的检验应符合现行国家标准《水质 pH 值的测定 玻璃电极法》（GB/T 6920—1986）的要求，并宜在现场测定。

2）不溶物的检验应符合现行国家标准《水质 悬浮物的测定 重量法》（GB/T 11901—1989）的要求。

3）可溶物的检验应符合现行国家标准《生活饮用水标准检验法》（GB/T 5750—2006）中溶解性总固体检验法的要求。

4）氯化物的检验应符合现行国家标准《水质 氯化物的测定 硝酸银滴定法》（GB/T 11896—1989）的要求。

5）硫酸盐的检验应符合现行国家标准《水质 硫酸盐的测定 重量法》（GB/T 11899—1989）的要求。

6）碱含量的检验应符合现行国家标准《水泥化学分析方法》（GB/T 176—2008）中关

于氧化钾、氧化钠测定的火焰光度计法的要求。

7）水泥凝结时间试验应符合现行国家标准《水泥标准稠度用水量、凝结时间、安定性检验方法》（GB/T 1346—2001）的要求。试验应采用42.5级硅酸盐水泥，也可采用42.5级普通硅酸盐水泥；出现争议时，应以42.5级硅酸盐水泥为准。

8）水泥胶砂强度试验应符合现行国家标准《水泥胶砂强度检验方法（ISO法）》（GB/T 17671—1999）的要求。试验应采用42.5级硅酸盐水泥，也可采用42.5级普通硅酸盐水泥；出现争议时，应以42.5级硅酸盐水泥为准。

（三）结果评定

1）符合现行国家标准《生活饮用水卫生标准》（GB 5749—2006）要求的饮用水，可不经检验作为混凝土用水。

2）符合本节“一、混凝土用水技术要求”中“（一）混凝土拌合用水”要求的水，可作为混凝土用水；符合本节“一、混凝土用水技术要求”中“（二）混凝土养护用水”要求的水，可作为混凝土养护用水。

3）当水泥凝结时间和水泥胶砂强度的检验不满足要求时，应重新加倍抽样复检一次。

第七章 钢筋、钢材与木材

第一节 钢 筋

一、钢筋的分类

（一）按外形划分

（1）光面钢筋　断面为圆形，表面无刻纹，使用时需加弯钩；光面钢筋又分为光面圆和光面方钢筋。

（2）螺纹钢筋　表面轧制成螺旋纹、人字纹，以增大与混凝土的粘结力。

（3）精轧螺纹钢筋　新近开发的用做预应力钢筋的新品种，钢号为40Si2MnV。

（4）刻痕钢丝　由光面钢筋经机械压痕而成。

（5）钢绞线　用2根、3根或7根圆钢丝捻制而成。

此外还有压波钢丝、冷轧扭钢筋。

（二）按屈服强度划分

钢筋按屈服强度可分为HPB235级、HRB335级、HRB400级、HRB500级及RRB400级钢筋；其中HPB235级～HRB500级为热轧钢筋，RRB400级钢筋为余热处理钢筋，它们的屈服强度分别为：

HPB235级：屈服强度为235MPa，抗拉强度为370MPa。

HRB335级：屈服强度为335MPa，抗拉强度为490MPa。

HRB400级：屈服强度为400MPa，抗拉强度为570MPa。

HRB500级：屈服强度为500MPa，抗拉强度为630MPa。

RRB400级：屈服强度为440MPa，抗拉强度为600MPa。

（三）按生产工艺划分

钢筋按生产工艺可分为热轧钢筋、余热处理钢筋、冷拉钢筋、冷拔钢丝、碳素钢丝、刻痕钢丝、钢绞线、冷轧带肋钢筋、冷轧扭钢筋等。

（1）热轧钢筋　热轧钢筋是用加热钢坯轧成的条形钢筋。由轧钢厂经过热轧成材供应，钢筋直径一般为5～50mm，分直条和盘条两种。

（2）余热处理钢筋　又称调质钢筋，是经热轧后立即穿水，进行表面控制冷却，然后利用芯部余热自身完成回火处理所得的成品钢筋，其外形为有肋的月牙肋。

（3）冷加工钢筋　冷加工钢筋有冷拉钢筋和冷拔低碳钢丝两种。冷拉钢筋是将热轧钢筋在常温下进行强力拉伸使其强度提高的一种钢筋。钢丝有低碳钢丝和碳素钢丝两种。冷拔低碳钢丝由直径6～8mm的普通热轧圆盘条经多次冷拔而成，分甲、乙两个等级。

（4）碳素钢丝　碳素钢丝是由优质高碳钢盘条经淬火、酸洗、拔制、回火等工艺而制成的，按生产工艺可分为冷拉及矫直回火两个品种。

（5）刻痕钢丝　刻痕钢丝是把热轧大直径高碳钢加热，并经铅浴淬火，然后冷拔多次，钢丝表面再经过刻痕处理而制得的钢丝。

（6）钢绞线　钢绞线是把光圆碳素钢丝在绞线机上进行捻合而成的钢绞线。

（四）按在结构中的作用和形状划分

（1）受拉钢筋　配置在钢筋混凝土构件中的受拉区的钢筋，主要承受拉力，如图 7-1 所示。

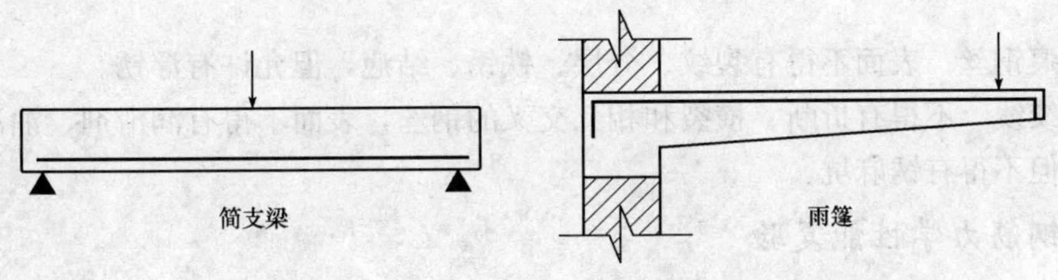

图 7-1　受拉钢筋在构件中的位置

（2）弯起钢筋　它是受拉钢筋的一种变化形式，如图 7-2 所示。

（3）架立筋　直径一般为 8～12mm，一般只在梁中使用。起架立作用的钢筋与受力筋、箍筋一起形成钢筋骨架；当梁高度小于 150mm 时，可不设箍筋，此时梁内也不设架立筋。

（4）受压钢筋　受压钢筋是通过计算用以承受压力的钢筋，一般配置在受压构件中。例如各种柱子、桩或屋架的受压腹杆内，还有受弯构件的受压区内也需配置受压钢筋，如图 7-3所示。

（5）分布钢筋　常用在墙、板或环形构件中，一般用于板内。与板内的受力筋垂直固定，形成一个整体以承受外力。

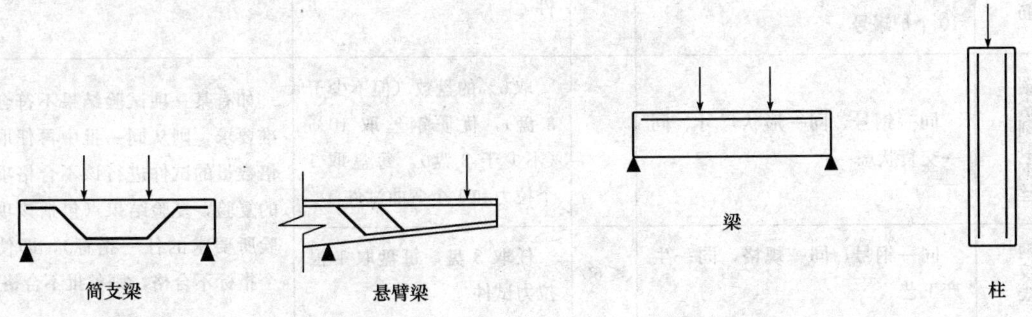

图 7-2　弯起钢筋在构件中位置　　图 7-3　受压钢筋在构件中位置

（6）箍筋　箍筋的主要作用是固定受力钢筋在构件中的位置，并使钢筋形成坚固的骨架，同时箍筋还可以承担部分拉力和剪力等。

（7）构造钢筋　因构件在构造上的要求或施工安装需要而配置的钢筋。

二、钢筋的进场验收与复验

（一）进场表面质量要求

（1）热轧钢筋　表面不得有裂缝、结疤和折叠，如有凸块不得超过螺纹高度，其他缺陷的高度和深度不得大于所在部位的允许偏差。

（2）热处理钢筋　表面无肉眼可见裂纹、结疤、折叠，如有凸块不得超过横肋高度，表面不得沾有油污。

（3）冷拉钢筋　表面不得有裂纹和局部缩颈。

（4）碳素钢丝　表面不得有裂纹、小刺、机械损伤、氧化铁皮和油迹，允许有浮锈。

（5）刻痕钢丝　表面不得有裂纹、分层、铁锈、结疤，但允许有浮锈。

（6）钢绞线　不得有折断、横裂和相互交叉的钢丝，表面不得有润滑剂、油渍，允许有轻微浮锈，但不得有锈麻坑。

（二）钢筋力学性能复验

钢筋力学性能复验见表 7-1。

表 7-1　钢筋力学性能复验

<table>
<tr><th>钢筋种类</th><th>验收批钢筋组成</th><th>每批数量/t</th><th>取样数量</th><th>复验与判定</th></tr>
<tr><td>热轧钢筋</td><td>①每批应由同一牌号、同一炉罐号、同一规格、同一交货状态的钢筋组成；②同一钢号的混合批，不超过 6 个炉罐号</td><td>≤60</td><td>在任意 2 根钢筋上，分别从每根上切取 1 根拉力试件和 1 根冷弯试件</td><td rowspan="2">如果某一项试验结果不符合标准要求，则从同一批中再任取双倍数量的试件进行该不合格项目的复验，复验结果（包括该项试验所要求的任一指标），即使一个指标不合格，则整批不合格</td></tr>
<tr><td>热处理钢筋</td><td>①每批由同一外形截面尺寸、同一热处理制度、同一炉罐号钢筋组成；②同钢号混合批不超过 10 个炉罐号</td><td>≤60</td><td>取 10％的盘数（不少于 25 盘），每盘取 1 个拉力试件</td></tr>
<tr><td>碳素刻痕钢丝</td><td>同一钢号、同一形状尺寸、同一交货状态</td><td></td><td>取 5％的盘数（但不少于 3 盘），优质钢丝取 10％（不少于 3 盘），每盘取 1 个拉力和 1 个弯曲试件</td><td rowspan="2">如有某一项试验结果不符合标准要求，则从同一批中再任取双倍数量的试件进行该不合格项目的复验，复验结果（包括该项试验所要求的任一指标），即使一个指标不合格，则整批不合格</td></tr>
<tr><td>钢绞线</td><td>同一钢号，同一规格，同一生产工艺</td><td>≤60</td><td>任取 3 盘，每盘取 1 根拉力试件</td></tr>
<tr><td>冷拉钢筋</td><td>同级别，同直径</td><td>≤20</td><td>任取 2 根钢筋，分别从每根上切取 1 根拉力和 1 根冷弯试件</td><td>当有一项试验不合格时，应另取双倍数量试件重做各项试验，仍有一项不合格时，则为不合格</td></tr>
</table>

（三）钢筋化学成分检验

钢筋在加工过程中发现脆断、焊接性能不良或力学性能显著不正常等现象，应根据现行国家有关标准对该批钢筋进行化学成分检验或其他专项检验。

钢筋的化学成分检验通常是分批进行含碳量及碳当量、含硫量、含磷量的检验。

化学成分检验结果要求：国产钢筋应符合相应钢筋标准的规定；进口钢筋含碳量≤0.3%，碳当量≤0.55%，硫、磷含量均≤0.05%。

对有抗震要求的框架结构纵向受力钢筋检验所得的抗拉强度实测值 σ_b 和屈服强度实测值 σ_s 的比值不应小于 1.25。钢筋的屈服强度实测值与钢筋的强度标准值的比值 $\sigma_s/\sigma_{标}$，按一级抗震设计时不应大于 1.25，按二级抗震设计时不应大于 1.4，要求计算 σ_b/σ_s 和 $\sigma_s/\sigma_{标}$。

钢筋集中加工的规定：钢筋在工厂或施工现场集中加工，应由加工单位出具钢筋的质量证明书，还应出具钢筋加工后的出厂合格证以及有关的试验报告单。

三、预应力混凝土用钢丝

（一）预应力混凝土用钢丝的定义与分类

预应力混凝土用钢丝是用优质碳素结构钢制成，抗拉强度高达 1470～1770MPa，分为消除应力光圆钢丝（代号为 S）、消除应力刻痕钢丝（SI）、消除应力螺旋肋钢丝（SH）和冷拉钢丝（RCD）四种。

预应力混凝土用钢丝是用牌号为 60～80 的优质碳素钢盘条，经酸洗、冷拉或冷拉再回火等工艺制成。

预应力混凝土用钢丝的尺寸、外形、质量及允许偏差见表 7-2。

表 7-2　预应力混凝土用钢丝的尺寸、外形、质量及允许偏差

钢丝公称直径/mm	直径允许偏差/mm	横截面积/mm^2	每米理论重量/（kg/m）
3.00	±0.04	7.07	0.055
4.00		12.57	0.099
5.00	±0.05	19.63	0.154
6.00		28.27	0.222
7.00	±0.05	38.48	0.302
8.00		50.26	0.394
9.00		63.62	0.499

注：计算钢丝理论质量时钢的密度为 7.85g/cm^3。

（二）预应力混凝土用钢丝的重要技术指标

冷拉钢丝、消除应力钢丝和刻痕钢丝的规格尺寸及力学性能见表 7-3～表 7-5。

表 7-3 冷拉钢丝的尺寸及力学性能

公称直径/mm	抗拉强度 σ_b 不小于/MPa	规定非比例伸长应力 σ_p 不小于/MPa	伸长率（L_0=100mm）不小于（%）	弯曲次数	
				次数不小于/180°	弯曲半径/mm
3.00	1470	1100	2	4	7.5
	1570	1180			
4.00	1670	1250			10
5.00	1470	1100	3	5	15
	1570	1180			
	1670	1250			

注：1. 规定非比例伸长应力 $\sigma_{p0.2}$ 值不小于公称抗拉强度的 75%。

2. 表中 3.00mm 钢丝的弯曲试验，供需双方也可按弯曲半径 R=10mm 进行，但弯曲次数不小于 9 次。

表 7-4 消除应力钢丝的规格尺寸及力学性能

公称直径/mm	抗拉强度 σ_b 不小于/MPa	规定非比例伸长应力 σ_p 不小于/MPa	伸长率（L=100mm）不小于（%）	弯曲次数		松弛		
				次数不小于/180°	弯曲半径/mm	初始应力相当于公称抗拉强度的百分数（%）	1000h 应力损失不大于（%）	
							Ⅰ级松弛	Ⅱ级松弛
4.00	1470	1250	4	3	10	60	4.5	1.0
	1570	1330						
5.00	1670	1410			15			
	1770	1500						
6.00	1570	1330		4	20	70	8	2.5
	1670	1420						
7.00								
8.00	1470	1250			25	80	12	4.5
9.00	1570	1330						

表 7-5 刻痕钢丝的规格尺寸及力学性能

公称直径/mm	抗拉强度 σ_b 不小于/MPa	规定非比例伸长应力 σ_p 不小于/MPa	伸长率（L_0=100mm）不小于（%）	弯曲次数		松弛		
				次数/180° 不小于	弯曲半径/mm	初始应力相当于公称抗拉强度的百分数（%）	1000h 应力损失不大于（%）	
							Ⅰ级松弛	Ⅱ级松弛
≤5.00	1470	1250	4	3	15	70	8	2.5
	1570	1340						
>5.00	1470	1250			20			
	1570	1340						

注：规定非比例伸长应力 $\sigma_{p0.2}$ 值不小于公称抗拉强度的 85%。

（三）预应力混凝土用钢丝试验

（1）取样规定　1000h 应力松弛试验和疲劳性能试验只进行型式检验，即当原料、生产工艺、设备有较大变化，新产品投产及停产后重新生产时应进行检验。供方出厂常规检验项目及取样数量见表 7-6。

表 7-6　供方出厂常规检验项目及取样数量

序号	检验项目	取样数量	取样部位	检验方法
1	表面	逐盘		目视
2	外形尺寸	逐盘	在每（任一）盘中任意一端截取	按《预应力混凝土用钢丝》（GB/T 5223—2002）8.2 规定执行
3	消除应力钢丝伸直性	1 根/盘		用分度值为 1mm 的量具测量
4	抗拉强度	1 根/盘		按《预应力混凝土用钢丝》（GB/T 5223—2002）8.4.1 规定执行
5	规定非比例伸长应力	3 根/每批		按《预应力混凝土用钢丝》（GB/T 5223—2002）8.4.2 规定执行
6	最大力下总伸长率	3 根/每批		按《预应力混凝土用钢丝》（GB/T 5223—2002）8.4.3 规定执行
7	断后伸长率	1 根/盘		按《预应力混凝土用钢丝》（GB/T 5223—2002）8.4.4 规定执行
8	弯曲	1 根/盘		按《预应力混凝土用钢丝》（GB/T 5223—2002）8.5 规定执行
9	扭转	1 根/盘		按《预应力混凝土用钢丝》（GB/T 5223—2002）8.6 规定执行
10	断面收缩率	1 根/盘		按《预应力混凝土用钢丝》（GB/T 5223—2002）8.4.5 规定执行
11	镦头强度	1 根/每批		按《预应力混凝土用钢丝》（GB/T 5223—2002）8.8 规定执行
12*	应力松弛性能	不少于 1 根/每合同批		按《预应力混凝土用钢丝》（GB/T 5223—2002）8.7 规定执行

注：* 合同批为一个订货合同的总量。在特殊情况下，松弛试验可以由工厂连续检验提供同一种原料、同一生产工艺的数据所代替。

（2）试验方法　按《预应力混凝土用钢丝》（GB/T 5223—2002）中第八章规定进行。

（四）预应力混凝土用钢丝包装、标志及质量证明书

（1）包装　钢丝一般按《钢丝验收、包装、标志及质量证明书的一般规定》（GB/T 2103—2008）中 1 类包装，特殊要求应在合同中注明，可按Ⅱ、Ⅱc 类包装。

（2）标志　钢丝应逐盘卷并加拴标牌，其上注明供方名称、商标标记、规格、强度级别、执行标准号等。

（3）质量证明书　每一合同批应附有质量证明书，其中应注明：供方名称、地址和商标、规模、强度级别、需方名称、合同号、质量、产品标记、执行标准、编号、出厂日期、技术监督部门印记等。

第二节 钢 材

一、建筑用钢的分类

（一）按用途分类

钢材按用途分类可分为碳素结构钢、焊接结构耐候钢、高耐候性结构钢和桥梁用结构钢等专用结构钢。在建筑工程中，较为常用的是碳素结构钢和桥梁用结构钢。

（二）按品质分类

根据钢中所含有害杂质的多少，可分为普通钢、优质钢和高级优质钢三大类。

(1) 普通钢　一般含硫量不超过0.050%，但对酸性转炉钢的含硫量允许适当放宽，属于这类的如普通碳素钢。普通碳素钢按技术条件又可分为以下三种：

甲类钢——只保证力学性能的钢；

乙类钢——只保证化学成分，但不必保证力学性能的钢；

特类钢——既保证化学成分，又保证力学性能的钢。

(2) 优质钢　在结构钢中，含硫量不超过0.045%，含碳量不超过0.040%；在工具钢中，含硫量不超过0.030%，含碳量不超过0.035%。对于其他杂质，如铬、镍、铜等的含量都有一定的限制。

(3) 高级优质钢　属于这一类的一般都是合金钢。钢中含硫量不超过0.020%，含碳量不超过0.030%，对其他杂质的含量要求更加严格。

除以上三种外，对于具有特殊要求的钢，还可列为特级优质钢，从而形成四大类。

（三）按化学成分分类

按照化学成分的不同，还可以把钢分为碳素钢和合金钢两大类。

(1) 碳素钢　碳素钢是指含碳量在0.02%～2.11%的铁碳合金。根据钢材含碳量的不同，可把钢划分为以下三种：

低碳钢——含碳量小于0.25%的钢；

中碳钢——含碳量在0.25%～0.60%之间的钢；

高碳钢——含碳量大于0.60%的钢。

建筑工程中大量应用的是碳素结构钢。

(2) 合金钢　在碳素钢中加入一定量的合金元素以提高钢材性能的钢，称为合金钢。根据钢中合金元素含量的多少，可分以下三种：

低合金钢——合金元素总的质量分数小于5%的钢；

中合金钢——合金元素总的质量分数在5%～10%之间的钢；

高合金钢——合金元素总的质量分数大于10%的钢。

根据钢中所含合金元素的种类的多少，又可分为二元合金钢、三元合金钢以及多元合金钢等钢种，如锰钢、铬钢、硅锰钢、铬锰钢、铬钼钢、钒钢等。

（四）按冶炼方法分类

按照冶炼方法和设备的不同，工业用钢可分为平炉钢、转炉钢和电炉钢三大类，每一大类还可按其炉衬材料的不同，又可分为酸性和碱性两类。

（1）平炉钢　一般属碱性钢，只有在特殊情况下，才在酸性平炉里炼制。

（2）转炉钢　除可分为酸性和碱性转炉钢外，还可分为底吹、侧吹、顶吹转炉钢。而这两种分类方法，又经常混用。

（3）电炉钢　分为电弧炉钢、感应电炉钢、真空感应电炉钢和钢电渣电炉钢等。工业上大量生产的主要是碱性电弧炉钢。

（五）按浇注脱氧程度和浇注制度分类

按脱氧程度和浇注制度的不同，可分为沸腾钢、镇静钢、半镇静钢三类。

（1）沸腾钢　沸腾钢是在钢液中仅用锰铁弱脱氧剂进行脱氧。钢液在铸锭时有相当多的氧化铁，它与碳等化合生成一氧化碳等气体，使钢液沸腾。铸锭后冷却快，气体不能全部逸出，因而有下列缺陷：

1）钢锭内存在气泡，轧制时虽容易闭合，但晶粒粗细不匀。

2）硫磷等杂质分布不匀，局部比较集中。

3）气泡及杂质不匀，使钢材质量不匀，尤其是使轧制的钢材产生分层。当厚钢板在垂直厚度方向产生拉力时，钢板产生层状撕裂。

（2）镇静钢　镇静钢是在钢液中添加适量的硅和锰等强脱氧剂进行较彻底的脱氧而成。铸锭时不发生沸腾现象，浇铸时钢液表面平静，冷却速度很慢。

（3）半镇静钢　半镇静钢的脱氧程度介于沸腾钢和镇静钢之间，可用较少的硅脱氧，铸锭时还有一些沸腾现象。半镇静钢的性能优于沸腾钢，接近镇静钢。

二、钢材的硬度、冲击韧度与疲劳强度

（一）硬度指标

钢材的硬度是指其表面抵抗重物压入产生塑性变形的能力。测定硬度的方法有布氏法和洛氏法，较常用的方法是布氏法，如图7-4所示，其硬度指标为布氏硬度值（HB）。

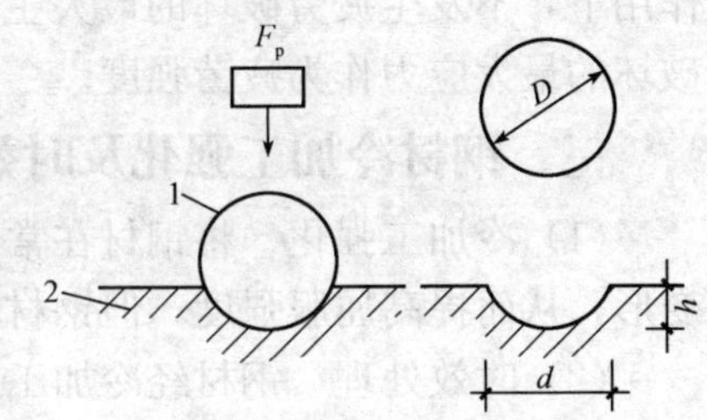

图7-4　布氏硬度测定示意图
1—淬火钢球　2—试件

布氏法是利用直径为 D（mm）的淬火钢球，以一定的荷载 F_p（N）将其压入试件表面，得到直径为 d（mm）的压痕，以压痕表面积 S 除荷载 F_p，所得的应力值即为试件的布氏硬度值（HB），以不带单位的数字表示。布氏法比较准确，但压痕较大，不适宜做成品检验。

洛氏法测定的原理与布氏法相似，但以压头压入试件深度来表示洛氏硬度值。洛氏法压痕很小，常用于判定工件的热处理效果。

（二）冲击韧度

钢材的冲击韧度是衡量钢材断裂时所做功的指标，以及在低温、应力集中、冲击荷载等作用下，衡量抵抗脆性断裂的能力。钢材中非金属夹杂物、脱氧不良等都将影响其冲击韧度。为了保证钢结构建筑物的安全，防止低应力脆性断裂，建筑结构钢还必须具有良好的韧性。目前关于钢材脆性破坏的试验方法较多，冲击试验是最简便的检验钢材缺口韧性的试验方法，也是作为建筑结构钢的验收试验项目之一。

钢材的冲击韧性采用V形缺口的标准试件，如图7-5所示。冲击韧性指标以冲击荷载使试件断裂时所吸收的冲击功A_{KV}表示，单位为J。

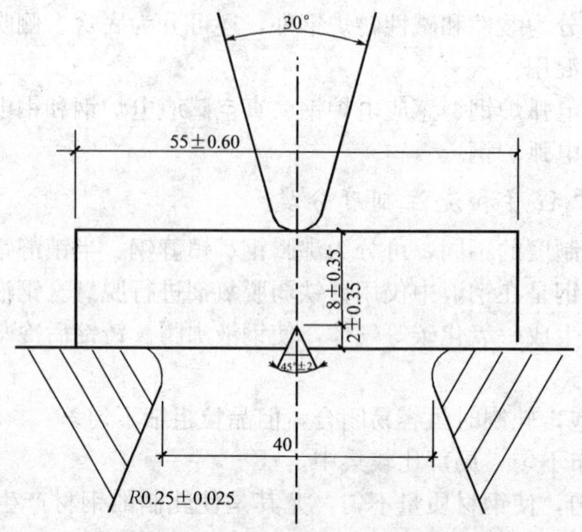

图7-5 冲击试验示意图（单位：cm）

（三）疲劳强度

钢材承受交变荷载的反复作用时，可能在远低于屈服强度时突然发生破坏，这种破坏称为疲劳破坏。钢材疲劳破坏的指标即疲劳强度，或称疲劳极限。疲劳强度是试件在交变应力作用下，不发生疲劳破坏的最大主应力值，一般把钢材承受交变荷载10^6～10^7次时不发生破坏的最大应力作为疲劳强度。

三、钢材冷加工强化及时效处理

（1）冷加工强化　将钢材在常温下进行冷加工（如冷拉、冷拔或冷轧），使之产生塑性变形，从而提高屈服强度，但钢材的塑性和韧性会降低，这个过程称为冷加工强化处理。

（2）时效处理　钢材经冷加工后，在常温下存放15～20d或加热至100～200℃，保温2h左右，其屈服强度、抗拉强度及硬度进一步提高，而塑性及韧性继续降低，这种现象称为时效。前者称为自然时效，后者称为人工时效。

钢材的时效是普遍而长期的过程，有些未经冷加工的钢材长期存放后也会出现时效，冷加工只是加速了时效的发展。通常，强度较低的钢筋宜采用自然时效处理，强度较高的钢筋宜采人工时效处理。

四、钢筋的抗拉性能

钢筋的抗拉性能一般是以钢筋在拉力作用下的应力－应变图来表示。热轧钢筋具有软钢性质，有明显的屈服点，其应力－应变图如图7-6所示。

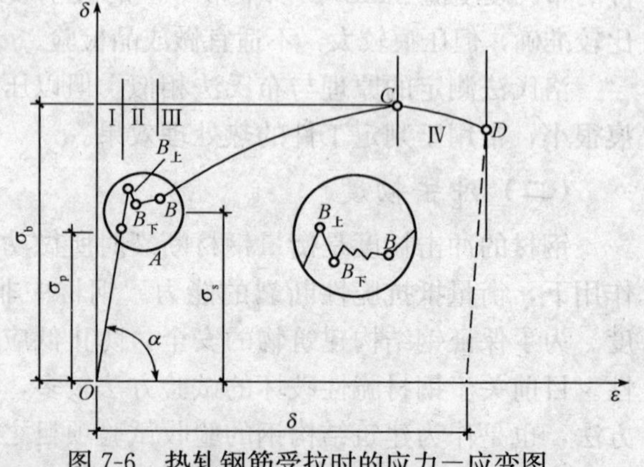

图7-6 热轧钢筋受拉时的应力－应变图

（一）弹性阶段

图 7-6 中的 OA 段，施加外力时，钢筋伸长；除去外力，钢筋恢复到原来的长度。这个阶段称为弹性阶段，在此段内发生的变形称为弹性变形。A 点所对应的应力叫做弹性极限或比例极限，用 σ_p 表示。OA 呈直线状，表明在 OA 阶段内应力与应变的比值为一常数，此常数被称为弹性模量，用符号 E 表示。弹性模量 E 反映了材料抵抗弹性变形的能力。工程上常用的 HPB235 级钢筋，其弹性模量 $E=2.0\times10^5\sim2.1\times10^5\text{N/mm}^2$。

（二）屈服阶段

图 7-6 中的 $B_上$ B 段。应力超过弹性阶段，达到某一数值时，应力与应变不再成正比关系，在 $B_上$ B 段内图形呈锯齿形，这时应力在一个很小范围内波动，而应变却自动增长，犹如停止了对外力的抵抗，或者说屈服于外力，所以叫做屈服阶段。

钢筋到达屈服阶段时，虽尚未断裂，但一般已不能满足结构的设计要求，所以设计时是以这一阶段的应力值为依据，为了安全起见，取其下限值。这样，屈服下限也叫屈服强度或屈服点，用“σ_s”表示。如 HPB235 级钢筋的屈服强度（屈服点）为不小于 240N/mm^2。

（三）强化阶段

经过屈服阶段之后，试件变形能力又有了新的提高，此时变形的发展虽然很快，但它是随着应力的提高而增加的。BC 段称为强化阶段。对应于最高点 C 的应力称为抗拉强度，用“σ_b”表示。如：HPB235 级钢筋的抗拉强度 $\sigma_b=380\text{N/mm}^2$。

屈服点 σ_s 与抗拉强度 σ_b 的比值叫屈强比。屈强比 σ_s/σ_b 越小，表明钢材在超过屈服点以后的强度储备能力越大，则结构的安全性越高。但屈强比小，则表明钢材的利用率太低，造成钢材浪费。反之屈服比大，钢材的利用率虽然提高了，但其安全可靠性却降低了。HPB235 级钢筋的屈强比为 0.58～0.63。

（四）颈缩阶段

当试件强度达到 C 点后，其抵抗变形的能力开始有明显下降，试件薄弱部分的断面开始出现显著缩小，此现象称为颈缩，如图 7-7 所示。试件在 D 点断裂，故称 CD 段为颈缩阶段。

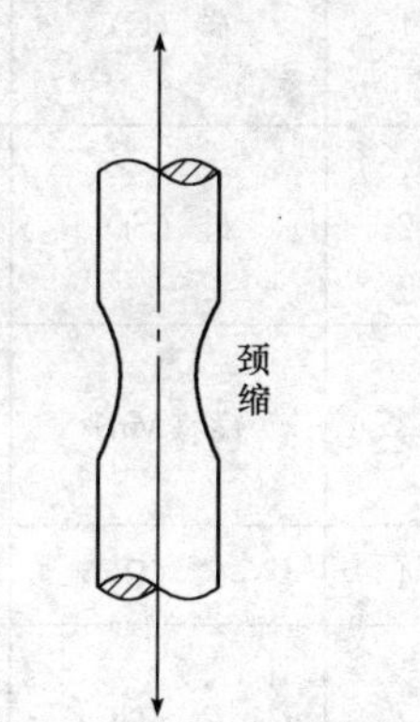

图 7-7 颈缩现象示意图

五、钢筋的冷弯性能与焊接性能

（一）冷弯性能

冷弯性能是指钢筋在常温（20±3℃）条件下承受弯曲变形的能力。冷弯是检验钢筋原材料质量和钢筋焊接接头质量的重要项目之一。通过冷弯试验能更容易暴露钢材内部存在的夹渣、气孔、裂纹等缺陷。其性能指标通过冷弯试验确定，常用弯曲角度（α）以及弯心直径（d）对试件的厚度或直径（a）的比值来表示。弯曲角度越大，弯心直径对试件厚度或直径的比值越小，表明钢筋的冷弯性能越好，如图 7-8 所示。

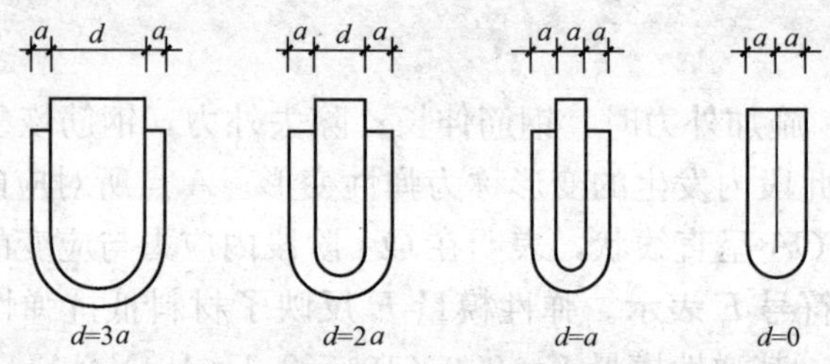

图 7-8 钢筋冷弯示意图

（二）焊接性能

在建筑工程中，钢筋骨架、接头、预埋件连接等，大多数是采用焊接的，因此要求钢筋应具有良好的焊接性能。

钢材的焊接性能是指钢材是否适应通常的焊接方法与工艺的性能。焊接性能好的钢材易于用一般焊接方法和工艺施焊，焊接处不易形成裂纹、气孔、夹渣等缺陷，焊接用钢材的力学性能，特别是强度不低于原有钢材，硬脆倾向小。

钢材焊接性能的好坏，主要取决于钢的化学成分，具体见表 7-7。

表 7-7 钢的化学成分对钢材焊接性能的影响

序 号	化学成分	对钢材焊接性能的影响
1	碳（C）	钢筋中含碳量的多少，对钢筋的性能有决定性的影响。含碳量增加时，强度和硬度提高，但塑性和韧性降低；焊接和冷弯性能也降低；钢的冷脆性提高
2	硅（Si）	在硅含量小于 1%时，可显著提高钢的抗拉强度、硬度、抗蚀性能、提高抗氧化能力，但含量过高，则会降低钢的塑性和韧性及焊接性能
3	锰（Mn）	能显著地提高钢的屈服点和抗拉强度，改善钢的热加工性能，故锰的含量不应低于标准规定。它是生产低合金钢的主要元素
4	磷（P）	磷是钢材的有害元素，显著地降低了钢的塑性、韧性和焊接性能
5	硫（S）	硫也是钢材的有害元素，能显著降低钢的焊接性能、力学性能、抗蚀性能和疲劳强度，使钢变脆

六、钢的化学成分对钢材性能的影响

钢中除了铁和碳以外，还含有硅（Si）、锰（Mn）、硫（S）、磷（P）、氮（N）、氧（O）、氢（H）等元素，这些元素是原料或冶炼过程中带入的，叫做常存元素。为了适应某些使用要求，特意提高硅（Si）、锰（Mn）的含量或特意加入铬（Cr）、镍（Ni）、钨（W）、钼（Mo）、钒（V）等元素，这些特意加入的或提高含量的元素叫做合金元素。

建筑结构钢材中，各种化学成分对钢材性能的影响，见表 7-8。

表 7-8　化学成分对钢材性能的影响

名　称	在钢材中的作用	对钢材性能的影响
碳（C）	决定强度的主要因素。碳素钢的碳含量应在 0.04%～1.7%之间，合金钢的碳含量大于 0.5%～0.7%	含量增高，强度和硬度增高，塑性和冲击韧性下降，脆性增大，冷弯性能、焊接性能变差
硅（Si）	加入少量能提高钢的强度、硬度和弹性，能使钢脱氧，有较好的耐热性、耐酸性。在碳素钢中硅含量不超过 0.5%，超过限值则成为合金钢的合金元素	含量超过 1%时，则使钢的塑性和冲击韧度下降，冷脆性增大，焊接性、抗腐蚀性变差
锰（Mn）	提高钢强度和硬度，可使钢脱氧去硫。锰含量在 1%以下；合金钢锰含量大于 1%时即成为合金元素	少量锰可降低脆性，改善塑性、韧性，热加工性和焊接性能，含量较高时，会使钢塑性和韧性下降，脆性增大，焊接性能变坏
磷（P）	是有害元素，降低钢的塑性和韧性，出现冷脆性，能使钢的强度显著提高，同时提高大气腐蚀稳定性，磷含量应限制在 0.05%以下	含量提高，在低温下使钢变脆，在高温下使钢缺乏塑性和韧性，焊接及冷弯性能变坏，其危害与含碳量有关，在低碳钢中影响较少
硫（S）	是有害元素，使钢热脆性大，硫含量限制在 0.05%以下	含量高时，焊接性能、韧性和抗蚀性将变坏；在高温热加工时，容易产生断裂，形成热脆性
钒、铌（V、Nb）	使钢脱氧除气，显著提高强度。合金钢中钒、铌含量应小于 0.5%	少量可提高低温韧性，改善可焊性；含量多时，会降低焊接性能
（钛）（Ti）	钢的强脱氧剂和除气剂，可显著提高强度，能与碳和氮作用生成碳化钛（TiC）和氮化钛（TiN）。低合金钢中钛含量在 0.06%～0.12%之间	少量可改善塑性、韧性和焊接性能，降低热敏感性
铜（Cu）	含少量铜对钢不起显著变化，可提高抗大气腐蚀性	含量增到 0.25%～0.3%时，焊接性能变坏，增到 0.4%时，发生热脆现象

七、建筑钢材的选用、储运和验收

（一）建筑钢材的选用

各种建筑结构对钢材各有要求，选用时要根据要求对钢材的强度、塑性、韧性、耐疲劳性能、焊接性能、耐锈性能等进行全面考虑。对厚钢板结构、焊接结构、低温结构和采用含碳量高的钢材制作的结构，还应防止脆性破坏。

对建筑结构钢材选择时，应符合图样设计要求的规定，表 7-9 所列为一般选择原则。

表 7-9 建筑结构钢材的选择

<table>
<tr><th>项次</th><th colspan="3">结构类型</th><th>计算温度</th><th>选用牌号</th></tr>
<tr><td>1</td><td rowspan="6">焊接结构</td><td rowspan="2">直接承受动力荷载的结构</td><td>重级工作制起重机梁或类似结构</td><td rowspan="2">—</td><td rowspan="2">Q235 镇静钢或 Q345 钢</td></tr>
<tr><td>2</td><td>轻、中级工作制起重机梁或类似结构</td></tr>
<tr><td>3</td><td colspan="2" rowspan="4">承受静力荷载或间接承受动力荷载的结构</td><td>等于或低于－20℃</td><td>同 1 项</td></tr>
<tr><td>4</td><td>高于－20℃</td><td>Q235 沸腾钢</td></tr>
<tr><td rowspan="2">5</td><td>等于或低于－30℃</td><td>同 1 项</td></tr>
<tr><td>高于－30℃</td><td>同 3 项</td></tr>
<tr><td>6</td><td rowspan="4">非焊接结构</td><td rowspan="3">直接承受动力荷载的结构</td><td rowspan="2">重级工作制起重机梁或类似结构</td><td>等于或低于－20℃</td><td>同 1 项</td></tr>
<tr><td>7</td><td>高于－20℃</td><td>同 3 项</td></tr>
<tr><td>8</td><td>轻、中级工作制起重机梁或类似结构</td><td>—</td><td>同 3 项</td></tr>
<tr><td>9</td><td colspan="2">承受静力荷载或间接承受动力荷载的结构</td><td>—</td><td>同 3 项</td></tr>
</table>

表中的计算温度应按现行《采暖通风与空气调节设计规范》（GB 50019—2003）中的冬季空气调节室外计算温度确定。低温地区的露天或类似露天的焊接结构用沸腾钢时，钢材板厚不宜过大。

（二）钢材的储运与验收

1. 钢材的储运

钢材由于质量大、长度长，运输前必须了解所运钢材的长度和单捆质量，以便安排运输车辆和吊车。

钢材要按品种、规格，分类放置。最好放置在库房内，以防锈蚀。

2. 钢材的验收

钢材到货时必须有钢材生产厂质量检验部门提供的产品合格证。产品合格证的内容包括：钢种、规格、数量、机械性能、化学成分的数据及结论、出厂日期、检验部门的印章、合格证的编号。

第三节 木材

一、常用木材的分类

（一）按树种分

木材按树种可分为针叶树和阔叶树两大类。

（1）针叶树　树干通直高大，表观密度小，质软，纹理直，易加工。针叶树木材胀缩变形较小，强度较高，常含有较多的树脂，较耐腐朽。市政工程中常用的有落叶松、云杉、冷杉、杉木、柏木等树种。

（2）阔叶树　树干通直部分一般较短，大部分树种的表观密度大，质硬。这种木材较难加工，胀缩大，易翘曲、开裂，市政上常用作尺寸较小的零部件。常用的树种有柚木、榉木、水曲柳、樟木、桦木等。

（二）按加工程度和用途不同分

按加工程度和用途的不同可分为原木、原条、普通锯材等。

（1）原木　已经除去根、皮、树梢的木材，并已按一定尺寸加工成规定长度和直径的木材，主要用于建筑工程桩木、胶合板等。

（2）原条　已经去除根、皮、树梢的木料，但尚未按一定尺寸加工成规定的木材，主要用于建筑脚手架、小型用材、家具等。

（3）普通锯材　已经加工锯解成材的木料。一般用于建筑工程、桥梁、家具等。

（三）按承重结构的选材标准分

按承重结构的选材标准，木材可分为三等，见表7-10。

表7-10　普通木结构构件的材质等级

项　次	主要用途	木材等级
1	受拉或拉弯构件	I_a
2	受弯或压弯构件	II_a
3	受压构件及次要受弯构件（如吊顶小龙骨等）	III_a

二、木材的物理性质

（一）密度与表观密度

木材的平均密度约为1550kg/m^3，表观密度在400～600kg/m^{3}范围内，平均为500kg/m^3。

（二）含水量

木材的含水量以含水率表示，即木材中所含水的质量占干燥木材质量的百分数。新伐倒的树木称为生材，其含水率一般在70％～140％。木材气干含水量因地而异，南方约为15％～20％，北方约10％～15％。窑干木材的含水率约在4％～12％。

木材中所含水分可分为自由水和吸附水两种。

（1）自由水　存在于细胞间隙中的毛细管中的水分。

（2）吸附水　包含在细胞壁中的吸着水。

（三）湿胀干缩

木材具有显著的湿胀干缩特征。当木材的含水率在纤维饱和点以上时，含水率的变化并不改变木材的体积和尺寸，因为只是自由水在发生变化。当木材的含水率在纤维饱和点以内时，含水率的变化会由于吸附水而发生变化。

当吸附水增加时，细胞壁纤维间距离增大，细胞壁厚度增加，则木材体积膨胀，尺寸增加，直到含水率达到纤维饱和点时为止。此后，木材含水率继续提高，也不再膨胀。当吸附水蒸发时，细胞壁厚度减少，则体积收缩，尺寸减小。也就是说，只有吸附水的变化，才能引起木材的变形，即湿胀干缩。

木材的湿胀干缩随树种不同而有差异，一般来讲，表观密度大、夏材（晚材）含量高者胀缩性较大。

由于木材构造不均匀，各方向的胀缩也不一致，同一木材弦向胀缩最大，径向其次，纤维方向最小。木材干燥时，弦向收缩约为6%～12%，径向收缩约为3%～6%，顺纤维纵向收缩仅为0.1%～0.35%。弦向胀缩最大，主要是受髓线影响所致。

木材的湿胀干缩对其使用影响较大，湿胀会造成木材凸起，干缩会导致木结构连接处松动。如长期湿胀干缩交替作用，会使木材产生翘曲开裂。为了避免这种情况，通常在加工使用前将木材进行干燥，使木材的含水率达到使用环境湿度下的平衡含水率。

三、木材的强度

（一）木材的抗拉强度

（1）顺纹抗拉强度　即外力与木材纤维方向相平行的抗拉强度。由木材标准小试件测得的顺纹抗拉强度，是所有强度中最大的。但是，节子、斜纹、裂缝等木材缺陷对抗拉强度的影响很大。因此，在实际应用中，木材的顺纹抗拉强度反而比顺纹抗压强度低。木屋架中的下弦杆、竖杆均为顺纹受拉构件。工程中，对于受拉构件应采用选材标准中的Ⅰ等材。

（2）横纹抗拉强度　即外力与木材纤维方向相垂直的抗拉强度。木材的横纹抗拉强度远远小于顺纹抗拉强度。对于一般木材，其横纹抗拉强度约为顺纹抗拉强度的1/4～1/10。所以，在承重结构中不允许木材横纹承受拉力。

（二）木材的抗压强度

（1）顺纹抗压强度　即外力与木材纤维方向相平行的抗压强度。由木材标准小试件测得的顺纹抗压强度，约为顺纹抗拉强度的40%～50%。由于木材的缺陷对顺纹抗压的影响很少，因此，木构件的受压工作要比受拉工作可靠得多。屋架中的斜腹杆、木柱、木桩等均为顺纹受压构件。

（2）横纹抗压强度　即外力与木材纤维方向相垂直的抗压强度。木材的横纹抗压强度比顺纹抗压强度低。垫木、枕木等均为横纹受压构件。

（三）木材的抗弯强度

木材的抗弯强度介于横纹抗压强度和顺纹抗压强度之间。木材受弯时，在木材的横截面上有受拉区和受压区。

梁在工作状态时，截面上部产生顺纹压应力，截面下部产生顺纹拉应力，且越靠近截面边缘，所受的压应力或拉应力也越大。由于木材的缺陷对受拉影响大，对受压影响小，因此，对大梁、搁栅、檩条等受弯构件，不允许在其受拉区内存在节子或斜纹等缺陷。

（四）木材的抗剪强度

外力作用于木材，使其一部分脱离邻近部分而滑动时，在滑动面上单位面积所能承受的外力，称为木材的抗剪强度。木材的抗剪强度有顺纹抗剪强度、横纹抗剪强度和剪断强度三种。其受力状态如图7-9所示。

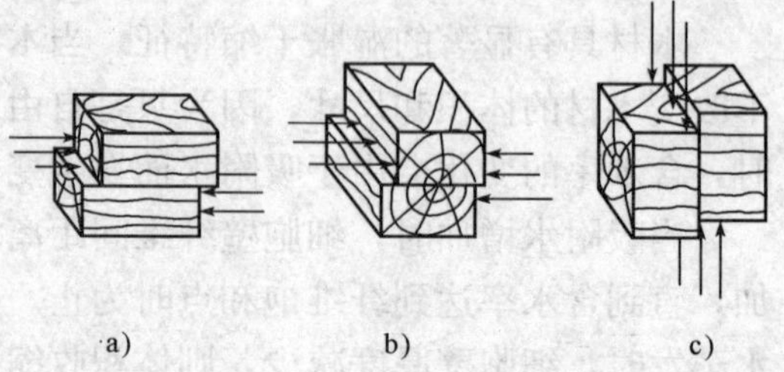

图7-9　木材受剪形式

a）顺纹剪切　b）横纹剪切　c）剪断

为了增强木材的抗剪承载力，可以增大剪切面的长度或在剪切面上施加足够的压紧力。

四、木材识别与选用

（一）根据树皮识树种

树皮起保护树干的作用，是树干的外围组织，分为外皮和内皮。外皮是已死亡的组织，为树木的保护层；内皮又称韧皮部，是输送养料的主要渠道，又是储存养料的主要场所之一。

树皮的外部形态、颜色、气味、质地及剥落情况均为现场识别原木的主要特征之一。在现场识别原木时，主要抓住树皮的外皮、内皮、树皮厚度、树皮开裂和剥离形态，具体见表7-11。

表 7-11　现场识别原木

序　号	树　皮	树皮特点
1	外皮	大部分常见树种根据树木的外皮即可确定其名称。外皮的颜色各异，如白桦的外皮雪白，杉木的外皮为红褐色，青榨槭为绿色
2	内皮	树木内皮的颜色、厚薄、质地等都可作为识别树种的依据。如落叶松的内皮颜色为紫红色，这是落叶松的主要特征。黄菠萝的内皮鲜黄色，与其他树种的区别十分明显
3	树皮厚度	树皮有厚有薄，像栓皮栎、黄菠萝的树皮都很厚，木栓层发达，达 1cm 以上
4	树皮开裂和剥离的形态	树皮的形态也是识别木材的重要依据。外皮形态一般可分为两类，一类是不开裂的，另一类是开裂的。不开裂的又有平滑、粗糙、皱褶、瘤状突出等特征；开裂的又可分为平行纵裂、交叉纵裂、深裂及块状剥离和条状剥离等。 梧桐树不开裂，桦木横向开裂，酸枣树纵向开裂，柿树纵横开裂，黄菠萝交叉纵裂，栓皮栎深裂，鱼鳞云杉鱼鳞状剥落，柿树块状剥落

（二）根据年轮识树种

树木的年轮代表树木的生长史和年龄。每过一个周期，树木就在外周增加一圈，这些同心的圆圈叫生长轮。在寒带和温带，气候四季分明，每年长一圈木质层，所以生长轮又称为年轮。

根据年轮来识别不同的树种，主要应注意以下几点：

1）在树干的横切面上，年轮围绕着髓心或同心圆圈；在径切面上呈相互平行的条状；在弦切面上，呈抛物线形或“V”字形，构成了木材的美观花纹。

2）年轮的宽窄，反映树木生长的快慢。生长快的树种如泡桐、轻木、沙兰杨等；生长较慢的树种如云杉、黄扬木、侧柏等。生长快的树种，一个年轮的宽度达 3～4cm 以上；生长慢的树种，1cm 宽度有 5 个以上的年轮。

3）年轮的宽窄和年轮的明显程度是识别树种的重要标志之一。

（三）根据原木的材表、断面形状、髓心来识别树种

（1）看材表　去皮原木的木材外表习惯上叫材表。大多数针叶树材和阔叶树散孔材其外表都很平滑，椴木、黄檀等表面起伏呈波浪状，柿树等表面有创伤状斑痕，而青冈栎材表沟槽底尖呈纺锤形。

(2) 看断面形状 大多数针叶树材及阔叶树材中的桦木、水曲柳等其树干的断面都呈圆形或近似圆形，也有很多树种呈椭圆形如猴欢喜等，粉椴、枫杨等的断面则呈多边形，而青冈栎、黄壇等的断面则呈不规则的波浪形。

(3) 看髓心 髓心在树干中心，其材质松软、强度低、易腐朽、易开裂，髓心的形状和大小也随树种而异。大多数树种的髓心都为圆形；椴木的髓心卵圆形；桤木、水青冈的髓心为三角形、毛白杨、栎木的髓心为五角形；杜鹃树的髓心为八角形；华南樟、苦枥木的髓心为长方形或正方形；核桃木分为隔髓；而泡桐、檫木等的髓心多为中空。

(四) 木材选用要求

(1) 根据使用部位选材 见表 7-12。

表 7-12 根据使用部位选材

使用部位	材质要求	建议选用的树种
屋架（包括：梁、柱、搁栅等）	纹理顺直、适当的强度、耐久性好、干缩小	杉树、松树、青杨、红楠等
门窗	易干燥、干燥后不变形，质轻，易加工，具有一定花纹	杉树、松树、桦树等
墙板、镶板、天花板	有一定强度、质轻、有装饰花纹	杉树、松树、核桃树、水曲柳等
地板	耐腐蚀、耐磨、质硬、有装饰花纹	杉树、松树、桦树、水曲柳、楠木等

(2) 特级原木材质指标 见表 7-13。

表 7-13 特级原木材质指标

缺陷名称	允许限度	
	针叶树	阔叶树
活节、死节	任意 1m 材长范围内，节子直径不超过检尺径 15%的允许	
	2 个	1 个
树包（隐生节）	全材长范围内凸出原木表面高度不超过 30mm 的允许：1 个	
心材腐朽	腐朽直径不得超过检尺径的： 小头 不允许 大头 10%	
边材腐朽	距大头端面 1m 范围内，大头边腐厚度不得超过检尺径的 5%，边材腐朽弧长不得超过该断面圆周的 1/4，其他部位不允许	
裂 缝	纵裂长度不得超过检尺长的： 杉木 15% 其他树种 10% 贯通断面开裂不允许 断面弧裂拱高或环裂半径不得超过检尺径的 20% 断面的环裂、弧裂的裂缝在 $25cm^2$ 的正方形中允许有 2 条（裂纹没有起点限制）	
劈 裂	大头及小头劈裂脱落厚度不得超过同方向直径的 5%	

（续）

缺陷名称	允许限度	
	针叶树	阔叶树
弯　曲	最大拱高与该段内弯曲水平长相比不得超过	
	1%	1.5%
扭转纹	小头 1m 长范围内，倾斜高度不得超过检尺径的 10%	
偏　心	小头断面中心与髓心之间距离不得超过检尺径的 10%	
外　伤	径向深度不得超过检尺径的 10%	
外夹皮	距大头端面 1m 范围内，长度不得超过检尺长的 10% 其他部位不允许	
抽　心	小头断面不允许 大头抽心直径不得超过检尺径的 10%	
虫　眼	全材长范围内及端面自 3mm 以上的均不允许	

注：除本表所列缺陷外，如漏节、树瘤、偏枯、风折木、双心，在全材长范围内均不允许，其他未列入缺陷不计。

五、木材的防护

（一）木材的防腐

木防腐朽主要是受某些真菌的危害产生的。这些真菌习惯上叫木腐菌或腐朽菌。木腐菌是一类低等生物，通常分为两类：白腐菌和褐腐菌。白腐菌侵蚀木材后，木材呈白色斑点，外观以小蜂窝或筛孔为特性，或者材质变得很松软，用手挤捏，很容易剥落，这种腐朽又称腐蚀性腐朽；褐腐菌侵蚀木材后，木材呈褐色，表面有纵横交错的细裂缝，用手搓捏，很容易捏成粉末状，这种腐朽又称破坏性腐朽。白腐和褐腐，都将严重地破坏木材，尤其是褐腐更为严重。

木材防腐的基本原理在于破坏真菌及虫类生存和繁殖的条件，通常方法有以下两种：一是将木材干燥至含水率在20%以下，保证木结构处在干燥状态，对木结构物采取通风、防潮、表面涂刷涂料等措施；二是将化学防腐剂施加于木材，使木材成为有毒物质，通常的方法有表面喷涂法、浸渍法、压力渗透法等。常用的防腐剂有水溶性的、油溶性的及浆膏类的几种。

水溶性防腐剂多用于内部木构件的防腐，常用氯化锌、氟化钠、铜铬合剂、硼氟酚合剂、硫酸铜等。油溶性防腐剂药力持久、毒性大、不易被水冲走、不吸湿，但有臭味，多用于室外、地下、水下，常用蒽油、煤焦油等。浆膏类防腐剂有恶臭，木材处理后呈黑褐色，不能油漆，如氟砷沥青等。

（二）木材的防虫

木腐菌在木材中生存必须同时具备以下四个条件：

（1）水分　木材的含水率在18%以上即能生存；含水率在30%～60%之间更为有利。

（2）温度　在2～35℃即能生存，最适宜的温度是15～25℃，高出60℃无法生存。

（3）氧气　有5%的空气即足够存活使用。

（4）营养　以木质素、储藏的淀粉、糖类及分解纤维素葡萄糖为营养。

从上可看出，木材的防虫处理从破坏菌虫生存条件和改变木材的养料属性着手。

（三）木材的防火

木材的防火，就是指将木材经过具有阻燃性能的化学物质处理后，变成难燃的材料，以达到遇小火能自熄，遇大火能延缓或阻止燃烧蔓延，从而赢得补救时间。

木材防火处理方法有表面涂敷法和溶液浸注法：

(1) 表面涂敷法　即在木材表面涂敷防火涂料，既防火又具防腐和装饰作用。防火效果与涂层厚度或每平方米涂料用量有密切关系。

(2) 溶液浸注法　分常压浸注和加压浸注两种，后者阻燃剂吸入量及透入深度均大大高于前者。浸注处理前，要求木材必须达到充分气干，并经初步加工成型，以免防火处理后进行大量锯、刨等加工，使木料中浸有阻燃剂的部分被除去。

第八章　墙体材料

第一节　砌墙砖

一、烧结砖

凡经焙烧而成的砖统称烧结砖，根据其空洞率大小分别有烧结普通砖、烧结多孔砖和烧结空心砖等三种。

（一）烧结普通砖

1. 烧结普通砖分类及规格

（1）分类　烧结普通砖是指以黏土、页岩、煤矸石、粉煤灰为主要原料经焙烧而成的砖。烧结砖按主要原料可分为黏土砖（N）、页岩砖（Y）、煤矸石砖（M）和粉煤灰砖（F）。

（2）规格　烧结普通砖的外形为长方体，标准尺寸是：长 240mm，宽 115mm，厚 53mm。其中 240mm×115mm 的面称为大面，240mm×53mm 的面称为条面，115mm×53mm 的面称为顶面。若加砌筑灰缝（以 10mm 计），每立方米砌体的理论需用砖数为 512 块。

2. 烧结普通砖性能要求

1）烧结普通砖的尺寸允许偏差应符合表 8-1 规定。

表 8-1　尺寸允许偏差　（单位：mm）

公称尺寸	优等品		一等品		合格品	
	样本平均偏差	样本极差≤	样本平均偏差	样本极差≤	样本平均偏差	样本极差≤
240	±2.0	6	±2.5	7	±3.0	8
115	±1.5	5	±2.0	6	±2.5	7
53	±1.5	4	±1.6	5	±2.0	6

2）烧结普通砖的外观质量应符合表 8-2 的规定。

表 8-2　外观质量

项　目		优等品	一等品	合格品
两条面高度差	≤	2	3	4
弯曲	≤	2	3	4
杂质凸出高度	≤	2	3	4
缺棱掉角的三个破坏尺寸	不得同时大于	5	20	30

（续）

项 目		优等品	一等品	合格品
裂纹长度≤	（1）大面上宽度方向及其延伸至条面的长度	30	60	80
	（2）大面上长度方向及其延伸至顶面的长度或条顶面上水平裂纹的长度	50	80	100
完整面	≥	二条面和二顶面	一条面和一顶面	—
颜色		基本一致	—	—

注：1. 为装饰而施加的色差、凹凸纹、拉毛、压花等不算作缺陷。

2. 凡有下列缺陷之一者，不得称为完整面。

1）缺损在条面或顶面上造成的破坏面尺寸同时大于10mm×10mm。

2）条面或顶面上裂纹宽度大于1mm，其长度超过30mm。

3）压陷、粘底、焦花在条面或顶面上的凹陷或凸出超过2mm，区域尺寸同时大于10mm×10mm。

3）烧结普通砖的强度等级应符合表8-3规定。

表8-3 强度等级 （单位：MPa）

强度等级	抗压强度平均值 $\bar{f}$≥	变异系数 δ≤0.21	变异系数 δ>0.21
		强度标准值 f_k≥	单块最小抗压强度值 f_{min}≥
MU30	30.0	22.0	25.0
MU25	25.0	18.0	22.0
MU20	20.0	14.0	16.0
MU15	15.0	10.0	12.0
MU10	10.0	6.5	7.5

4）严重风化区中的黑龙江、吉林、辽宁、内蒙古和新疆地区的砖必须进行冻融试验，其他地区的砖，其抗风化性能符合表8-4规定时可不做冻融试验，否则，必须进行冻融试验。

表8-4 抗风化性能

抗风化性能 项目 / 砖种类	严重风化区				非严重风化区			
	5h沸煮吸水率（质量分数）（%）≤		饱和系数 ≤		5h沸煮吸水率（质量分数）（%）≤		饱和系数 ≤	
	平均值	单块最大值	平均值	单块最大值	平均值	单块最大值	平均值	单块最大值
黏土砖	18	20	0.85	0.87	19	20	0.88	0.90
粉煤灰砖	21	23			23	25		
页岩砖	16	18	0.74	0.77	18	20	0.78	0.80
煤矸石砖	16	18			18	20		

注：粉煤灰掺入量（体积比）小于30%时，抗风化性能指标按普通砖规定。

3. 烧结普通砖取样规定与试验方法

（1）尺寸偏差 检验样品数为20块，按《砌墙砖试验方法》（GB/T 2542—2003）规定的检验方法进行。其中每一尺寸测量不足0.5mm按0.5mm计，每一方向尺寸以两个测量值的算术平均值表示。

（2）外观质量　按《砌墙砖试验方法》（GB/T 2542—2003）规定的检验方法进行。颜色的检验：抽试样 20 块，装饰面朝上随机分两排并列，在自然光下距离试样 2m 处目测。

（3）强度试验　按《砌墙砖试验方法》（GB/T 2542—2003）规定的方法进行，其中试样数量为 10 块。

（4）冻融试验　试样数量为 5 块，按《砌墙砖试验方法》（GB/T 2542—2003）规定的试验方法进行。

（5）石灰爆裂、泛霜、吸水率和饱和系数试验　按《砌墙砖试验方法》（GB/T 2542—2003）规定的试验方法进行。

（6）放射性物质　按《建筑材料放射性核素限量》（GB 6566—2010）规定的试验方法进行。

表 8-5　抽样数量（单位：块）

序号	检验项目	抽样数量
1	外观质量	50（$n_1=n_2=50$）
2	尺寸偏差	20
3	强度等级	10
4	泛霜	5
5	石灰爆裂	5
6	吸水率和饱和系数	5
7	冻融	5
8	放射性	4

4. 烧结普通砖质量验收与保管

（1）抽样。

1）外观质量检验的试样采用随机抽样法，在每一检验批的产品堆垛中抽取。

2）尺寸偏差检验和其他检验项目的样品用随机抽样法从外观质量检验后的样品中抽取。

3）抽样数量按表 8-5 进行。

（2）保管　产品按品种、强度等级、质量等级分别整齐堆放，不得混放。

（二）烧结多孔砖

1. 烧结多孔砖分类及规格

（1）分类　按主要原料烧结多孔砖可分为黏土砖（N）、页岩砖（Y）、煤矸石砖（M）和粉煤灰砖（F）。

（2）规格　多孔砖的外形为直角六面体，其长度、宽度、高度尺寸应符合下列要求：290mm，240mm，190mm，180mm；175mm，140mm，115mm；90mm。最常用的尺寸有 190mm×190mm×190mm（M 型）和 240mm×115mm×90mm（P 型）两种规格，如图 8-1 所示。其他规格尺寸由供商双方协商确定。

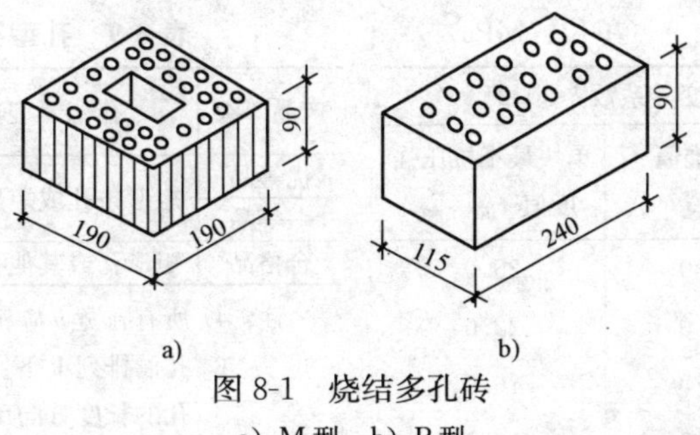

图 8-1　烧结多孔砖
a）M 型　b）P 型

2. 烧结多孔砖性能要求

1）烧结多孔砖的尺寸偏差应符合表 8-6 的要求。

表 8-6　尺寸偏差　　　(单位：mm)

尺　寸	优等品		一等品		合格品	
	样本平均偏差	样本极差≤	样本平均偏差	样本极差≤	样本平均偏差	样本极差≤
290、240	±2.0	6	±2.5	7	±3.0	8
190、180、175、140、115	±1.5	5	±2.0	6	±2.5	7
90	±1.5	4	±1.7	5	±2.0	6

2）烧结多孔砖的外观质量应符合表 8-7 的要求。

表 8-7　外观质量

项　目		优等品	一等品	合格品
1. 颜色（一条面和一顶面）		一致	基本一致	—
2. 完整面	≥	一条面和一顶面	一条面和一顶面	—
3. 缺棱掉角的三个破坏尺寸不得同时/mm	>	15	20	30
4. 裂纹长度/mm	≤			
（1）大面上深入孔壁 15mm 以上宽度方向及其延伸到条面的长度		60	80	100
（2）大面上深入孔壁 15mm 以上长度方向及其延伸到顶面的长度		60	100	120
（3）条顶面上的水平裂纹		80	100	120
5. 杂质在砖面上造成的凸出高度/mm	≤	3	4	5

注：1. 为装饰而施加的色差、凹凸纹、拉毛、压花等不算缺陷。
2. 凡有下列缺陷之一者，不能称为完整面。
1）缺损在条面或顶面上造成的破坏面尺寸同时大于 20mm×30mm。
2）条面或顶面上裂纹宽度大于 1mm，其长度超过 70mm。
3）压陷、焦花、粘底在条面或顶面上的凹陷或凸出超过 2mm，区域尺寸同时大于 20mm×30mm。

3）烧结多孔砖的强度等级应符合表 8-8 的要求。

4）烧结多孔砖的孔型孔洞率及孔洞排列应符合表 8-9 的要求。

表 8-8　强度等级　　(单位：MPa)

强度等级	抗压强度平均值 f ≥	变异系数 $\delta \leqslant 0.21$	
		强度标准值 f_k ≥	单块最小抗压强度值 f_{min} ≥
MU30	30.0	22.0	25.0
MU25	25.0	18.0	22.0
MU20	20.0	14.0	16.0
MU15	15.0	10.0	12.0
MU10	10.0	6.5	7.5

表 8-9　孔型孔洞率及孔洞排列

产品等级	孔　型	孔洞率（%）≥	孔洞排列
优等品	矩形条孔或矩形孔	25	交错排列，有序
一等品			
合格品	矩形孔或其他孔形		—

注：1. 所有孔宽 b 应相等，孔长 $L \leqslant 50$mm。
2. 孔洞排列上下、左右应对称，分布均匀，手抓孔的长度方向尺寸必须平行于砖的条面。
3. 矩形孔的孔长 L、孔宽 b 满足式 $L \geqslant 3b$ 时，为矩形条孔。

5）严重风化区中的黑龙江、吉林、辽宁、内蒙古、新疆地区的砖必须进行冻融试验，其他地区的抗风化性能符合表 8-10 规定时可不做冻融试验，否则必须进行冻融试验。

表 8-10　抗风化性能

项目	严重风化区				非严重风化区			
	5h 沸煮吸水率（质量分数）（%）≤		饱和系数　≤		5h 沸煮吸水率（质量分数）（%）≤		饱和系数　≤	
砖种类	平均值	单块最大值	平均值	单块最大值	平均值	单块最大值	平均值	单块最大值
黏土砖	21	23	0.85	0.87	23	25	0.88	0.90
粉煤灰砖	23	25			30	32		
页岩砖	16	18	0.74	0.77	18	20	0.78	0.80
煤矸石砖	19	21			21	23		

注：粉煤灰掺入量（体积比）小于 30%时按黏土砖规定判定。

3. 烧结多孔砖取样规定与试验方法

（1）尺寸偏差　检验样品数为 20 块，其方法按《砌墙砖试验方法》（GB/T 2542—2003）进行。其中一尺寸测量不足 0.5mm 按 0.5mm 计，每一方向尺寸以两个测量值的算术平均值表示。

（2）外观质量　检验按《砌墙砖试验方法》（GB/T 2542—2003）进行，颜色的检验：抽试样 20 块，条面朝上随机分两排并列，在自然光下距离试样 2m 处目测。

（3）强度等级　强度等级试验按《砌墙砖试验方法》（GB/T 2542—2003）中第 4 章规定进行，其中试样数量为 10 块。

（4）孔型孔洞率及孔洞排列　孔型孔洞率及孔洞排列取 5 块试样，试验方法按《砌墙砖试验方法》（GB/T 2542—2003）进行。

（5）泛霜、石灰爆裂、吸水率和饱和系数　泛霜、石灰爆裂、吸水率和饱和系数试验按《砌墙砖试验方法》（GB/T 2542—2003）进行。

（6）冻融试验　试样数量为 5 块，其方法按《砌墙砖试验方法》（GB/T 2542—2003）进行。

4. 烧结多孔砖质量验收与保管

（1）抽样。

1）外观质量检验的试样采用随机抽样法，在每一检验批的产品堆垛中抽取。

2）其他检验项目的样品用随机抽样法外观质量检验后的样品中抽取。

3）抽样数量按表 8-11 进行。

表 8-11　抽样数量

序号	检验项目	抽样数量/块
1	外观质量	50（n_2-n_1-50）
2	尺寸偏差	20
3	强度等级	10
4	孔型孔洞率及孔洞排列	5
5	泛霜	5
6	石灰爆裂	5
7	吸水率和饱和系数	5
8	冻融	5

（2）保管　产品按品种、强度等级、质量等级分别整齐堆放，不得混杂。

（三）烧结空心砖

1. 烧结空心砖分类及规格

（1）分类　烧结空心砖是以黏土、页岩、煤矸石、粉煤灰为主要原料，经焙烧而成的主要用于建筑物非承重部位的块体材料。按体积密度不同分为 800kg/m³，900kg/m³，1000kg/m³，

1100kg/m³ 四个体积密度等级，如表 8-12 所示。

表 8-12 空心砖体积密度等级

体积密度等级	五块砖体积密度平均值（kg/m³）
800	≤800
900	801～900
1000	901～1000
1100	1001～1100

（2）规格 烧结空心砖的外形为直角六面体，其长度、宽度、高度的尺寸有：390mm、290mm、240mm、190mm、180（175）mm、140mm、115mm、90mm。其他规格尺寸由供需双方协商确定。

2. 烧结空心砖性能要求

1）烧结空心砖的尺寸允许偏差应符合表 8-13 的要求。

表 8-13 尺寸允许偏差 （单位：mm）

尺 寸	优等品		一等品		合格品	
	样本平均偏差	样本极差≤	样本平均偏差	样本极差≤	样本平均偏差	样本极差≤
>300	±2.5	6.0	±3.0	7.0	±3.5	8.0
200～300	±2.0	5.0	±2.5	6.0	±3.0	7.0
100～200	±1.5	4.0	±2.0	5.0	±2.5	6.0
<100	±1.5	3.0	±1.7	4.0	±2.0	5.0

2）烧结空心砖的外观质量应符合表 8-14 的要求。

表 8-14 外观质量 （单位：mm）

项 目		优等品	一等品	合格品
（1）弯曲	≤	3	4	5
（2）缺棱掉角的三个破坏尺寸	不得同时大于	15	30	40
（3）垂直度差	≤	3	4	5
（4）未贯穿裂纹长度	≤			
1）大面上宽度方向及其延伸到条面的长度		不允许	100	120
2）大面上长度方向或条面上水平面方向的长度		不允许	120	140
（5）贯穿裂纹长度	≤			
1）大面上宽度方向及其延伸到条面的长度		不允许	40	60
2）壁、肋沿长度方向、宽度方向及其水平方向的长度		不允许	40	60
（6）肋、壁内残缺长度	≤	不允许	40	60
（7）完整面	≥	一条面和一大面	一条面或一大面	—

注：凡有下列缺陷之一者，不能称为完整面。

1）缺损在大面、条面上造成的破坏面尺寸同时大于 20mm×30mm。

2）大面、条面上裂纹宽度大于 1mm，其长度超过 70mm。

3）压陷、粘底、焦花在大面、条面上的凹陷或凸出超过 2mm，区域尺寸同时大于 20mm×30mm。

3）烧结空心砖的强度等级应符合表 8-15 的规定。

表 8-15　强度等级

<table>
<tr><td rowspan="3">强度等级</td><td colspan="3">抗压强度/MPa</td><td rowspan="3">密度等级范围/（kg/m³）</td></tr>
<tr><td rowspan="2">抗压强度平均值 $\bar{f}\geqslant$</td><td>变异系数 δ≤0.21</td><td>变异系数 δ≤0.21</td></tr>
<tr><td>强度标准值 $f_k\geqslant$</td><td>单块最小抗压强度值 $f_{min}\geqslant$</td></tr>
<tr><td>MU10.0</td><td>10.0</td><td>7.0</td><td>8.0</td><td rowspan="4">≤1100</td></tr>
<tr><td>MU7.5</td><td>7.5</td><td>5.0</td><td>5.8</td></tr>
<tr><td>MU5.0</td><td>5.0</td><td>3.5</td><td>4.0</td></tr>
<tr><td>MU3.5</td><td>3.5</td><td>2.5</td><td>2.8</td></tr>
<tr><td>MU2.5</td><td>2.5</td><td>1.6</td><td>1.8</td><td>≤800</td></tr>
</table>

4）烧结空心砖的密度等级应符合表 8-16 的规定。

5）烧结空心砖的孔洞率和孔洞排数应符合表 8-17 的规定。

表 8-16　密度等级　（单位：kg/m³）

密度等级	5 块密度平均值
800	≤800
900	801～900
1000	901～1000
1100	1001～1100

表 8-17　孔洞排列及其结构

<table>
<tr><td rowspan="2">等　级</td><td rowspan="2">孔洞排列</td><td colspan="2">孔洞排数/排</td><td rowspan="2">孔洞率（%）</td></tr>
<tr><td>宽度方向</td><td>高度方向</td></tr>
<tr><td rowspan="2">优等品</td><td rowspan="2">有序交错排列</td><td>b≥200mm　≥7</td><td rowspan="2">≥2</td><td rowspan="5">≥40</td></tr>
<tr><td>b<200mm　≥5</td></tr>
<tr><td rowspan="2">一等品</td><td rowspan="2">有序排列</td><td>b≥200mm　≥5</td><td rowspan="2">≥2</td></tr>
<tr><td>b<200mm　≥4</td></tr>
<tr><td>合格品</td><td>有序排列</td><td>≥3</td><td>—</td></tr>
</table>

注：b 为宽度的尺寸。

6）每组烧结空心砖的吸水率平均值应符合表 8-18 的规定。

表 8-18　吸水率　（单位:%）

<table>
<tr><td rowspan="2">等　级</td><td colspan="2">吸水率 ≤</td></tr>
<tr><td>普通砖、页岩砖、煤矸石砖</td><td>粉煤灰砖</td></tr>
<tr><td>优等品</td><td>16.0</td><td>20.0</td></tr>
<tr><td>一等品</td><td>18.0</td><td>22.0</td></tr>
<tr><td>合格品</td><td>20.0</td><td>24.0</td></tr>
</table>

注：粉煤灰掺入量（体积比）小于 30%时，按普通砖规定判定。

3. 烧结空心砖取样规定与试验方法

（1）尺寸偏差　检验样品数为 20 块，其方法按《砌墙砖试验方法》（GB/T 2542—2003）规定进行。其中每一尺寸测量不足 0.5mm 按 0.5mm 计。

（2）外观质量　砖或砌块各面之间构成的夹角不等于 90°时须测量垂直度差，测量方法见图 8-2，直角尺精度一级。其他项目检验按《砌墙砖试验方法》（GB/T 2542—2003）规定进行。

（3）强度　强度以大面抗压强度结果表示，试验按《砌墙砖试验方法》（GB/T 2542—2003）规定进行。

（4）密度、泛霜和石灰爆裂　密度、泛霜和石灰爆裂试验按《砌墙砖试验方法》（GB/T2542—2003）规定进行。

(5) 孔洞排列及其结构　孔洞排列及其结构试验方法按《砌墙砖试验方法》(GB/T 2542—2003) 规定进行。

(6) 吸水率和饱和系数　吸水率和饱和系数按《砌墙砖试验方法》(GB/T 2542—2003) 规定进行。吸水率以5块试样的3小时沸煮吸水率的算术平均值表示，饱和系数以5块试样的算术平均值表示。

(7) 冻融试验　冻融试验方法按《砌墙砖试验方法》(GB/T 2542—2003) 规定进行。结果评定以单块试样的外观破坏现象表示。

(8) 放射性物质　放射性物质检验按《建筑材料放射性核素限量》(GB 6656—2010) 规定进行。

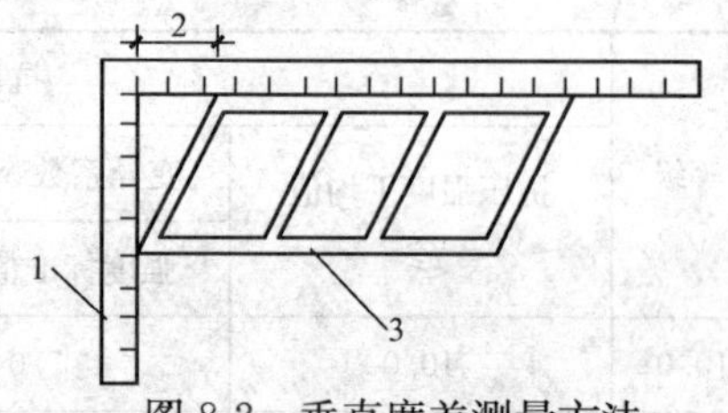

图 8-2　垂直度差测量方法

1—直角尺　2—垂直度差　3—砖或砌块

4. 烧结空心砖质量验收与保管

(1) 抽样。

1) 外观质量检验的样品采用随机抽样法，在每一检验批的产品堆垛中抽取。

2) 其他检验项目的样品用随机抽样法从外观质量检验后的样品中抽取。

3) 抽样数量按表 8-19 进行。

表 8-19　抽样数量

序号	检验项目	抽样数量/块
1	外观质量	50 (n_1—n_2—50)
2	尺寸偏差	20
3	强度	10
4	密度	5
5	孔洞排列及其结构	5
6	泛霜	5
7	石灰爆裂	5
8	吸水率和饱和系数	5
9	冻融	5
10	放射性物质	3

(2) 保管　产品按品种、强度等级、质量等级分别整齐堆放，不得混杂。

二、非烧结砖

非烧结砖又称免烧砖。这类砖的强度不是普通烧结获得，而是制砖时掺入一定胶凝材料或在生产过程中形成一定的胶凝物质使砖具有一定强度。根据所用原料不同，有灰砂砖、粉煤灰砖、煤渣砖等。

(一) 蒸压灰砂砖

1. 蒸压灰砂砖的定义及规格

(1) 定义　蒸压灰砂空心砖是指以石灰、砂为主要原材料，经坏料制备、压制成型、蒸压养护而制成的孔洞率大于15%的蒸压灰砂空心砖。

(2) 规格　灰砂砖的外形为矩形体，规格尺寸为240mm×115mm×53mm。

2. 蒸压灰砂砖性能要求

1) 蒸压灰砂空心砖的尺寸允许偏差、外观质量和孔洞率见表 8-20。

2) 蒸压灰砂空心砖的抗压强度应符合表 8-21 的规定。优等品的强度级别应不低于15级，一等品的强度级别应不低于10级。

3) 蒸压灰砂空心砖的抗冻性应符合表 8-22 的规定。

表 8-20　尺寸允许偏差、外观质量和孔洞率

序号	项　目		指　标		
			优等品	一等品	合格品
1	尺寸允许偏差：长度/mm	≤	±2		
	宽度/mm	≤	±1	±2	±3
	高度/mm	≤	±1		
2	对应高度差/mm	≤	±1	±2	±3
3	孔洞率（体积分数）（%）	≥	15		
4	外壁厚度/mm	≥	10		
5	肋厚度	≥	7		
6	尺寸缺棱掉角最小尺寸/mm	≤	15	20	25
7	完整面	≥	1 条面和 1 顶面	1 条面或 1 顶面	1 条面或 1 顶面
8	裂纹长度/mm	≤			
	（1）条面上高度方向及其延伸到大面的长度		30	50	70
	（2）条面上长度方向及其延伸到顶面上的水平裂纹长度		50	70	100

注：凡有以下缺陷者，均为非完整面。
1）缺棱尺寸或掉角的最小尺寸大于 8mm。
2）灰球、黏土团，草根等杂物造成破坏面尺寸大于 10mm×20mm。
3）有气泡、麻面、龟裂等缺陷造成的凹陷与凸起分别超过 2mm。

表 8-21　抗压强度　（单位：MPa）

强度级别	抗压强度	
	五块平均值≥	单块值≥
25	25.0	20.0
20	20.0	16.0
15	15.0	12.0
10	10.0	8.0
7.5	7.5	6.0
—	—	—

表 8-22　抗冻性

强度级别	冻后抗压强度平均值/MPa ≥	单块砖的干质量损失（%）≤
25	20.0	2.5
20	16.0	
15	12.0	
10	8.0	2.0
7.5	6.0	
—	—	

3. 蒸压灰砂砖取样规定与试验方法

（1）技术要求中各项指标按《砌墙砖试验方法》（GB/T 2542—2003）中有关试验方法的规定进行。

（2）颜色：从批量中随机抽 36 块灰砂砖，平放在地上，在自然光照下，距离样品 1.5m 处目测，有无明显色差。

4. 蒸压灰砂砖质量验收与保管

（1）抽样。

1）尺寸偏差和外观质量检验的样品用随机抽样法从堆场中抽取。其他检验项目的样品用随机抽样法从尺寸偏差和外观质量检验合格的样品中抽取。

2）抽样数量按表 8-23 进行。

表 8-23 抽样数量

项　目	抽样数量/块
尺寸偏差和外观质量	50（$n_1=n_2=50$）
颜色	36
抗折强度	5
抗压强度	5
抗冻性	5

（2）保管　产品储存、堆放应做到场地平整、分级分等、整齐稳妥。

（二）粉煤灰砖

1. 粉煤灰砖的定义及规格

（1）定义　粉煤灰砖是以粉煤灰和石灰为主要原料，配以适量的石膏和炉渣，加水拌和后压制成型，经常压或高压蒸汽养护而制成的实心砖。

（2）规格　粉煤灰砖的外形为矩形，规格尺寸为 240mm×115mm×53mm。

2. 粉煤灰砖性能要求

1）粉煤灰砖的尺寸偏差和外观应符合表 8-24 的规定。

表 8-24 尺寸偏差和外观 （单位：mm）

项　目		指　标		
		优等品（A）	一等品（B）	合格品（C）
尺寸允许偏差： 长 宽 高		 ±2 ±2 ±1	 ±3 ±3 ±2	 ±4 ±4 ±3
对应高度差	≤	1	2	3
缺棱掉角的最小破坏尺寸	≤	10	15	20
完整面	不少于	二条面和一顶面或二顶面和一条面	一条面和一顶面	一条面和一顶面
裂纹长度 （1）大面上宽度方向的裂纹（包括延伸到条面上的长度） （2）其他裂纹	≤	 30 50	 50 70	 70 100
层裂		不允许		

注：在条面或顶面上破坏面的两个尺寸同时大于 10 mm 和 20 mm 者为非完整面。

2）粉煤灰砖的强度指标应符合表 8-25 的规定。

表 8-25　粉煤灰砖强度指标　（单位：MPa）

强度等级	抗压强度		抗折强度	
	10 块平均值≥	单块值≥	10 块平均值≥	单块值≥
MU30	30.0	24.0	6.2	5.0
MU25	25.0	20.0	5.0	4.0
MU20	20.0	16.0	4.0	3.2
MU15	15.0	12.0	3.3	2.6
MU10	10.0	8.0	2.5	2.0

3）粉煤灰砖抗冻性应符合表 8-26 的规定。

表 8-26　粉煤灰砖抗冻性

强度等级	抗压强度/MPa 平均值≥	砖的干质量损失（%）单块值≤
MU30	24.0	2.0
MU25	20.0	
MU20	16.0	
MU15	12.0	
MU10	8.0	

3. 粉煤灰砖取样规定与试验方法

粉煤灰砖各项指标的试验按《砌墙砖试验方法》（GB/T 2542—2003）的规定进行；其中色差的试验方法为：取 36 块粉煤灰砖，平放在地上，在自然光照下，距离样品 1.5m 处目测，无明显色差。

4. 粉煤灰砖质量验收与保管

（1）抽样。

1）尺寸偏差和外观质量检验的样品用随机抽样法从每一检验批的产品中抽取。其他检验项目的样品用随机抽样法从尺寸偏差和外观质量检验合格的样品中抽取。

2）抽样数量按表 8-27 进行。

表 8-27　抽样数量

检验项目	抽样数量/块
尺寸偏差和外观质量	100（$n_1=n_2=50$）
色差	36
强度等级	10
抗冻性	10
干燥收缩	3
碳化性能	15

（2）保管　产品储存、堆放应做到场地平整、分等分级、整齐稳妥。

（三）炉渣砖

1. 炉渣砖分类及规格

（1）分类　炉渣砖按抗压强度分为 MU25、MU20、MU15 三等级。

（2）规格　砖的外形为直角六面体，公称尺寸为：长度 240mm，宽度 115mm，高度 53mm。其他规格尺寸由供需双方协商确定。

2. 炉渣砖性能要求

1）炉渣砖的尺寸允许偏差应符合表8-28的规定。

2）炉渣砖的外观质量应符合表 8-29。

表 8-28 尺寸允许偏差 （单位：mm）

项目名称	合格品
长度	±2.0
宽度	±2.0
高度	±2.0

表 8-29 外观质量 （单位：mm）

项 目 名 称		合 格 品
弯曲		不大于 2.0
缺棱掉角	个数/个	≤1
	三个方向投影尺寸的最小值	≤10
完整面		不少于一条面和一顶面
裂缝长度		
（1）大面上宽度方向及其延伸到条面的长度		不大于 30
（2）大面上长度方向及其延伸到顶面上的长度或条、顶面水平裂纹的长度		不大于 50
层裂		不允许
颜色		基本一致

3）炉渣砖的强度应符合表 8-30 的规定。

4）炉渣砖的抗冻性应符合表 8-31 的规定。

表 8-30 强度等级 （单位：MPa）

强度等级	抗压强度平均值 $f \geqslant$	变异系数 $\delta \leqslant 0.21$	变异系数 $\delta \geqslant 0.21$
		强度标准值 $f_k \geqslant$	单块最小抗压强度 $f_{min} \geqslant$
MU25	25.0	19.0	20.0
MU20	20.0	14.0	16.0
MU15	15.0	10.0	12.0

表 8-31 抗冻性

强度等级	冻后抗压强度/MPa 平均值不小于	单块砖的干质量损失（%） 不大于
MU25	22.0	2.0
MU20	16.0	2.0
MU15	12.0	2.0

5）炉渣砖的碳化性能应符合表 8-32 的规定。

表 8-32 碳化性能

强度等级	碳化后强度/MPa 平均值不小于
MU25	22.0
MU20	16.0
MU15	12.0

6）用于清水墙的砖，其抗渗性应满足表 8-33 的规定。

表 8-33 抗渗性（单位：mm）

项目名称	指 标
水面下降高度	三块中任一块不大于 10

3. 炉渣砖取样规定与试验方法

（1）尺寸允许偏差　按《砌墙砖试验方法》（GB/T 2542—2003）的规定进行。其中每一尺寸测量不足 0.5mm 按 0.5mm 计，每一方向尺寸以两个测量值的算术平均值表示。

（2）外观质量　按《砌墙砖试验方法》（GB/T 2542—2003）的规定进行。颜色的检验：20 块试样条面朝上随机分两排并列，在自然光下距离试样 2 米处目测。

（3）强度等级　按《砌墙砖试验方法》（GB/T 2542—2003）的规定进行。

(4) 干燥收缩率、抗冻性、碳化性能与抗渗性　按《混凝土小型空心砌块试验方法》(GB/T 4111—1997) 的规定进行。

(5) 耐火极限　按《建筑构件耐火试验方法》(GB/T 9978—2008) 的规定进行。

(6) 放射性　按《建筑材料放射性核素限量》(GB 6566—2010) 的规定进行。

4. 炉渣砖

(1) 抽样。

1) 外观质量检验的试验采用随机抽样法，在每一检验批的产品堆垛中抽取。

2) 尺寸允许偏差和其他检验项目的样品用随机抽样法从外观质量检验合格的样品中抽取。

3) 抽样数量按表 8-34 的规定进行。

表 8-34　抽样数量

序号	检验项目	抽样数量/块
1	外观质量	50 ($n_1=n_2=50$)(从中随机抽 20 块检测)
2	尺寸允许偏差	20
3	强度等级	10
4	干燥收缩	5
5	抗冻性	5
6	碳化性能	5
7	耐火极限	按《建筑构件耐火试验方法》(GB/T 9978—2008) 要求
8	抗渗性	3
9	放射性	4

(2) 保管　产品应按品种、强度等级、分别整齐堆放，不得混杂。

第二节　墙用砌块

砌块为施工用人造块材，外形多为直角六面体，也有各种异形的。按照砌块系列中主规格高度的大小，砌块可分为小型砌块、中型砌块和大型砌块。按砌块有无孔洞或空心率大小可分为实心砌块和空心砌块：无孔洞或空心率小于 25%的砌块称为实心砌块，如蒸压加气混凝土砌块等；空心率大于或等于 25%的砌块称为空心砌块，如普通混凝土小型空心砌块、粉煤灰小型空心砌块等。

一、普通混凝土小型空心砌块

(一) 普通混凝土小型空心砌块分类及规格

(1) 分类　普通混凝土小型空心砌块主要是以普通混凝土拌合物为原料，经成型、养护而成的空心块状墙体材料，有承重砌块和非承重砌块两类。

(2) 规格　普通混凝土小型空心砖块主规格尺寸为 390mm×190mm×190mm，其他规格尺寸可由供需双方协商。

(二) 普通混凝土小型空心砌块性能要求

1) 普通混凝土小型空心砌块尺寸允许偏差应符合表 8-35 要求。

2) 普通混凝土小型空心砌块的外观质量见表 8-36。

表 8-35 尺寸允许偏差 （单位：mm）

项目名称	优等品 A	一等品 B	合格品 C
长 度	±2	±3	±3
宽 度	±2	±3	±3
高 度	±2	±3	+3 -4

表 8-36 外观质量

项 目		优等品 A	一等品 B	合格品 C
弯曲/mm ≤		2	2	3
掉角缺棱	个数/个 ≤	0	2	2
	三个方向投影尺寸的最小值/mm ≤	0	20	30
裂纹延伸的投影尺寸累计/mm ≤		0	20	30

3）普通混凝土小型空心砌块的相对含水率见表 8-37。

4）普通混凝土小型空心砌块的强度等级见表 8-38。

表 8-37 相对含水率 （单位：%）

项 目	内 容		
使用地区	潮 湿	中 等	干 燥
相对含水率 ≤	45	40	35

注：潮湿系指年平均相对湿度大于 75%的地区；中等系指年平均相对湿度为 50%～75%的地区；干燥系指年平均相对湿度小于 50%的地区。

表 8-38 强度等级 （单位：MPa）

项 目	内 容	
强度等级	砌块抗压强度	
	平均值 ≥	单块最小值 ≥
MU3.5	3.5	2.8
MU5.0	5.0	4.0
MU7.5	7.5	6.0
MU10.0	10.0	8.0
MU15.0	15.0	12.0
MU20.0	20.0	16.0

5）普通混凝土小型空心砌块抗冻、抗渗性能见表 8-39、表 8-40。

表 8-39 抗渗性 （单位：mm）

项 目	指 标
水面下降高度	三块中任一块不大于 10

表 8-40 抗冻性

使用环境条件		抗冻等级	指 标
非采暖地区		不规定	
采暖地区	一般环境	D15	强度损失≤25% 质量损失≤5%
	干湿交替环境	D25	

注：非采暖地区指最冷月份平均气温高于-5℃的地区；采暖地区指最冷月份平均气温低于或等于-5℃的地区。

（三）普通混凝土小型空心砌块取样规定与试验方法

按《混凝土小型空心砌块试验方法》（GB/T 4111—1997）规定进行。

（四）普通混凝土小型空心砌块质量验收与保管

1. 抽样规则

1）每批随机抽取 32 块做尺寸偏差和外观质量检验。

2）从尺寸偏差和外观质量检验合格的砌块中抽取如下数量进行其他项目检验。

①强度等级：5 块；

②相对含水率：3 块；

③抗渗性：3 块；

④抗冻性：10 块；

⑤空心率：3 块。

2. 产品堆放与运输

1）砌块应按规格、等级分批分别堆放，不得混杂。

2）砌块堆放运输及砌筑时应有防雨措施。

3）砌块装卸时，严禁碰撞、扔摔，应轻码轻放，不许翻斗倾卸。

二、粉煤灰混凝土小型空心砌块

（一）粉煤灰混凝土小型空心砌块分类及规格

（1）分类　以粉煤灰、水泥、集料、水为主要组分（也可加入外加剂等）制成的混凝土小型空心砌块，以下简称砌块，代号为 FHB。按砌块孔的排数分为单排孔（1）、双排孔（2）和多排孔（D）三类。

（2）规格　主规格尺寸为 390mm×190mm×190mm，其他规格尺寸可由供需双方商定。

（二）粉煤灰混凝土小型空心砌块性能要求

1）粉煤灰混凝土小型空心砌块尺寸允许偏差应符合表 8-41 要求。

表 8-41　尺寸允许偏差和外观质量

项目			指标
尺寸允许偏差/mm	长度		±2
	宽度		±2
	高度		±2
最小外壁厚/mm　≥	用于承重墙体		30
	用于非承重墙体		20
肋厚/mm　≥	用于承重墙体		25
	用于非承重墙体		15
缺棱掉角	个数，不多于/个		2
	3 个方向投影的最小值/mm	≤	20
裂缝延伸投影的累计尺寸/mm		≤	20
弯曲/mm		≤	2

2）粉煤灰混凝土小型空心砌块密度等级应符合表 8-42 的规定。

3）粉煤灰混凝土小型空心砌块强度等级应符合表 8-43 的规定。

表 8-42　密度等级　（单位：kg/m³）

密度等级	砌块块体密度的范围
600	≤600
700	610～700
800	710～800
900	810～900
1000	910～1000
1200	1010～1200
1400	1210～1400

表 8-43　强度等级　（单位：MPa）

强度等级	砌块抗压强度	
	平均值≥	单块最小值≥
MU3.5	3.5	2.8
MU5	5.0	4.0
MU7.5	7.0	6.0
MU10	10.0	8.0
MU15	15.0	12.0
MU20	20.0	16.0

4）粉煤灰混凝土小型空心砌块相对含水率应符合表 8-44 的规定。

5）粉煤灰混凝土小型空心砌块抗冻性应符合表 8-45 的规定。

表 8-44 相对含水率（单位：%）

使用地区	潮湿	中等	干燥
相对含水率 ≤	40	35	30

表 8-45 抗冻性 （单位：%）

使用条件	抗冻指标	质量损失率	强度损失率
夏热冬暖地区	F15	≤5	≤25
夏热冬冷地区	F25		
寒冷地区	F35		
严寒地区	F50		

（二）粉煤灰混凝土小型空心砌块取样规定与试验方法

砌块各项性能指标试验按《混凝土小型空心砌块试验方法》（GB/T 4111—1997）有关规定进行。放射性试验按《建筑材料放射性核素限量》（GB 6566—2010）进行。

（三）粉煤灰混凝土小型空心砌块质量验收与保管

1. 抽样规则

1）出厂检验时，每批随机抽取 32 块进行尺寸偏差和外观质量检验；再从尺寸偏差和外观质量检验合格的砌块中，随机抽取 8 块，5 块进行强度等级检验，3 块进行密度等级和相对含水率检验。

2）型式检验时，每批随机抽取 64 块，其中 32 块进行尺寸偏差、外观质量检验；从尺寸偏差和外观质量检验合格的砌块中抽取如下数量进行其他项目检验：

①强度等级：5 块；

②密度等级和相对含水率：3 块；

③干燥收缩率：3 块；

④抗冻性：10 块；

⑤软化系数：10 块；

⑥碳化系数：12 块；

⑦放射性按《建筑材料放射性核素限量》（GB 6566—2010）。

2. 产品储存和运输

1）砌块应按规格、密度等级、强度等级分别储存。

2）砌块宜采用塑料布包装，砌块储存、运输及砌筑时应有防雨措施。

3）砌块装卸时，严禁碰撞、扔摔，应轻码轻放，不许翻斗车倾卸。

三、泡沫混凝土砌块

（一）泡沫混凝土砌块分类及规格

（1）分类　用物理方法将泡沫剂水溶液制备成泡沫，再将泡沫加入到由水泥基胶凝材料、集料、掺合料、外加剂和水等制成的料浆中，经混合搅拌、浇注成型、自然或蒸汽养护而成的轻质多孔混凝土砌块。也称发泡混凝土砌块，其分类如下。

1）按砌块立方体抗压强度分为 A0.5，A1.0，A1.5，A2.5，A3.5，A5.0，A7.5 七个等级。

2）按砌块干表观密度分为 B03，B04，B05，B06，B07，B08，B09，B10 八个等级。

3）按砌块尺寸偏差和外观质量分为一等品（B）和合格品（C）二个等级。

（2）规格　砌块的规格尺寸见表 8-46。其他规格尺寸由供需双方协商确定。

（二）泡沫混凝土砌块性能要求

1）泡沫混凝土砌块尺寸允许偏差应符合表 8-47 的规定。

2）泡沫混凝土砌块外观质量应符合表 8-48 的规定。

表 8-46　砌块的规格尺寸

（单位：mm）

长　度	宽　度	高　度
400 600	100　150 200　250	200 300

表 8-47　尺寸允许偏差

（单位：mm）

项　目	指　　标	
	一等品（B）	合格品（C）
长　度	±4	±6
宽　度	±3	±3/−4
高　度	±3	±3/−4

表 8-48　外观质量

项　　目		指　　标	
		一等品（B）	合格品（C）
缺棱掉角	最小尺寸不大于/mm	30	30
	最大尺寸不大于/mm	70	70
	大于以上尺寸的缺棱掉角个数，不多于/个	1	2
平面弯曲不得大于/mm		3	5
裂纹	贯穿一棱二面的裂纹长度不大于裂纹所在面的裂纹方向尺寸总和的	1/3	1/3
	任一面上的裂纹长度不得大于裂纹方向尺寸的	1/3	1/2
	大于以上尺寸的裂纹条数，不多于/条	0	2
粘模和损坏深度不大于/mm		20	30
表面疏松、层裂		不允许	
表面油污		不允许	

3）泡沫混凝土砌块强度等级应符合表 8-49 的规定。

表 8-49　立方体抗压强度　（单位：MPa）

强度等级	立方体抗压强度		强度等级	立方体抗压强度	
	平均值不小于	单组最小值不小于		平均值不小于	单组最小值不小于
A0.5	0.5	0.4	A3.5	3.5	2.8
A1.0	1.0	0.8	A5.0	5.0	4.0
A1.5	1.5	1.2	A7.5	7.5	6.0
A2.5	2.5	2.0			

4）密度等级应符合表 8-50 的规定。

表 8-50　密度等级　（单位：kg/m^3）

密度等级	B03	B04	B05	B06	B07	B08	B09	B10
干表观密度　≤	330	430	530	630	730	830	930	1030

5）干燥收缩值和导热系数应符合表 8-51 的规定。

表 8-51　干燥收缩值和导热系数

密度等级	B03	B04	B05	B06	B07	B08	B09	B10
干燥收缩值（快速法）/（mm/m）　≤	—					0.90		
导热系数（干态）/［W/（m·K）］　≤	0.08	0.10	0.12	0.14	0.18	0.21	0.24	0.27

6）根据工程需要或环境条件，需要抗冻性的场合，其产品抗冻性应符合表 8-52 要求。

表 8-52 抗冻性 （单位：%）

使用条件	抗冻指标	质量损失率不大于	强度损失率不大于
夏热冬暖地区	F_{15}	5	20
夏热冬冷地区	F_{25}		
寒冷地区	F_{35}		
严寒地区	F_{50}		

（三）泡沫混凝土砌块取样规定与试验方法

所有试样从养护龄期满 28d 的砌块上割取或直接采用。试样尺寸、数量和取样方法按《蒸压加气混凝土性能试验方法》（GB/T 11969—2008）的规定进行。

（1）立方体抗压强度 按《蒸压加气混凝土性能试验方法》（GB/T 11969—2008）的规定进行。

（2）干表观密度 按《蒸压加气混凝土性能试验方法》（GB/T 11969—2008）的规定进行。

（3）干燥收缩值 按《蒸压加气混凝土性能试验方法》（GB/T 11969—2008）的规定进行。

（4）抗冻性 按《蒸压加气混凝土性能试验方法》（GB/T 11969—2008）的规定进行。

（5）碳化系数 按《蒸压加气混凝土性能试验方法》（GB/T 11969—2008）的规定进行。

（6）导热系数 按《绝热材料稳态热阻及有关特性的测定 防护热板法》（GB 10294—2008）的规定进行。

（四）泡沫混凝土砌块质量验收与保管

1. 组批和抽样

1）同品种、同规格、同等级的砌块，以 500m³ 为一批，不足 500m³ 亦为一批，随机抽取 50 块砌块，进行尺寸偏差、外观检验。

2）从尺寸偏差与外观检验合格的砌块中，随机抽取 6 块砌块，制作 3 组试件进行立方体抗压强度检验，制作 3 组试件进行干表观密度检验。

2. 产品堆放和运输

1）砌块必须存放 28d 方可出厂。砌块储存堆放应做到：场地平整，并设有养护喷淋装置和防晒设施。同种品、同规格、同等级做好标记，码放整齐稳妥，不得混杂。14d 后不得喷淋，宜有防雨措施。

2）产品运输时，宜成垛绑扎或有其他包装。绝热用产品宜捆扎加塑料薄膜封包。运输装卸时，宜用专用机具，严禁摔、掷、翻斗车自翻卸货。

第三节 墙用板材

一、纸面石膏板

（一）纸面石膏板分类及规格

（1）分类 纸面石膏板按其功能分为：普通纸面石膏板、耐水纸面石膏板、耐火纸面石膏板以及耐水耐火纸面石膏板四种，见表 8-53。

表 8-53 纸面石膏板

序号	名称	代号	内容
1	普通纸面石膏板	P	以建筑石膏为主要原料，掺入适量纤维增强材料和外加剂等，在与水搅拌后，浇注于护面纸的面纸与背纸之间，并与护面纸牢固地粘结在一起的建筑板材
2	耐水纸面石膏板	S	以建筑石膏为主要原料，掺入适量纤维增强材料和耐水外加剂等，在与水搅拌后，浇注于耐水护面纸的面纸与背纸之间，并与耐水护面纸牢固地粘结在一起，旨在改善防水性能的建筑板材
3	耐火纸面石膏板	H	以建筑石膏为主要原料，掺入无机耐火纤维增强材料和外加剂等，在与水搅拌后，浇注于护面纸的面纸与背纸之间，并与护面纸牢固地粘结在一起，旨在提高防火性能的建筑板材
4	耐水耐火纸面石膏板	SH	以建筑石膏为主要原料，掺入耐水外加剂和无机耐火纤维增强材料等，在与水搅拌后，浇注于耐水护面纸的面纸与背纸之间，并与耐水护面纸牢固地粘结在一起，旨在改善防水性能和提高防火性能的建筑板材

(2) 规格

1) 板材的公称长度为 1500mm、1800mm、2100mm、2400mm、2440mm、2700mm、3000mm、3300mm、3600mm 和 3660mm。

2) 板材的公称宽度为 600mm、900mm、1200mm 和 1220mm。

3) 板材的公称厚度为 9.5mm、12.0mm、15.0mm、18.0mm、21.0mm 和 25.0mm。

(二) 纸面石膏板性能要求

1) 板材的尺寸偏差应符合表 8-54 的规定。

2) 板材的面密度应不大于表 8-55 的规定。

3) 板材的断裂荷载应不小于表 8-56 的规定。

表 8-54 尺寸偏差 (单位：mm)

项目	长度	宽度	厚度	
			9.5	≥12.0
尺寸偏差	−6～0	−5～0	±5	±0.6

表 8-55 面密度

板材厚度/mm	面密度/(kg/m²)
9.5	9.5
12.0	12.0
15.0	15.0
18.0	18.0
21.0	21.0
25.0	25.0

表 8-56 断裂荷载

板材厚度/mm	断裂荷载/N			
	纵向		横向	
	平均值	最小值	平均值	最小值
9.5	400	360	160	140
12.0	520	460	200	180
15.0	650	580	250	220
18.0	770	700	300	270
21.0	900	810	350	320
25.0	1100	970	420	380

(三) 纸面石膏板取样规定与试验方法

以五张板材为一组试样，依次进行外观质量、尺寸偏差、对角线长度差、楔形棱边断面尺寸测定后，在距板材四周大于 100mm 处（除进行端头硬度、棱边硬度测定的试件外）按

表 8-57 规定的方向、尺寸以及数量切取试件，并予以编号，供其余各项试验用。

对于将进行端头硬度测定的试件，在板材任一端头按表 8-57 的规定切取试件，但距棱边应大于 100mm。对于将进行棱边硬度测定的试件，在板材两棱边侧按表 7-57 的规定各取一个试件，但距端头应大于 100mm。

表 8-57 试件规格

试件用途	试件代号	纵向尺寸/mm	横向尺寸/mm	每张板材上切取试件数量/个
纵向断裂荷载（兼作面密度）	Z	400	300	1
横向断裂荷载（兼作面密度）	H	300	400	1
端头硬度	T	75	300	1（两端头任取 1）
棱边硬度	L	300	75	2（两棱边各取 1）
抗冲击性	K	300	300	1
面纸与芯材粘结性	M	120	50	1
背纸与芯材粘结性	D	120	50	1
遇火稳定性	Y	300	50	1
吸水率	S	300	300	1
表面吸水量	B	125	125	1

试验方法按《纸面石膏板》（GB/T 9775—2008）规定进行。

（四）纸面石膏板质量验收与保管

1. 抽样

1）以每 2500 张同型号、同规格的产品为一批，不足 2500 张时也按一批计。

2）从每批产品中随机抽取五张板材作为一组试样。

2. 产品储存和运输

（1）储存　板材按不同型号、规格在室内分类、水平堆放。堆放场地应坚实、平整、干燥。堆放时用垫条使板材和地面隔开，并不使板材在堆放时变形、受潮。

（2）运输　产品在运输过程中应避免撞击破损，并防止板材受潮。

二、嵌装式装饰石膏板

（一）嵌装式装饰石膏板分类及规格

（1）分类

1）按形状分　嵌装式装饰石膏板为正方形，其棱边断面形式有直角型和倒角型。

2）按类型和代号分　产品分为普通嵌装式装饰石膏板（代号为 QP）和吸声用嵌装式装饰石膏板（代号为 QS）两种。

（2）规格　嵌装式装饰石膏板的规格为：边长 600mm×600mm，边厚不小于 28mm；边长 500mm×500mm，边厚不小于 25mm。其他形状和规格的板材，由供需双方商定。

（二）嵌装式装饰石膏板性能要求

（1）尺寸及允许偏差　板材边长（L）、铺设高度（H）和厚度（S）（图 8-3）的允许偏差、不平度和直角偏离度（δ）应符合表 8-58 的规定。

（2）物理力学性能　板材的单位面积质量、含水率和断裂荷载应符合表 8-59 的规定。

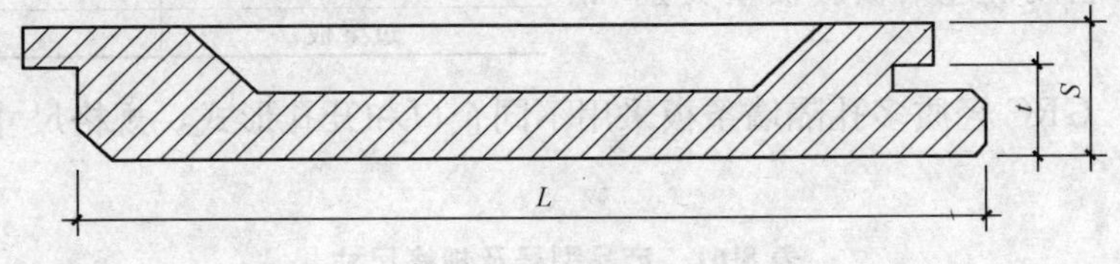

图 8-3　产品构造示意图

表 8-58　尺寸及允许偏差　（单位：mm）

项　目		技术要求
边长 L		±1
铺设高度 H		±1.0
边厚 S	L=500	⩾25
	L=600	⩾28
不平度		⩽1.0
直角偏离度 δ		⩽1.0

表 8-59　物理力学性能

项　目		技术要求
单位面积重量 /（kg/m²）	平均值	⩽16.0
	最大值	⩽18.0
含水率（%）	平均值	⩽3.0
	最大值	⩾4.0
断裂荷载/N	平均值	⩾157
	最小值	⩾127

（3）对吸声板的附加要求　嵌装式吸声石膏板必须具有一定的吸声性能，125Hz、250Hz、500Hz、1000Hz、2000Hz 和 4000Hz 六频率混响室法平均吸声系数 $\alpha_s \geqslant 0.3$；对于每种吸声石膏板产品必须附有贴实和采用不同构造安装的吸声频谱曲线。

（三）嵌装式装饰石膏板取样规定与试验方法

1）对于普通嵌装式装饰石膏板，以三块整板作为一组试样，用于检查和测定外观质量、尺寸偏差、不平度、直角偏离度、含水率、单位面积质量和断裂荷载。

2）对于吸声用嵌装式吸声石膏板，以三块整板作为一组试样，测试项目与 1）相同。另外以 10m² 为一组试样，作为吸声系数的测定。

3）按《嵌装式装饰石膏板》（JC/T 800—2007）规定进行。

（四）嵌装式装饰石膏板质量验收与保管

1. 抽样

以 500 块同品种、同规格、同型号的板材为一批，不足 500 块板材时也按一批计。

从每批产品中随机抽取上述（三）中规定数量的双份试样，一份检验用，一份备用。

2. 产品储存和运输

（1）储存　产品应竖放在坚实、平整和干燥的仓库中，堆高不得超过 2m。

（2）运输　产品在运输过程中应立放、贴紧。避免运输过程中的撞击破损，并应有遮篷措施。

三、玻璃纤维增强水泥轻质多孔隔墙条板

（一）产品分类及规格

（1）分类　GRC轻质多孔隔墙条板按板的厚度分为90型、120型，按板型分为普通板、门框板、窗框板、过梁板。板型类别和代号见表8-60。

表8-60　产品板型类别和代号

板型类别	代号
普通板	PB
门框板	MB
窗框板	CB
过梁板	LB

（2）规格　GRC轻质多孔隔墙条板采用不同企口和开孔形式，规格尺寸应符合表8-61的规定。

表8-61　产品型号及规格尺寸　（单位：mm）

型号	长度（L）	宽度（B）	厚度（T）	接缝槽深（a）	接缝槽宽（b）	壁厚（c）	孔间肋厚（d）
90	2500～3000	600	90	2～3	20～30	≥10	≥20
120	2500～3500	600	120	2～3	20～30	≥10	≥20

注：其他规格尺寸可由供需双方协商解决。

（二）产品性能要求

1）产品外观质量应符合表8-62规定。

表8-62　外观质量

项目			等级	
			一等品	合格品
缺棱掉角	长度/mm	≤	20	50
	宽度/mm	≤	20	50
	数量	≤	2处	3处
板面裂缝			不允许	
蜂窝气孔	长径/mm	≤	10	30
	宽径/mm	≤	4	5
	数量	≤	1处	3处
飞边毛刺			不允许	
壁厚/mm		≥	10	
孔间肋厚/mm		≥	20	

2）产品尺寸偏差允许值应符合表8-63的规定。

表8-63　尺寸偏差允许值　（单位：mm）

项目	长度	宽度	厚度	侧向弯曲	板面平整度	对角线差	接缝槽宽	接缝槽深
一等品	±3	±1	±1	≤1	≤2	≤10	$^{+2}_{0}$	$^{+0.5}_{0}$
合格品	±5	±2	±2	≤2	≤2	≤10	$^{+2}_{0}$	$^{+0.5}_{0}$

3）产品物理力学性能应符合表 8-64 的规定。

表 8-64　物理力学性能

项　目			一等品	合格品
含水率（%）	采暖地区	≤	10	
	非采暖地区	≤	15	
气干面密度/（kg/m²）	90 型	≤	75	
	120 型	≤	95	
抗折破坏荷载/N	90 型	≥	2200	2000
	120 型	≥	3000	2800
干燥收缩值/（mm/m）		≤	0.6	
抗冲击性（30kg，0.5m 落差）			冲击 5 次，板面无裂缝	
吊挂力/N		≥	1000	
空气声计权隔声量/dB	90 型	≥	35	
	120 型	≥	40	
抗折破坏荷载保留率（耐久性）（%）		≥	80	70
放射性比活度	I_{Re}	≤	1.0	
	I_r	≤	1.0	
耐火极限/h		≥	1	
燃烧性能			不燃	

（三）产品取样规定与试验方法

1. 取样

（1）含水率　从 GRC 轻质多孔隔墙条板上横向截取 60mm×T×B 试件三块，在室温条件下放置 24h。

（2）空干面密度　取整块 GRC 轻质多孔隔墙条板。

（3）抗折破坏荷载　分别在每块 GRC 轻质多孔隔墙条板上横向截取长度为 1400mm 的试件，共三块。

（4）干燥收缩性　横向截取 60mm×T×（265～270mm）（90 型为 3 个完整孔）的试样三块为一组。

（5）抗冲击性　将三块 GRC 轻质多孔隔墙条板，整墙宽度为 1800mm，上下钢管中心间距（L−100）mm。

（6）耐火极限　按《建筑构件耐火试验方法》（GB/T 9978—2008）相关规定进行。

（7）燃烧性能　按《建筑材料不燃性试验方法》（GB/T 5464—2010）相关规定进行。

（8）抗折荷载保留率（耐久性）　在同一块 GRC 轻质多孔隔墙条板上纵向截取 10 个试件，长度为 600mm，宽度为 150mm，每个试件的宽度偏差不得大于±2mm，每个试件应至少保留 2 个完整孔。将截取的 GRC 轻质多孔隔墙条板试件中较为平整的一面定义为正面，并相应做下记号，随机取其中五个试件作为对比试件，另外五个试件作为耐久性试件。

2. 试验方法

按《玻璃纤维增强水泥轻质多孔隔墙条板》(GB/T 19631—2005）规定进行。

(四）产品质量验收与保管

1. 产品质量验收

(1）出厂检验抽样　产品出厂检验外观和尺寸偏差按《计数抽样检验程序　第1部分：按接收质量限（AQL）检索的逐批检验抽样计划》(GB/T 2828.1—2003）正常二次抽样方案进行，见表8-65。抗折破坏荷载、气干面密度和出厂含水率在以上项目检验合格的产品中抽取4块进行检验。

表8-65　产品二次抽样方案

批量范围/N	样本	样本大小		合格判定数		不合格判定数	
		n_1	n_2	A_1	A_2	R_1	R_2
151～280	1	8		0		2	
	2		8		1		2
281～500	1	13		0		3	
	2		13		3		4
501～1200	1	20		1		3	
	2		20		4		5
1201～3200	1	32		2		5	
	2		32		6		7
3201～10000	1	50		3		6	
	2		50		9		10
10001～35000	1	80		5		9	
	2		80		12		13

(2）型式检验抽样　产品进行型式检验时，外观质量和尺寸偏差按《计数抽样检验程序　第1部分：按接收质量限（AQL）检索的逐批检验抽样计划》(GB/T 2828.1—2003）进行抽样，从外观质量和尺寸偏差项目检验合格的产品中按规定抽取样本对物理力学性能项目进行检验。

2. 产品储存与运输

(1）储存。

1）产品存放场地应坚实平整、干燥通风，具有防水防潮措施。

2）产品应按型号、规格、等级分类储存。储存时应采用侧立式，板面与铅垂面夹角不应大于15°；堆长不超过4m，堆层不超过二层。

(2）运输　产品应侧立搬运，禁止平抬，运输过程中板应侧立贴实，用绳索绞紧，支撑合理，防止撞击，避免破损和变形。应有防雨措施。

第三篇　功能性材料

第九章　建筑防水材料

第一节　沥　青

一、石油沥青

（一）石油沥青的组分

石油沥青是由碳及氢组成的多种碳氢化合物及其衍生物的混合体。由于石油沥青的化学组成复杂，因此从使用角度，将沥青中化学特性及物理、力学性质相近的化合物划分为若干组，这些组即称为“组分”。石油沥青的性质随各组分含量的变化而改变。

石油沥青中各组分及其主要特性如下：

（1）油分　油分是淡黄色透明液体，密度约 0.7～1.0 g/cm^3，碳氢比为 0.5～0.7，几乎溶于大部分的有机溶剂，但不溶于酒精，具有光学活性。油分赋予沥青以流动性，油分含量的多少直接影响沥青的柔软性、抗裂性及施工难度。在石油沥青中油分的含量为 45%～60%。在 170 ℃进行较长时间加热，油分可以挥发，并在一定条件下可转化为树脂甚至沥青质。

（2）树脂　树脂为黄色至黑褐色黏稠半固体，密度为 1.0～1.1 g/cm^3，碳氢比为 0.7～0.8。温度敏感性高，熔点低于 100 ℃。树脂又可分为中性树脂和酸性树脂。中性树脂能溶于三氯甲烷、汽油和苯等有机溶剂，但在酒精和丙酮中难溶解或溶解度很低。中性树脂赋予沥青一定的塑性、可流动性和粘结性，其含量增加，则沥青的粘结力和延伸性增加。除中性树脂外，沥青树脂中还含少量的酸性树脂（即沥青酸和沥青酸酐），是油分氧化后的产物，具有酸性，能为碱皂化；能溶于酒精、三氯甲烷，但难溶于石油醚和苯。酸性树脂是沥青中活性最大的组分，它能改善沥青对矿物材料的浸润性，特别是提高了与碳酸盐类岩石的黏附性；增强了沥青的可乳化性。在石油沥青中树脂的含量为 15%～30%。

（3）地沥青质　地沥青质为密度大于 1 的深褐色至黑色固体粉末，是石油沥青中最重的组分，能溶于二硫化碳和三氯甲烷，但不溶于汽油和酒精，在石油沥青中含量为 5%～30%。它决定石油沥青温度敏感性并影响黏性的大小，其含量越多，则温度敏感性愈小，黏性愈大，也愈硬脆。

此外，石油沥青中常含有一定量的固体石蜡，它会降低沥青的粘结性、塑性、温度稳定性和耐热性。由于存在于沥青油分中的蜡是有害成分，故对多蜡沥青常采用高温吹氧、溶剂脱蜡等方法处理，使多蜡石油沥青的性质得到改善。

（二）石油沥青的技术要求

（1）建筑石油沥青　建筑石油沥青按针入度划分牌号，每一牌号的沥青还应保证相应的延度、软化点、溶解度、蒸发损失、蒸发后针入度比和闪点等。建筑石油沥青的技术要求见表9-1。

表9-1　建筑石油沥青的技术标准

质量指标	建筑石油沥青牌号		
	40号	30号	10号
针入度（25 ℃，100 g，5 s），1/10 mm	36～50	26～35	10～25
延度（25 ℃，5 cm/min），cm，不小于	3.5	2.5	1.5
软化点/℃，不低于	60	75	95
溶解度（%），不小于	99.5	99.5	99.5
蒸发损失（%），不大于	1	1	1
蒸发后针入度比（%），不小于	65	65	65
闪点/℃，不低于	230	230	230

（2）道路石油沥青　道路石油沥青按《公路沥青路面施工技术规范》（JTGF 40—2004）分为30、50、70、90、110、130和160七个牌号。各牌号的沥青的延度、软化点、溶解度、蒸发损失、蒸发后针入度和闪点等都有不同的要求，具体技术标准详见相关规范、规程、标准。在同一品种石油沥青中，牌号越大，沥青越软，针入度、延度越大，软化点越低。

道路沥青的牌号较多，选用时应根据地区气候条件、施工季节气温、路面类型、施工方法等按有关标准选用。

（三）石油沥青取样与试验方法

1. 取样规定

（1）液体沥青样品量。

1）常规检验样品取样为1L（乳化石油沥青取样为4L）。

2）从贮罐中取样为4L。

3）从桶中取样为1L。

（2）固体或半固体样品量　取样量为1～1.5kg。

2. 试验方法

按《沥青取样法》（GB/T 11147—2010）进行。

（四）石油沥青的选用

选用石油沥青材料时，应根据工程性质（房屋、道路、防腐）及当地气候条件、所处工程部位（屋面、地下）来选用不同品种和牌号的沥青。

（1）道路石油沥青　通常情况下，道路石油沥青主要用于道路路面或车间地面等工程，多用于拌制沥青混凝土和沥青砂浆等。道路石油沥青还可作密封材料、粘结剂及沥青涂料等，此时宜选用黏性较大和软化点较高的道路石油沥青。

（2）建筑石油沥青　建筑石油沥青黏性较大，耐热性较好，但塑性较小，主要用作制造油毡、油纸、防水涂料和沥青胶等防水材料。它们绝大部分用于屋面及地下防水、沟槽防水、防腐蚀及管道防腐等工程。

二、塑性体改性沥青

（一）塑性体改性沥青分类与技术要求

（1）分类　按软化点和低温柔度不同，塑性体改性沥青分为Ⅰ型和Ⅱ型。

（2）要求 塑性体改性沥青的物理性能指标应符合表 9-2 规定。

表 9-2 塑性体改性沥青的物理性能

序号	项目		技术指标	
			Ⅰ型	Ⅱ型
1	软化点/℃	≥	125	145
2	低温柔度/℃		−5	−15
			无裂纹	
3	渗油性	渗出张数 ≤	2	
4	二甲苯可溶物含量（%）	改性沥青 ≥	97	
		改性沥青涂盖料 ≥	94	
5	闪点/℃	≥	230	

（二）塑性体改性沥青试验方法

1）软化点按《沥青软化点测定法（环球法）》（GB/T 4507—1999）规定进行试验，加热温度不超过 190℃。

2）低温柔度按《塑性体改性沥青防水卷材》（GB 18243—2008）的规定进行，柔度棒（板）的半径（r）为 15mm。

3）其他性能试验按《塑性体改性沥青》（JC/T 904—2002）进行。

（三）塑性体改性沥青质量验收

（1）抽样。

1）塑性体改性沥青与涂盖料生产控制检验抽样。从同一制造条件、同一时间和地点生产 塑性体改性沥青或涂盖料产品中随机取 1kg 试样。

2）塑性体改性沥青防水卷材涂盖料的抽样。从同一规格、同一类型卷材产品中随机抽取 1 卷，用热刮刀法除撒布料及其他隔离材料，刮取纯净涂盖料 1kg。

（2）判定规则 软化点、渗油性、可溶物含量、闪点各项试验结果的算术平均值达到标准规定的指标时判该项目合格。低温柔度 6 个试件，至少 5 个达到标准规定指标时判该项目合格。型式检验和仲裁检验应采用 A 法。

三、弹性体改性沥青

（一）弹性体改性沥青分类与技术要求

（1）分类 按软化点、低温柔度和弹性恢复率的不同，SBS 改性沥青分为Ⅰ型和Ⅱ型。

（2）要求 SBS 改性沥青物理性能指标应符合表 9-3 规定。

表 9-3 SBS 改性沥青的物理性能

序号	项目		技术指标	
			Ⅰ型	Ⅱ型
1	软化点/℃	≥	105	115
2	低温柔度/℃		−18	−25
			无裂纹	
3	弹性恢复率（%）	≥	85	90
4	离析性	上下层软化点变化率（%） ≤	20	
5	二甲苯可溶物含量（%）	改性沥青 ≥	97	
		改性沥青涂盖料 ≥	94	
6	闪点/℃	≥	230	

（二）弹性体改性沥青试验方法

1）软化点按《沥青软化点测定法（环球法）》（GB/T 4507—1999）规定进行试验，加热温度不超过 190℃。

2）低温柔度按按《弹性体改性沥青防水卷材》（GB 18242—2008）的规定进行，柔度棒（板）的半径（r）为 15mm。

3）其他性能试验按《弹性体改性沥青》（JC/T 905—2002）进行。

（三）弹性体改性沥青质量验收

（1）抽样。

1）SBS改性沥青与涂盖料生产抽样。以同一制造条件、同一时间和地点生产的弹性体SBS改性沥青或涂盖料产品中随机取1kg试样。

2）SBS改性沥青防水卷材涂盖料抽样。从同一规格、同一类型卷材产品中随机抽取1卷，用热刮刀去除撒布料及其他隔离材料，刮取纯净涂盖料1kg。

（2）判定规则　软化点、弹性恢复率、离析性、可溶物含量、闪点各项试验结果的算术平均值达到本标准规定的指标时判该项目合格。

低温柔度6个试件，至少5个达到本标准规定指标时判该项目合格。型式检验和仲裁检验应采用A法。

第二节　防水卷材

一、沥青防水卷材

（一）石油沥青玻璃纤维胎防水卷材

1. 产品分类及规格

（1）分类　产品按单位面积质量分为15、25号；产品按上表面材料分为PE膜、砂面，也可按生产厂要求采用其他类型的上表面材料；产品按力学性能分为Ⅰ、Ⅱ型。

（2）规格　卷材公称宽度为1m；卷材公称面积为$10m^2$、$20m^2$。

2. 产品技术要求

1）尺寸偏差应符合下列要求。

①宽度允许偏差为：宽度标称值±3%。

②面积允许偏差为：不小于面积标称值的－1%。

2）外观应符合下列要求。

①成卷卷材应卷紧、卷齐，端面里进外出不得超过10mm。

②胎基必须浸透，不应有未被浸透的浅色斑点，不应有胎基外露和涂油不均。

③卷材表面应平整，无机械损伤、疙瘩、气泡、孔洞、粘着等可见缺陷。

④20mm以内的边缘裂口或长50mm、深20mm以内的缺边不超过四处。

⑤成卷卷材在10～45℃的任一产品温度下，应易于展开，无裂纹或粘结，在距卷芯1000mm长度外不应有10mm以上的裂纹或粘结。

⑥每卷接头处不应超过1个，接头应剪切整齐，并加长150mm作为搭接。

3）单位面积质量应符合表9-4的规定。

4）材料性能应符合表9-5规定。

表9-4　单位面积质量

标　号	15号		25号	
上表面材料	PE膜面	砂面	PE膜面	砂面
单位面积质量/(kg/m^2) ≥	1.2	1.5	2.1	2.4

表 9-5　材料性能

序号	项　目		指标	
			Ⅰ型	Ⅱ型
1	可溶物含量/（g/m²）≥	15号	700	
		25号	1200	
		试验现象	胎基不燃	
2	拉力/（N/50mm）≥	纵向	350	50C
		横向	250	40C
3	耐热性		85℃	
			无滑动、流淌、滴落	
4	低温柔性		10℃	5℃
			无裂缝	
5	不透水性		0.1MPa，30min 不透水	
6	钉杆撕裂强度/N ≥		40	50
7	热老化	外观	无裂纹、无起泡	
		拉力保持率（%）≥	85	
		质量损失率（%）≤	2.0	
		低温柔性	15℃	10℃
			无裂缝	

3. 取样规定与试验方法

（1）取样规定　试件尺寸和数量见表 9-6。

表 9-6　试件尺寸与数量

序号	项　目		尺寸（纵向×横向）/mm	数量/个
1	可溶物含量		100×100	3
2	拉力		（250～320）×50	纵横向各 5
3	耐热性		100×50	3
4	低温柔性		150×25	10
5	不透水性		150×150	3
6	钉杆撕裂强度		200×100	5
7	热老化	外观、拉力	（250～320）×50	纵横向各 5
		低温柔性	150×25	10
		质量损失率	150×25	5

（2）试验方法。

1）可溶物含量按《建筑防水卷材试验方法　第 26 部分：沥青防水卷材　可溶物含量（浸涂材料含量）》（GB/T 328.26—2007）进行，萃取后取出胎基，用火点燃，观察现象。

2）按《建筑防水卷材试验方法　第 8 部分：沥青防水卷材　拉伸性能》（GB/T

328.8—2007）进行。

3）按《建筑防水卷材试验方法　第11部分：沥青防水卷材　耐热性》（GB/T 328.11—2007）中B法进行，观察现象。

4）按《建筑防水卷材试验方法　第14部分：沥青防水卷材　低温柔性》（GB/T 328.14—2007）进行，弯曲轴直径为30mm。

5）按《建筑防水卷材试验方法　第10部分：沥青和高分子防水卷材　不透水性》（GB/T 328.10—2007）中B法进行，采用7孔盘。

6）按《建筑防水卷材试验方法　第18部分：沥青防水卷材　撕裂性能（钉杆法）》（GB/T 328.18—2007）进行，取纵向五个试件平均值。

4. 质量验收与储存

（1）抽样　在每批产品中随机抽取五卷进行尺寸偏差、外观、单位面积质量检查。按要求检查合格后，从中随机抽取一卷，取至少1.5m^{2}的样品进行检测。

（2）判定规则。

1）尺寸偏差、外观、单位面积质量均符合相关规定时，判其尺寸偏差、外观、单位面积质量合格。对不合格的，允许在该批产品中随机另抽五卷重新检验，全部达到标准规定即判其尺寸偏差、外观、单位面积质量合格，若仍有不符合标准规定的即判该批产品不合格。

2）试验结果符合规定，判该批产品材料性能合格。若其中仅有一项不符合标准规定，允许在该批产品中随机另抽一卷进行单项复测，合格则判该批产品材料性能合格，否则判该批产品材料性能不合格。

（3）运输与储存　运输与储存时，不同类型、规格的产品应分别存放，不应混杂。避免日晒雨淋，注意通风。储存温度不应高于45℃，卷材应立放储存，其高度不应超过两层。

运输时防止倾斜或倾压，必要时加盖毡布。

在正常运输、储存条件下，储存期自生产之日起为一年。

（二）铝箔面石油沥青防水卷材

1. 产品分类及规格

（1）分类　产品分为30、40两个标号。

（2）规格　卷材幅宽为1000mm。

2. 产品技术要求

1）卷重、厚度、面积。卷材的单位面积质量应符合表9-7规定，卷重为单位面积质量乘以面积。

表9-7　单位面积质量

标　　号	30号	40号
单位面积质量/（kg/m^2）	≥2.85	≥3.80

30号铝箔面卷材的厚度不小于2.4mm，40号铝箔面卷材的厚度不小于3.2mm。卷材的面积偏差不超过标称面积的1%。

2）外观应符合下列要求。

①成卷卷材应卷紧卷齐，卷筒两端厚度差不得超过5mm，端面里进外出不超过10mm。

②成卷卷材在10～45℃任一产品温度下展开，在距卷芯1000mm长度外不应有10mm以上的裂纹或粘结。

③胎基应浸透，不应有未被浸渍的条纹，铝箔应与涂盖材料粘结牢固，不允许有分层和

气泡现象，铝箔表面应花纹整齐，无污迹、折皱、裂纹等缺陷，铝箔应为轧制铝，不得采用塑料镀铝膜。

④在卷材覆铝箔的一面沿纵向留 70～100mm 无铝箔的搭接边，在搭接边上可撒细砂或覆聚乙烯膜。

⑤卷材表面平整，不允许有孔洞、缺边和裂口。

⑥卷材接头不多于一处，其中较短的一段不应少于 2500mm，接头应剪切整齐，并加长 150mm。

3）卷材的物理性能应符合表 9-8 的要求。

表 9-8　物理性能

项　目	指　标	
	30 号	40 号
可溶物含量/（g/m²）	≥1550	≥2050
拉力/（N/50mm）	≥450	≥500
柔度/℃	5	
	绕半径 35mm 圆弧无裂纹	
耐热度	90±2℃，2h 涂盖层无滑动，无起泡、流淌	
分层	50±2℃，7d 无分层现象	

3. 取样规定与试验方法

（1）取样规定　试件尺寸和数量见表 9-9。

表 9-9　试件尺寸和数量

项　目		试件代号	试件尺寸/mm	数量/个
可溶物含量		A	100×100	3
拉力	纵向	B	250×50	3
	横向	C	250×50	3
耐热度		D	100×50	3
柔度		E	200×50	6
分层		F	100×50	2

（2）试验方法。

1）可溶物含量试验按《建筑防水 卷材试验方法　第 26 部分：沥青防水卷材　可溶物含量（浸涂材料含量）》（GB/T 328.26—2007）进行。

2）拉力、耐热性：低温柔性、不透水性、钉杆撕裂强度、热老化试验按《铝箔面石油沥青防水卷材》（JC/T 504—2007）的相关规定进行。

4. 质量验收与储存

（1）抽样　在每批产品中随机抽取五卷进行卷重、面积、外观检查。

（2）判定规则。

1）卷重、面积和外观　在抽取的五卷中检查结果均符合规定时，判卷重、面积和外观合格。若其中有一项不符合要求，允许在该批产品中随机另抽五卷重新对不合格项进行复检。若达到要求则判其卷重、面积和外观合格，若仍不符合要求，则判该批产品不合格。

2）厚度和物理性能　从合格的卷材中任取一卷进行厚度和物理性能试验。

①厚度、可溶物含量、拉力各项试验结果的平均值达到要求判该项合格。

②耐热度每个试件都达到要求判该项合格。

③柔度六个试件中至少五个达到要求判该项合格。

④各项试验结果均符合规定，则判该批产品性能合格。若仅有一项不符合要求，允许在该批产品中在随机抽取 1 卷，对不合格项进行单项复检，达到要求判该批产品性能合格，否

则判不合格。

(3) 运输和储存 在运输与储存时，不同类型、规格的产品应分别堆放，不应混杂。避免日晒雨淋，并注意通风。

卷材应在45℃以下立放，其高度不应超过两层。

在正常运输、储存条件下，储存期自生产之日起为一年。

二、改性沥青防水卷材

(一) 弹性体改性沥青防水卷材

1. 产品分类及规格

(1) 分类 按胎基分为聚酯胎（PY）、玻纤胎（G）和玻纤增强聚酯毡（PYG）三种；按上表面隔离材料分为聚乙烯膜（PE）、细砂（S）和矿物粒（片）料（M）三种。按下表面隔离材料分为细砂（S）和聚乙烯膜（PE）两种；按物理力学性能分为Ⅰ型和Ⅱ型。

(2) 规格。

1) 幅宽：1000mm。

2) 厚度。

①聚酯胎卷材：3mm、4mm和5mm。

②玻纤胎卷材：3mm和4mm。

③玻纤增强聚酯毡卷材：5mm。

3) 面积：每卷面积分为15m^2、10m^2和7.5m^2。

2. 产品技术要求

1) 单位面积质量、面积及厚度。单位面积质量、面积及厚度应符合表9-10的规定。

表 9-10 单位面积质量、面积及厚度

规格（公称厚度）/mm			3			4			5		
上表面材料			PE	S	M	PE	S	M	PE	S	M
下表面材料			PE	PE、S		PE	PE、S		PE	PE、S	
面积/（m^2/卷）	公称面积		10、15			10、7.5			7.5		
	偏差		±0.10			±0.10			±0.10		
单位面积质量/（kg/m^2）		≥	3.3	3.5	4.0	4.3	4.5	5.0	5.3	5.5	6.0
厚度/mm	平均值	≥	3.0			4.0			5.0		
	最小单值		2.7			3.7			4.7		

2) 外观应符合下列要求。

①成卷卷材应卷紧、卷齐，端面里进外出不得超过10mm。

②成卷卷材在4～50℃任一产品温度下展开，在距卷芯1000mm长度外不应有10mm以上的裂纹或粘结。

③胎基应浸透，不应有未被浸渍的条纹。

④卷材表面必须平整，不允许有孔洞、缺边和裂口，矿物粒（片）料粒度应均匀一致，并紧密地粘附于卷材表面。

⑤每卷接头处不应超过1个，较短的一段应不少于1000mm，接头应剪切整齐，并加长150mm。

3）物理力学性能应符合表 9-11 规定。

表 9-11　物理力学性能

型　号			Ⅰ		Ⅱ		
胎　基			PY	G	PY	G	PYG
可溶物含量/（g/m²）	2mm		2100				—
	3mm		2900				—
	4mm		3500				
	试验现象		—	胎基不燃	—	胎基不燃	—
耐热性	/℃		90		105		
	≤mm		2				
	试验现象		无流淌、滴落				
低温柔性/℃			−20		−25		
			无裂缝				
不透水性 30min			0.3MPa	0.2MPa	0.3MPa		
拉力	最大峰拉力（N/50mm）		500	350	800	500	900
	次高峰拉力（N/50mm）		—	—	—	—	800
	试验现象		拉伸过程中，试件中部无沥青涂盖层开裂或胎基分离现象				
延伸率	最大峰时延伸率（%）	≥	30	—	40	—	—
	第二峰时延伸率（%）	≥	—	—	—	—	15
浸水后质量增加（%）	PE、S	≥	1.0				
	M		2.0				
热老化	拉力保持率	≥	90				
	延伸率保持率	≥	80				
	低温柔性/℃		−15		−20		
			无裂缝				
	尺寸变化率（%）	≤	0.7	—	0.7	—	0.3
	质量损失	≤	1.0				
渗油性（张数）		≤	2				
接缝剥离强度/（N/mm）		≥	1.5				
钉杆撕裂强度/N		≥					300
矿物粒料粘附性/g		≤	2.0				
卷材下表面沥青涂盖层厚度/mm		≥	1.0				
人工气候加速老化	外观		无滑动、流淌、滴落				
	拉力保持率（%）	≥	80				
	低温柔性/℃		−15		−20		
			无裂缝				

3. 取样规定与试验方法

（1）取样规定　卷材性能试件的形状和数量按表 9-12 裁取。

表 9-12　试件形状和数量

序号	试验项目		试件形状（纵向×横向）/mm	数量/个
1	可溶物含量		100×100	3
2	耐热性		150×100	纵向 3
3	低温柔性		150×25	纵向 10
4	不透水性		150×150	3
5	拉力及延伸率		（250～320）×50	纵横向各 5
6	浸水后质量增加		（250～320）×50	纵向 5
7	热老化	拉力及延伸率保持率	（250～320）×50	纵横向各 5
		低温柔性	150×25	纵向 10
		尺寸变化率及质量损失	（250～320）×50	纵向 5
8	渗油性		50×50	3
9	接缝剥离强度		400×200（搭接边处）	纵向 2
10	钉杆撕裂强度		200×100	纵向 5
11	矿物粒料粘附性		265×50	纵向 3
12	卷材下表面沥青涂盖层厚度		200×50	横向 3
13	人工气候加速老化	拉力保持率	120×25	纵横向各 5
		低温柔性	120×25	纵向 10

（2）试验方法。

1）可溶物含量按进行《建筑防水卷材试验方法　第 26 部分：沥青防水卷材　可溶物含量（浸涂材料含量）》（GB/T 328.26—2007）进行。

对于标称玻纤毡卷材的产品，可溶物含量试验结束后，取出胎基用火点燃，观察现象。

2）耐热性按《建筑防水卷材试验方法　第 11 部分：沥青防水卷材　耐热性》（GB/T 328.11—2007）中 A 法进行，无流淌、滴落。

3）低温柔性按《建筑防水卷材试验方法　第 14 部分：沥青防水材料　低温柔性》（GB/T 328.14—2007）进行，3mm 厚度卷材弯曲直径 30mm，4mm、5mm 厚度卷材弯曲直径 50mm。

4）不透水性按《建筑防水卷材试验方法　第 10 部分：沥青和高分子防水卷材　不透水性》（GB/T 328.10—2007）中方法 B 进行，采用 7 孔盘，上表面迎水。上表面为细砂、矿物粒料时，下表面迎水，下表面也为细砂时，试验前，将下表面的细砂沿密封圈一圈除去，然后涂一圈 60 号～100 号热沥青，涂平待冷却 1h 后检验不透水性。

5）拉力及延伸率按《建筑防水卷材试验方法　第 8 部分：沥青防水卷材　拉伸性能》（GB/T 328.8—2007）进行，夹具间距 200mm。分别取纵向、横向向五个试件的平均值。试验过程中观察在试件中部是否出现沥青涂盖层与胎基分离或沥青涂盖层开裂现象。

6）接缝剥离强度按《建筑防水卷材试验方法　第 20 部分：沥青防水卷材　接缝剥离性

能》（GB/T 328.20—2007）进行，在卷材纵向搭接边处用热熔方法进行搭接，取五个试件平均剥离强度的平均值。

7）钉杆撕裂强度按《建筑防水卷材试验方法　第 18 部分：沥青防水卷材　撕裂性能（钉杆法）》（GB/T 328.18—2007）进行，取纵向五个试件的平均值。

8）矿物粒料粘附性按《建筑防水卷材试验方法　第 17 部分：沥青防水卷材　矿物料粘附性》（GB/T 328.17—2007）中 B 法进行，取三个试件的平均值。

9）卷材下表面沥青涂盖层厚度按《建筑防水卷材试验方法　第 4 部分：沥青防水卷材　厚度、单位面积质量》（GB/T 328.4—2007）测量试件的厚度，每块试件测量两点，在距中间各 50mm 处测量，取两点的平均值。然后用热刮刀铲去卷材下表面的涂盖层直至胎基。待其冷却到标准试验条件，再测量每个试件原来两点的厚度，取两点的平均值。每块试件前后两次厚度平均值的差值，即为该块试件的下表面沥青涂盖层厚度，取三个试件的平均值作为卷材下表面沥青涂盖层厚度。

10）人工气候加速老化按《建筑防水材料老化试验方法》（GB/T 18244—2000）进行，采用氙弧灯法，累计辐照能量 1500MJ/m^2（光照时间约 720h）。

11）其他试验可按《弹性体改性沥青防水卷材》（GB/T 18242—2008）进行。

4. 质量验收与储存

（1）抽样　在每批产品中随机抽取五卷进行单位面积质量、面积、厚度及外观检查。

（2）判定规则。

1）单位面积质量、面积、厚度及外观　抽取的五卷样品均符合规定时，判为单位面积质量、面积、厚度及外观合格。若其中有一项不符合规定，允许从该批产品中再随机抽取五卷样品，对不合格项进行复查。如全部达到标准规定时则判为合格；否则，判该批产品不合格。

2）材料性能　从单位面积质量、面积、厚度及外观合格的卷材中任取一卷进行材料性能试验。

①可溶物含量、拉力、延伸率、吸水率、耐热性、接缝剥离强度、钉杆撕裂强度、矿物粒料粘附性、卷材下表面沥青涂盖层厚度以其算术平均值达到标准规定的指标判为该项合格。

②不透水性以三个试件分别达到标准规定判为该项合格。

③低温柔性两面分别达到标准规定时判为该项合格。

④渗油性以最大值符合标准规定时判为该项合格。

⑤热老化、人工气候加速老化各项结果达到规定时判为该项合格。

⑥各项试验结果均符合规定，则判该批产品材料性能合格。若有一项指标不符合规定，允许在该批产品中再随机抽取五卷，从中任取一卷对不合格项进行单项复验。达到标准规定时，则判该批产品材料性能合格。

（3）储存与运输。

1）储存与运输时，不同类型、规格的产品应分别存放，不应混杂。避免日晒雨淋，注意通风。储存温度不应高于 50℃，立放储存只能单层，运输过程中立放不超过两层。

2）运输时防止倾斜或横压，必要时加盖毡布。

3）在正常储存、运输条件下，储存期自生产日起为一年。

（二）塑性体改性沥青防水卷材

1. 产品分类及规格

（1）分类　按胎基分为聚酯胎（PY）、玻纤胎（G）和玻纤增强聚酯毡（PYG）三种；按上表面材料分为聚乙烯膜（PE）、细砂（S）和矿物粒（片）料（M）三种。按下表面隔离材料分为细砂（S）和聚乙烯膜（PE）两种；按物理力学性能分为Ⅰ型和Ⅱ型。

（2）规格。

1）幅宽：1000mm。

2）厚度。

①聚酯胎卷材：3mm、4mm 和 5mm。

②玻纤胎卷材：3mm 和 4mm。

③玻纤增强聚酯毡卷材：5mm。

3）面积：每卷面积分为 15m^2、10m^2 和 7.5m^2。

2. 产品技术要求

1）单位面积质量、面积及厚度。单位面积质量、面积及厚度应符合表 9-10 的规定。

2）外观应符合下列要求：

①成卷卷材应卷紧、卷齐，端面里进外出不得超过 10mm。

②成卷材在 4～50℃任一产品温度下展开，在距卷芯 1000mm 长度外不应有 10mm 以上的裂纹或粘结。

③胎基应浸透，不应有未被浸渍的条纹。

④卷材表面必须平整，不允许有孔洞、缺边和裂口，矿物粒（片）料粒度应均匀一致，并紧密地粘附于卷材表面。

⑤每卷接头处不应超过 1 个，较短的一段应不少于 1000mm，接头应剪切整齐，并加长 150mm。

3）物理力学性能应符合表 9-13 规定。

表 9-13　物理力学性能

项目		指标				
		Ⅰ		Ⅱ		
		PY	G	PY	G	PYG
可溶物含量/（g/m²）≥	3mm	2100				—
	4mm	2900				—
	5mm	3500				
	试验现象	—	胎基不燃	—	胎基不燃	—
耐热性	℃	110		130		
	≤mm	2				
	试验现象	无流淌、滴落				
低温柔性/℃		−7		−15		
		无裂缝				

（续）

项　目			指标				
			Ⅰ		Ⅱ		
			PY	G	PY	G	PYG
不透水性 30min			0.3MPa	0.2MPa	0.3MPa		
拉力	最大峰拉力/（N/50mm）	≥	500	350	800	500	900
拉力	次高峰拉力/（N/50mm）	≥	—	—	—	—	800
拉力	试验现象		拉伸过程中，试件中部无沥青涂盖层开裂或与胎基分离现象				
延伸率	最大峰时延伸率（%）	≥	25	—	40	—	—
延伸率	第二峰时延伸率（%）	≥	—		—		15
浸水后质量增加（%）		≤	PE、S	1.0			
			M	2.0			
热老化	拉力保持率（%）	≥	90				
热老化	延伸率保持率（%）	≥	80				
热老化	低温柔性/℃		−2		−10		
			无裂缝				
热老化	尺寸变化率（%）	≤	0.7	—	0.7	—	0.3
热老化	质量损失（%）	≤	1.0				
接缝剥离强度/（N/m）		≥	1.0				
钉杆撕裂强度/N		≥	—				300
矿物粒料粘附性/g		≤	2.0				
卷材下表面沥青涂盖层厚度/mm		≥	1.0				
人工气候加速老化	外观		无滑动、流淌、滴落				
人工气候加速老化	拉力保持率（%）	≥	80				
人工气候加速老化	低温柔性/℃		−15		−20		
			无裂缝				

3. 取样规定与试验方法

（1）取样规定　卷材性能试件的形状和数量按表 9-14 裁取。

表 9-14　试件形状和数量

序　号	试验项目	试件形状（纵向×横向）/mm	数量/个
1	可溶物含量	100×100	3
2	耐热性	125×100	纵向 3
3	低温柔性	150×25	纵向 10
4	不透水性	150×150	3
5	拉力及延伸率	（250～320）×50	纵横向各 5
6	浸水后质量增加	（250～320）×50	纵向 5

（续）

序　号	试 验 项 目		试件形状（纵向×横向）/mm	数量/个
7	热老化	拉力及延伸率保持率	（250～320）×50	纵横向各5
		低温柔性	150×25	纵向10
		尺寸变化率及质量损失	（250～320）×50	纵向5
8	接缝剥离强度		400×200（搭接边处）	纵向2
9	钉杆撕裂强度		200×100	纵向5
10	矿物粒料粘附性		265×50	纵向3
11	卷材下表面沥青涂盖层厚度		200×50	横向3
12	人工气候加速老化	拉力保持率	120×25	纵横向各5
		低温柔性	120×25	纵向10

（2）试验方法。

1）可溶物含量按《建筑防水卷材试验方法　第26部分：沥青防水卷材　可溶物含量（浸涂材料含量）》（GB/T 328.26—2007）进行。

2）耐热性按《建筑防水卷材试验方法　第11部分：沥青防水卷材　耐热性》（GB/T 328.11—2007）中A法进行，无流淌、滴落。

3）低温柔性按《建筑防水卷材试验方法　第14部分：沥青防水卷材　低温柔性》（GB/T 328.14—2007）进行，3mm厚度卷材弯曲直径30mm，4mm、5mm厚度卷材弯曲直径50mm。

4）不透水性按《建筑防水卷材试验方法　第10部分：沥青和高分子防水卷材　不透水性》（GB/T 328.10—2007）中方法B进行，采用7孔盘，上表面迎水。上表面为细砂、矿物粒料时，下表面迎水，下表面也为细砂时，试验前，将下表面的细砂沿密封圈一圈除去，然后涂一圈60号～100热沥青，涂平待冷却1h后检测不透水性。

5）拉力及延伸率按《建筑防水卷材试验方法　第8部分：沥青防水卷材　拉伸性能》（GB/T 328.8—2007）进行，夹具间距200mm。分别取纵向、横向各五个试件的平均值。试验过程中观察在试件中部是否出现沥青涂盖层与胎基分离或沥青涂盖层开裂现象。

6）接缝剥离强度按《建筑防水卷材试验方法　第20部分：沥青防水卷材　接缝剥离性能》（GB/T 328.20—2007）进行，在卷材纵向搭接边处用热熔方法进行搭接，取五个试件平均剥离强度的平均值。

7）钉杆撕裂强度按《建筑防水卷材试验方法　第18部分：沥青防水卷材　撕裂性能（钉杆法）》（GB/T 328.18—2007）进行，取纵向五个试件的平均值。

8）矿物粒料粘附性按《建筑防水卷材试验方法　第17部分：沥青防水卷材　矿物粘附性》（GB/T 328.17—2007）中B法进行，取三个试件的平均值。

9）卷材下表面沥青涂盖层厚度按《建筑防水卷材试验方法　第4部分：沥青防水卷材　厚度、单位面积质量》（GB/T 328.4—2007）测量试件的厚度，每块试件测量两点，在距中间各50mm处测量，取两点的平均值。然后用热刮刀铲去卷材表面的涂盖层直至胎基，待其冷却到标准试验条件，再测量每个试件原来两点的厚度，取两点的平均值。每块试件前后两次厚度平均值的差值，即为该块试件的表面沥青涂盖层厚度，取三个试件的平均值作为卷材下表面沥青涂盖层厚度。

10）人工气候加速老化按《建筑防水材料老化试验方法》（GB/T 18244—2000）进行，采用氙弧灯法，累计辐照能量 1500MJ/m²（光照时间约 720h）。

11）其他试验按《塑性体改性沥青防水卷材》（GB 18243—2008）进行。

4. 质量验收与储存

（1）抽样　在每批产品中随机抽取五卷进行卷重、面积、厚度及外观检查。

（2）判定规则。

1）单位面积质量、面积、厚度及外观　抽取的五卷样品均符合规定时，判为单位面积质量、面积、厚度及外观合格。若其中有一项不符合规定，允许从该批产品中再随机抽取五卷样品，对不合格项进行复查。如全部达到标准规定时则判为合格；否则，判该批产品不合格。

2）材料性能　从单位面积质量、面积、厚度及外观合格的卷材中任取一卷进行材料性能试验。

①可溶物含量、拉力、延伸率、吸水率、耐火热、接缝剥离强度、钉杆撕裂强度、矿物粒料粘附性、卷材下表面沥青涂盖层厚度以其算术平均值达到标准规定的指标判为该项合格。

②不透水性以三个试件分别达到标准规定判为该项合格。

③低温柔性两面分别达到标准规定时判为该项合格。

④热老化、人工气候加速老化各项结果达到规定时判为该项合格。

⑤各项试验结果均符合规定，则判该批产品材料性能合格。若有一项指标不符合规定，允许在该批产品中再随机抽取五卷，从中任取一卷对不合格项进行单项复验。达到标准规定时，则判批产品材料性能合格。

（3）储存与运输。

1）储存与运输时，不同类型、规格的产品应分别存放，不应混杂。避免日晒雨淋，注意通风。储存温度不应高于 50℃，立放储存只能单层，运输过程中立放不超过两层。

2）运输时防止倾斜或横压，必要时加盖毡布。

3）在正常储存、运输条件下，储存期自生产之日起为 1 年。

（三）改性沥青聚乙烯胎防水卷材

1. 产品分类及规格

（1）分类。

1）按基料分为改性氧化沥青防水卷材、丁苯橡胶改性氧化沥青防水卷材、高聚物改性沥青防水卷材三类。

①改性氧化沥青防水卷材：用增塑油和催化剂将沥青氧化改性后制成的防水卷材。

②丁苯橡胶改性氧化沥青防水卷材：用丁苯橡胶和塑料树脂将氧化沥青改性后制成的防水卷材。

③高聚物改性沥青防水卷材：用 APP、SBS 等高聚物将沥青改性后制成的防水卷材。

2）按上表面覆盖材料分为聚乙烯膜、铝箔两个品种。

3）按物理力学性能分为Ⅰ型和Ⅱ型。

4）卷材按不同基料，不同上表面覆盖材料分为五个品种，见表9-15。

（2）规格。

1）厚度：3mm、4mm。

2）幅宽：1100mm。

3）面积：每卷面积为11m^2。

4）生产其他规格的卷材，可由供需双方协商确定。

2. 产品技术要求

1）厚度、面积及卷重应符合表9-16的规定。

表9-15 卷材品种

上表面覆盖材料	基料		
	改性氧化沥青	丁苯橡胶改性氧化沥青	高聚物改性沥青
聚乙烯膜	OEE	MEE	PEE
铝箔	—	MEAL	PEAL

表9-16 厚度、面积及卷重

公称厚度/mm		3		4	
上表面覆盖材料		E	Al	E	Al
厚度/mm	平均值，≥	3.0		4.0	
	最小单位	2.7		3.7	
最低卷重/kg		33	35	45	47
面积/m^2	公称面积	11			
	偏差	±0.2			

2）外观应符合下列要求：

①成卷卷材应卷紧、卷齐，端面里进外出差不得超过20mm。胎体与沥青基料和覆面材料相互紧密粘结。

②卷材表面应平整，不允许有可见的缺陷，如孔洞、裂纹、疙瘩等。

③成卷卷材在4～40℃任一温度下易于展开，在距卷芯1000mm长度外不应有10mm以上的裂纹或粘结。

④成卷卷材接头不应超过一处，其中较短的一段不得少于1000mm。接头处应剪切整齐，并加长150mm，备做搭接。

3）物理力学性能应符合表9-17的规定。

表9-17 物理力学性能

上表面覆盖材料		E						AL			
基料		O		M		P		M		P	
型号		Ⅰ	Ⅱ	Ⅰ	Ⅱ	Ⅰ	Ⅱ	Ⅰ	Ⅱ	Ⅰ	Ⅱ
不透水性/MPa		≥0.3									
		不透水									
耐热度/℃		85		85	90	90	95	85	90	90	95
		无流淌，无起泡									
拉力/（N/50mm）	纵向	≥100	≥140	≥100	≥140	≥100	≥140	≥200	≥220	≥200	≥220
	横向		≥120		≥120		≥120				
断裂延伸率（%）	纵向	≥200	≥250	≥200	≥250	≥200	≥250	—			
	横向										

（续）

上表面覆盖材料		E						AL			
基　料		O		M		P		M		P	
型　号		Ⅰ	Ⅱ	Ⅰ	Ⅱ	Ⅰ	Ⅱ	Ⅰ	Ⅱ	Ⅰ	Ⅱ
低温柔度/℃		0		−5		−10	−15	−5		−10	−15
		无裂纹									
尺寸稳定性	℃	85		85	90	90	95	85	90	90	95
	%	≤2.5									
热空气老化	外观	无流淌，无起泡						—			
	拉力保持率（%），纵向	≥80									
	低温柔度/℃	8		3		−2	−7				
		无裂纹									
人工气候加速老化	外观	—						无流淌，无起泡			
	拉力保持率（%），纵向							≥80			
	低温柔度/℃							3		−2	−7
								无裂纹			

注：表中前五项为强制性项目。

3. 取样规定与试验方法

（1）取样规定　按表9-18规定的尺寸和数量切取试件。试件边缘与卷材纵向边缘间的距离不小于75mm。

热空气老化与人工气候加速抗老化性能试件按《建筑防水材料老化试验方法》（GB/T 18244—2000）切取。共取2组。一组进行老化试验；一组作为对比试件，在标准条件下进行性能测定。

表9-18　试样尺寸和数量

（单位：mm）

试验项目	试样代号	试样尺寸/mm	数量/个
不透水性	D	150×150	3
耐热度	B	100×100	3
拉力	E、E′	150×150	纵横向各5
低温柔度	A	150×25	纵向6
尺寸稳定性	C、C′	400×50	纵横向各3

（2）试验方法。

1）不透水性　先按《建筑防水卷材试验方法　第10部分：沥青和高分子防水卷材　不透水性》（GB/T 328.10—2007）的规定作好准备，将表9-18中（D）的3块试样，分别置于3个透水盘中，盖紧槽盘，然后按《建筑防水卷材试验方法　第10部分：沥青和高分子防水卷材　不透水性》（GB/T 328.10—2007）的规定操作不透水仪，在0.3MPa压力下恒压30min，观察并记录试样表面是否有渗水现象。

2）热空气老化按《建筑防水材料老化试验方法》（GB/T 18244—2000）热空气老化方法进行，试验条件70℃，试件水平放置168h。

老化后，检查试件外观，测定纵向拉力与低温柔度，并计算纵向拉力保持率。

3）人工气候加速老化按《建筑防水材料老化试验方法》（GB/T 18244—2007）进行，

采用氙弧灯法，试验时间720h（累计辐射能量约$1500MJ/m^2$）。老化后，检查试件外观，测定纵向拉力与低温柔度，并计算纵向拉力保持率。

4）其他试验按《改性沥青聚乙烯胎防水卷材》（GB 18967—2009）进行。

4. 质量验收与储存

（1）抽样　在每批产品中随机抽取5卷进行厚度、面积、卷重与外观检查。从厚度、面积、卷重及外观合格的卷材中随机抽取1卷进行物理力学性能试验。

（2）判定规则。

1）厚度、面积、卷重与外观在抽取的5卷样品中上述各项检查结果均符合规定时，判定其厚度、面积、卷重与外观合格，若有一项不符合规定，允许在该批产品中另取5卷样品，对不合格项进行复查。如全部达到标准规定时则判为合格；若仍不符合标准，则判该批产品不合格。

2）物理力学性能判定可根据下列规定进行：

①拉力、断裂延伸率、尺寸稳定性各项试验结果的平均值达到标准规定的指标时判为该项指标合格。

②不透水性、耐热度每组3个试件分别达到标准规定指标时判为该项指标合格。

③低温柔度：6个试样至少5个试样表面未发现裂纹判为合格。

④热空气老化、人工气候加速老化各项试验结果达到规定时判为该项指标合格。

⑤各项试验结果均符合规定，则判该批产品物理力学性能合格。若有一项指标不符合标准规定，允许在该批产品中再随机抽取5卷，并从中任取1卷对不合格项进行单项复验。达到标准规定时，则判该批产品合格。

（3）运输、储存。

①运输时，应水平顺放，不得倾斜或横压，必要时要加盖毡布。

②卷材应水平顺放保管，堆放高度不超过5层，同时避免日晒雨淋，注意通风。

③在正常储存、运输条件下，储存期自生产日起为1年。

三、合成高分子防水卷材

（一）聚氯乙烯防水卷材

1. 产品分类及规格

（1）分类　产品按有无复合层分类，无复合层的为N类，用纤维单面复合的为L类、织物内增强的为W类；每类产品按理化性能分为Ⅰ型和Ⅱ型。

（2）规格。

1）卷材长度规格为10m、15m、20m。

2）厚度规格为1.2mm、1.5mm、2.0mm。

3）其他长度、厚度规格可由供需双方商定，厚度规格不得小于1.2mm。

2. 产品技术要求

1）尺寸偏差。长度、宽度不小于规定值的99.5%。厚度偏差和最小单值见表9-19。

表9-19　厚度（单位：mm）

厚度	允许偏差	最小单值
1.2	±0.10	1.00
1.5	±0.15	1.30
2.0	±0.20	1.70

2）外观应符合下列要求：

①卷材的接头不多于 1 处，其中较短的一段长度不少于 1.5m，接头应剪切整齐并加长 150 mm。

②卷材表面应平整，边缘整齐，无裂纹、孔洞、粘结、气泡和疤痕。

3）理化性能。

①N 类无复合层的卷材理化性能应符合表 9-20 的规定。

表 9-20　N 类卷材理化性能

<table>
<tr><th>序　号</th><th colspan="2">项　目</th><th>Ⅰ 型</th><th>Ⅱ 型</th></tr>
<tr><td>1</td><td colspan="2">拉伸强度/MPa</td><td>≥8.0</td><td>≥12.0</td></tr>
<tr><td>2</td><td colspan="2">断裂伸长率（%）</td><td>≥200</td><td>≥250</td></tr>
<tr><td>3</td><td colspan="2">热处理尺寸变化率（%）</td><td>≤3.0</td><td>≤2.0</td></tr>
<tr><td>4</td><td colspan="2">低温弯折性/℃</td><td>−20 ℃无裂纹</td><td>−25 ℃无裂纹</td></tr>
<tr><td>5</td><td colspan="2">抗穿孔性</td><td colspan="2">不渗水</td></tr>
<tr><td>6</td><td colspan="2">不透水性</td><td colspan="2">不透水</td></tr>
<tr><td>7</td><td colspan="2">剪切状态下的粘合性/（N/mm）</td><td colspan="2">≥3.0 或卷材破坏</td></tr>
<tr><td rowspan="4">8</td><td rowspan="4">热老化处理</td><td>外观</td><td colspan="2">无起泡、裂纹、粘结和孔洞</td></tr>
<tr><td>拉伸强度变化率（%）</td><td rowspan="2">±25</td><td rowspan="2">±20</td></tr>
<tr><td>断裂伸长率变化率（%）</td></tr>
<tr><td>低温弯折性/℃</td><td>−15 ℃无裂纹</td><td>−20 ℃无裂纹</td></tr>
<tr><td rowspan="3">9</td><td rowspan="3">耐化学侵蚀</td><td>拉伸强度变化率（%）</td><td rowspan="2">±25</td><td rowspan="2">±20</td></tr>
<tr><td>断裂伸长率变化率（%）</td></tr>
<tr><td>低温弯折性/℃</td><td>−15 ℃无裂纹</td><td>−20 ℃无裂纹</td></tr>
<tr><td rowspan="3">10</td><td rowspan="3">人工气候加速老化</td><td>拉伸强度变化率（%）</td><td rowspan="2">±25</td><td rowspan="2">±20</td></tr>
<tr><td>断裂伸长率变化率（%）</td></tr>
<tr><td>低温弯折性/℃</td><td>−15 ℃无裂纹</td><td>−20 ℃无裂纹</td></tr>
</table>

注：非外露使用可以不考核人工气候加速老化性能。

②L 类纤维单面复合及 W 类织物内增强的卷材应符合表 9-21 的规定。

表 9-21　L 类及 W 类卷材理化性能

<table>
<tr><th colspan="2">项　目</th><th>Ⅰ 型</th><th>Ⅱ 型</th></tr>
<tr><td colspan="2">拉力/（N/cm）</td><td>≥100</td><td>≥160</td></tr>
<tr><td colspan="2">断裂伸长率（%）</td><td>≥150</td><td>≥200</td></tr>
<tr><td colspan="2">热处理尺寸变化率（%）</td><td>≤1.5</td><td>≤1.0</td></tr>
<tr><td colspan="2">低温弯折性/℃</td><td>−20℃无裂纹</td><td>−25℃无裂纹</td></tr>
<tr><td colspan="2">抗穿孔性</td><td colspan="2">不渗水</td></tr>
<tr><td colspan="2">不透水性</td><td colspan="2">不透水</td></tr>
<tr><td rowspan="2">剪切状态下的粘合性
/（N/mm）</td><td>L 类</td><td colspan="2">≥3.0 或卷材破坏</td></tr>
<tr><td>W 类</td><td colspan="2">≥6.0 或卷材破坏</td></tr>
</table>

（续）

项目		Ⅰ型	Ⅱ型
热老化处理	外观	无起泡、裂纹、粘结和孔洞	
	拉力变化率（%）	±25	±20
	断裂伸长率变化率（%）		
	低温弯折性	−15℃无裂纹	−20℃无裂纹
耐化学侵蚀	拉力变化率（%）	±25	±20
	断裂伸长率变化率（%）		
	低温弯折性	−15℃无裂纹	−20℃无裂纹
人工气候加速老化	拉力变化率（%）	±25	±20
	断裂伸长率变化率（%）		
	低温弯折性	−15℃无裂纹	−20℃无裂纹

注：非外露使用可以不考核人工气候加速老化性能。

3. 取样规定与试验方法

（1）取样规定　卷材性能试件尺寸与数量按表9-22裁取。

表9-22　试件尺寸与数量

序号	项　目	符号	尺寸（纵向×横向）/mm	数量
1	拉伸性能	A、A′	120×25	各6
2	热处理尺寸变化率	C	100×100	3
3	抗穿孔性	B	150×150	3
4	不透水性	D	150×150	3
5	低温弯折性	E	100×50	2
6	剪切状态下的粘合性	F	200×300	2
7	耐老化性能	G	300×200	3
8	耐化学性能	Ⅰ-1、Ⅰ-2、Ⅰ-3	300×200	各3
9	人工气候加速老化	H	300×200	3

（2）试验方法　按《聚氯乙烯防水卷材》（GB 12952—2003）进行。

4. 质量验收与储存

（1）抽样　以同类同型的10000cm^{2}卷材为一批。不同10000mm^{2}也可作为一批。在该批产品随机抽取3卷进行尺寸偏差和外观检查，在上述检查合格的样品中任取一卷，在距外层端部500mm处裁取3m（出厂检验为1.5m）进行理化性能检验。

（2）判定规则。

1）尺寸偏差和外观均符合规定时，判其尺寸偏差、外观合格。对不合格的，允许在该批产品中随机另抽3卷重新检验。全部达到标准规定即判其尺寸偏差、外观合格，若仍有不符合标准规定的即判该批产品不合格。

2）理化性能判定可按下列规定进行：

①对于拉伸性能、热处理尺寸变化率、剪切状态下的粘合性以同一方向试件的算术平均

值分别达到标准规定。即判该项合格。

②低温弯折性、抗穿孔性，不透水性所有试件都符合标准规定，判该项合格，若有一个试件不符合标准规定则为不合格。

③试验结果符合规定，判该批产品理化性能合格。若仅有一项不符合标准规定，允许在该批产品中随机另取一卷进行单项复测，合格则判该批产品理化性能合格，否则判该批产品理化性能不合格。

（3）储存与运输。 储存与运输时，不同类型、规格的产品应分别堆放，不应混杂。避免日晒雨淋，注意通风。储存温度不应高于45℃，平放储存堆放高度不超过5层，立放单层堆放，禁止与酸、碱、油类及有机溶剂等接触。

运输时防止倾斜或横压，必要时加盖毡布。

在正常储存、运输条件下，储存期自生产日起为1年。

（二）氯化聚乙烯防水卷材

1. 产品分类及规格

（1）分类 产品按有无复合层分类，无复合层的为N类，用纤维单面复合的为L类、织物内增强的为W类。每类产品按理化性能分为Ⅰ型和Ⅱ型。

（2）规格

1）卷材长度规格为10m、15m、20m。

2）厚度规格为1.2mm、1.5mm、2.0mm。

3）其他长度、厚度规格可由供需双方商定，厚度规格不得低于1.2mm。

2. 产品技术要求

1）尺寸偏差。长度、宽度不小于规定值的99.5%。厚度偏差和最小单值见表9-23。

表9-23 厚度（单位：mm）

厚 度	允许偏差	最小单值
1.2	±0.10	1.00
1.5	±0.15	1.30
2.0	±0.20	1.70

2）外观应符合下列要求：

①卷材的接头不多于一处，其中较短的一段长度不少于1.5m，接头应剪切整齐，并加长150mm。

②卷材表面应平整、边缘整齐，无裂纹、孔洞和粘结，不应有明显气泡、疤痕。

3）理化性能：

①N类无复合层的卷材理化性能应符合表9-24的规定。

表9-24 N类卷材理化性能

序号	项 目		Ⅰ型	Ⅱ型
1	拉伸强度/MPa	≥	5.0	3.0
2	断裂伸长率（%）	≥	200	300
3	热处理尺寸变化率（%）	≤	3.0	纵向2.5 横向1.5
4	低温弯折性		−20℃无裂纹	−25℃无裂纹
5	抗穿孔性		不渗水	

（续）

序号	项目			Ⅰ型	Ⅱ型
6	不透水性			不透水	
7	剪切状态下的粘合性/（N/mm）		≥	3.0或卷材破坏	
8	热老化处理	外观		无起泡、裂纹、粘结与孔洞	
		拉伸强度变化率（%）		+50 −20	±20
		断裂伸长率变化率（%）		+15 −30	±20
		低温弯折性		−15℃无裂纹	−20℃无裂纹
9	耐化学侵蚀	拉伸强度变化率（%）		±30	±20
		断裂伸长率变化率（%）		±30	±20
		低温弯折性		−15℃无裂纹	−20℃无裂纹
10	人工气候加速老化	拉伸强度变化率（%）		±50 −20	±20
		断裂伸长率变化率（%）		±50 −30	±20
		低温弯折性		−15℃无裂纹	−20℃无裂纹

注：非外露使用可以不考核人工气候加速老化性能。

②L类纤维单面复合及W类织物内增强的卷材应符合表9-25的规定。

表9-25　L类及W类理化性能

序号	项目			Ⅰ型	Ⅱ型
1	拉力/（N/cm）		≥	70	120
2	断裂伸长率（%）		≥	125	250
3	热处理尺寸变化率（%）		≤	1.0	
4	低温弯折性			−20℃无裂纹	−25℃无裂纹
5	抗穿孔性			不渗水	
6	不透水性			不透水	
7	剪切状态下的粘合性/（N/mm）	L类		3.0或卷材破坏	
		W类		6.0或卷材破坏	
8	热老化处理	外观		无起泡、裂纹、粘结与孔洞	
		拉力/（N/cm）	≥	55	100
		断裂伸长率（%）	≥	100	200
		低温弯折性		−15℃无裂纹	−20℃无裂纹
9	耐化学侵蚀	拉力/（N/cm）	≥	55	100
		断裂伸长率（%）	≥	100	200
		低温弯折性		−15℃无裂纹	−20℃无裂纹

（续）

序号	项 目			Ⅰ型	Ⅱ型
10	人工气候加速老化	拉力/（N/cm）	≥	55	100
		断裂伸长率（%）	≥	100	200
		低温弯折性		−15℃无裂纹	−20℃无裂纹

注：非外露使用可以不考核人工气候加速老化性能。

3. 取样规定与试验方法

（1）取样规定 卷材性能试验取样尺寸与数量按表 9-26 裁取。

表 9-26 试件尺寸与数量

序号	项 目	符 号	尺寸（纵向×横向）/mm	数 量
1	拉伸性能	A、A′	120×25	各 6
2	热处理尺寸变化率	C	100×100	3
3	抗穿孔性	B	150×150	3
4	不透水性	D	150×150	3
5	低温弯折性	E	100×50	2
6	剪切状态下的粘合性	F	200×300	2
7	热老化性能	G	300×200	3
8	耐化学性能	Ⅰ−1、Ⅰ−2、Ⅰ−3	300×200	各 3
9	人工气候加速老化	H	300×200	3

（2）试验方法 按《氯化聚乙烯防水卷材》（GB 12953—2003）进行。

4. 质量验收与储存

（1）抽样 以同类同型的 10000m^3 卷材为一批，不满 10000m^3 也可作为一批。在该批产品中随机抽取 3 卷进行尺寸偏差和外观检查，在上述检查合格的样品中任取一卷，在距外层端部 500mm 处裁取 3m（出厂检验为 1.5m）进行理化性能检验。

（2）判定规则。

1）尺寸偏差和外观均符合规定时，判其尺寸偏差、外观合格。对不合格的，允许在该批产品中随机另抽三卷重新检验，全部达到标准规定即判其尺寸偏差、外观合格，若仍有不符合标准规定的即判该批产品不合格。

2）理化性能可按下列规定判定：

①对于拉伸性能、热处理尺寸变化率、剪切状态下的粘合性以同一方向试件的算术平均值分别达到标准规定，即判该项合格。

②低温弯折性、抗穿孔性、不透水性所有试件都符合标准规定，判该项合格，若有一个试件不符合标准规定则为不合格。

③试验结果符合规定，则该批产品理化性能合格。若仅有一项不符合标准规定，允许在

该批产品中随机另取一卷进行单项复测，合格则判该批产品理化性能合格，否则判该批产品理化性能不合格。

（3）储存与运输　储存与运输时，不同类型、规格的产品应分别堆放、不应混杂。避免日晒雨淋，注意通风。储存温度不应高于45℃，平放储存堆放高度不超过5层，立放单层堆放，禁止与酸、碱、油类及有机溶剂等接触。

运输时防止倾斜或横压，必要时加盖毡布。

在正常储存、运输条件下，储存期自生产日起为1年。

第三节　防水涂料

一、沥青类防水涂料

（一）水乳型沥青防水涂料

1. 产品分类与技术要求

（1）分类　产品按性能分为H型和L型。

（2）技术要求。

1）外观　样品搅拌后均匀无色差、无凝胶、无结块，无明显沥青丝。

2）物理力学性能　物理力学性能应满足表9-27的要求。

表9-27　水乳型沥青防水涂料物理力学性能

<table>
<tr><th colspan="2">项　目</th><th>L</th><th>H</th></tr>
<tr><td colspan="2">固体含量（%）</td><td colspan="2">≥45</td></tr>
<tr><td colspan="2" rowspan="2">耐热度/℃</td><td>80±2</td><td>110±2</td></tr>
<tr><td colspan="2">无流淌、滑动、滴落</td></tr>
<tr><td colspan="2">不透水性</td><td colspan="2">0.10MPa，30min无渗水</td></tr>
<tr><td colspan="2">粘结强度/MPa</td><td colspan="2">≥0.30</td></tr>
<tr><td colspan="2">表干时间/h</td><td colspan="2">≤8</td></tr>
<tr><td colspan="2">实干时间/h</td><td colspan="2">≤24</td></tr>
<tr><td rowspan="4">低温柔度①/℃</td><td>标准条件</td><td>−15</td><td>0</td></tr>
<tr><td>碱处理</td><td rowspan="3">−10</td><td rowspan="3">5</td></tr>
<tr><td>热处理</td></tr>
<tr><td>紫外线处理</td></tr>
<tr><td rowspan="4">断裂伸长率（%）　≥</td><td>标准条件</td><td colspan="2" rowspan="4">600</td></tr>
<tr><td>碱处理</td></tr>
<tr><td>热处理</td></tr>
<tr><td>紫外线处理</td></tr>
</table>

① 供需双方可以商定温度更低的低温柔度指标。

2. 取样规定与试验方法

（1）取样规定　试件形状及数量按表9-28裁取。

表 9-28　试件形状及数量

<table>
<tr><th>序号</th><th colspan="2">项　目</th><th>试件形状</th><th>数量/个</th></tr>
<tr><td>1</td><td colspan="2">耐热度</td><td>100mm×50mm</td><td>3</td></tr>
<tr><td>2</td><td colspan="2">不透水性</td><td>150mm×150mm</td><td>3</td></tr>
<tr><td>3</td><td colspan="2">粘结强度</td><td>8 字形砂浆试件</td><td>5</td></tr>
<tr><td rowspan="4">4</td><td rowspan="4">低温柔度</td><td>标准条件</td><td rowspan="4">100mm×25mm</td><td>3</td></tr>
<tr><td>碱处理</td><td>3</td></tr>
<tr><td>热处理</td><td>3</td></tr>
<tr><td>紫外线处理</td><td>3</td></tr>
<tr><td rowspan="4">5</td><td rowspan="4">断裂伸长率</td><td>标准条件</td><td rowspan="4">符合 GB/T 528 规定的哑铃 1 型</td><td>6</td></tr>
<tr><td>碱处理</td><td>6</td></tr>
<tr><td>热处理</td><td>6</td></tr>
<tr><td>紫外线处理</td><td>6</td></tr>
</table>

（2）试验方法。

1）表干时间　按《建筑防水涂料试验方法》（GB/T 16777—2008）中 12.2.1 进行试验，采用 B 法。涂膜用量为 0.5kg/m^2。

2）实干时间　按《建筑防水涂料试验方法》（GB/T 16777—2008）中 12.2.2 进行试验，采用 B 法。涂膜用量为 0.5kg/m^2。

3）不透水性　从制备好的涂膜上裁取试件，按《建筑防水涂料试验方法》（GB/T 16777—2008）中 12.2.2、11.2.3 进行试验，在金属网和涂膜之间加一张滤纸防止粘结。试验后，记录试件有无渗水现象。

4）其他性能试验按《水乳型沥青防水涂料》（JC/T 408—2005）进行。

3. 质量验收与储存

（1）抽样　在每批产品中按《色漆、清漆和色漆与清漆用原材料　取样》（GB/T 3186—2006）规定取样，总共取 2kg 样品，放入干燥密闭容器中密封好。

（2）判定规则。

1）外观　抽取的样品外观符合标准规定时，判该项合格，否则判该批产品不合格。

2）物理力学性能按下列规定进行制定：

①固体含量、粘结强度、断裂伸长率以其算术平均值达到标准规定的指标判为该项合格。

②耐热度、不透水性、低温柔度以每组三个试件分别达到标准规定判为该项合格。

③表干时间、实干时间达到标准规定时判为该项合格。

④各项试验结果均符合表 9-26 规定，则判该批产品物理力学性能合格。

⑤若有两项或两项以上不符合标准规定，则判该批产品物理力学性能不合格。

⑥若仅有一项指标不符合标准规定，允许在该批产品中再抽同样数量的样品，对不合格项进行单项复验。达到标准规定时，则判该批产品物理力学性能合格，否则判为不合格。

（3）运输与储存　运输与储存时，不同类型的产品应分别堆放，不应混杂。避免日晒雨淋，注意通风，储存温度为 5～40℃。

在正常运输、储存条件下，储存期自生产之日起至少为六个月。

（二）溶剂型橡胶沥青防水涂料

1. 产品等级与技术要求

（1）等级　溶剂型橡胶沥青防水涂料按产品的抗裂性、低温柔性分为一等品（B）和合格品（C）。

（2）技术要求。

1）外观　黑色、黏稠状、细腻、均匀胶状液体。

2）溶剂型橡胶沥青防水涂料的物理力学性能应符合表 9-29 的规定。

表 9-29　物理力学性能

项　目			技术指标	
			一等品	合格品
固体含量（%）		≥	48	
抗裂性	基层裂缝/mm		0.3	0.2
	涂膜状态		无裂纹	
低温柔性，Φ10，2h			−15℃	−10℃
			无裂纹	
粘结性/MPa		≥	0.20	
耐热性，80℃，5h			无流淌、鼓泡、滑动	
不透水性，0.2MPa，30min			不渗水	

2. 取样规定与试验方法

（1）取样规定。

1）抗裂性试件基板：水泥和砂按 1∶3 制成水泥砂浆，中间夹一层钢丝网制成尺寸为 200mm×100mm×10mm 的钢丝网水泥砂浆板三块，在室温下养护 28d 后备用。

2）低温柔性试件：尺寸为 100mm×25mm×2mm。

3）粘结性试件：尺寸按《建筑防水涂料试验方法》（GB/T 16777—2008）规定的尺寸要求。

4）耐热性试件：尺寸按《建筑防水涂料试验方法》（GB/T 16777—2008）规定的尺寸要求。

5）不透水性试件：尺寸为 150mm×150mm。

（2）试验方法　按《建筑防水涂料试验方法》（GB/T 16777—2008）进行。

3. 质量验收与储存

（1）批量与抽样　以 5t 产品为一批，不足 5t 也作一批进行出厂检验。

型式检验按《色漆、清漆和色漆与清漆用原材料　取样》（GB/T 3186—2006）中规定的数量，在批中随机抽取整桶（袋）产品，然后按《色漆、清漆和色漆与清漆用原材料　取样》（GB/T 3186—2006）规定，取混合样品 2kg 进行性能检验。

（2）判定规则。

1）抗裂性、耐热性、低温柔性、粘结性、不透水性项目中各个试件均符合相应等级的规定，则判该项目符合该等级。固体含量的算术平均值符合规定时，则判为该项目合格。

2）在出厂检验和型式检验中，若有两项或两项以上指标不符合规定时，则判该批产品为不合格品；若有一项不符合规定时，允许在同批样品中加倍抽样对该项进行复验。若仍不符合要求，则判该批产品为不合格品。

(3) 运输与储存。

1）本产品系易燃品，在运输过程中应不得接触明火和曝晒，不得碰撞和扔、摔。

2）产品应储存于干燥、通风及阴凉的仓库内。在正常储存条件下，自生产之日起储存期为1年。

二、合成高分子防水涂料

（一）聚合物乳液建筑防水涂料

1. 产品分类与技术要求

(1) 分类　产品按物理性能分为Ⅰ类和Ⅱ类，其中Ⅰ类产品不用于外露场合。

(2) 技术要求。

1）外观　产品经搅拌后无结块，呈均匀状态。

2）产品物理力学性能应符合表9-30要求。

表9-30　物理力学性能

<table>
<tr><th rowspan="2">序号</th><th rowspan="2" colspan="3">试验项目</th><th colspan="2">指　标</th></tr>
<tr><th>Ⅰ</th><th>Ⅱ</th></tr>
<tr><td>1</td><td colspan="2">拉伸强度/MPa</td><td>≥</td><td>1.0</td><td>1.5</td></tr>
<tr><td>2</td><td colspan="2">断裂延伸率（%）</td><td>≥</td><td colspan="2">300</td></tr>
<tr><td>3</td><td colspan="3">低温柔性，绕Φ10棒弯180°</td><td>−10℃，无裂纹</td><td>−20℃，无裂纹</td></tr>
<tr><td>4</td><td colspan="3">不透水性（0.3MPa，30min）</td><td colspan="2">不透水</td></tr>
<tr><td>5</td><td colspan="2">固体含量（%）</td><td>≥</td><td colspan="2">65</td></tr>
<tr><td rowspan="2">6</td><td rowspan="2">干燥时间/h</td><td>表干时间</td><td>≤</td><td colspan="2">4</td></tr>
<tr><td>实干时间</td><td>≤</td><td colspan="2">8</td></tr>
<tr><td rowspan="4">7</td><td rowspan="4">处理后的拉伸强度保持率（%）</td><td>加热处理</td><td>≥</td><td colspan="2">80</td></tr>
<tr><td>碱处理</td><td>≥</td><td colspan="2">60</td></tr>
<tr><td>酸处理</td><td>≥</td><td colspan="2">40</td></tr>
<tr><td colspan="2">人工气候老化处理①</td><td>—</td><td>80～150</td></tr>
<tr><td rowspan="4">8</td><td rowspan="4">处理后的断裂延伸（%）</td><td>加热处理</td><td>≥</td><td colspan="2" rowspan="3">200</td></tr>
<tr><td>碱处理</td><td>≥</td></tr>
<tr><td>酸处理</td><td>≥</td></tr>
<tr><td>人工气候老化处理①</td><td>≥</td><td>—</td><td>200</td></tr>
<tr><td rowspan="2">9</td><td rowspan="2">加热伸缩率（%）</td><td>伸长</td><td>≤</td><td colspan="2">1.0</td></tr>
<tr><td>缩短</td><td>≤</td><td colspan="2">1.0</td></tr>
</table>

①仅用于外露使用产品。

2. 取样规定与试验方法

(1) 取样规定　防水涂料性能试验试件形状及数量按表9-31裁取。

表 9-31 试件形状及数量

试验项目		试样形状/mm	数量/个
拉伸强度和断裂延伸率	无处理	符合《硫化橡胶或热塑性橡胶 拉伸应力应变性能的测定》(GB/T 528—2009) 中规定的哑铃形Ⅰ型形状	6
	加热处理		6
	人工气候老化处理	120×25	6
	碱处理		6
	酸处理		6
低温柔性		100×25	3
不透水性		150×150	3
加热伸缩		300×30	3

(2) 试验方法 按《建筑防水涂料试验方法》(GB/T 16777—2008) 进行。

3. 质量验收与储存

(1) 抽样 产品抽样按《色漆、清漆和色漆与清漆用原材料 取样》(GB/T 3186—2006) 进行。出厂检验和型式检验产品取样时，总共取 4kg 样品用于检验。

(2) 判定规则。

1) 低温柔性、不透水性试验项目，每个试件结果均符合规定，则判该项目合格，其余项目试验结果的算术平均值符合规定，则判该项目合格。

2) 各项试验结果均符合规定，则判该批产品物理力学性能合格。

3) 若有两项或两项以上不符合标准规定，则判该批产品物理力学性能不合格。

4) 若有一项指标不符合标准规定时，允许在同批产品中，抽取双倍试样对不符合项进行双倍复验。若复验结果均符合本标准规定，则判该批产品物理力学性能合格；否则判为不合格。

(3) 运输与储存。

1) 本产品为非易燃易爆材料，可按一般货物运输。运输时，应防冻，防止雨淋、曝晒、挤压、碰撞，保持包装完好无损。

2) 产品在存放时应保证通风、干燥，防止日光直接照射，储存温度不应低于 0℃。

3) 产品在符合 2) 存放条件下，自生产之日起，储存期至少为六个月。超过储存期，可按本标准规定项目进行检验，结果符合要求仍可使用。

(二) 聚氯酯防水涂料

1. 产品分类与技术要求

(1) 分类 产品按组分分为单组分 (S)、多组分 (M) 两种。产品按拉伸性能分为Ⅰ、Ⅱ两类。

(2) 技术要求。

1) 外观 产品为均匀黏稠体，无凝胶、结块。

2) 单组分聚氨酯防水涂料的物理力学性能应符合表 9-32 的规定，多组分聚氨酯防水涂料的物理力学性能应符合表 9-33 的规定。

表 9-32　单组分聚氨酯防水涂料的物理力学性能

序　号	项　　目		Ⅰ	Ⅱ
1	拉伸强度/MPa		≥1.9	≥2.45
2	断裂伸长率（%）		≥550	≥450
3	撕裂强度/（N/mm）		≥12	≥14
4	低温弯折性/℃		≤−40	
5	不透水性，0.3MPa，30min		不透水	
6	固体含量（%）		≥80	
7	表干时间/h		≤12	
8	实干时间/h		≤24	
9	加热伸缩率（%）		≤1.0	
			≥−4.0	
10	潮湿基面粘结强度[①]/MPa		≥0.50	
11	定伸时老化	加热老化	无裂纹及变形	
		人工气候老化[②]	无裂纹及变形	
12	热处理	拉伸强度保持率（%）	80～150	
		断裂伸长率（%）	≥500	≥400
		低温弯折性/℃	≤−35	
13	碱处理	拉伸强度保持率（%）	60～150	
		断裂伸长率（%）	≥500	≥400
		低温弯折性/℃	≤−35	
14	酸处理	拉伸强度保持率（%）	80～150	
		断裂伸长率（%）	≥500	≥400
		低温弯折性/℃	≤−35	
15	人工气候老化[②]	拉伸强度保持率（%）	80～150	
		断裂伸长率（%）	≥500	≥400
		低温弯折性/℃	≤−35	

①仅用于地下工程潮湿基面时要求。

②仅用于外露使用的产品。

表 9-33　多组分聚氨酯防水涂料的物理力学性能

序　号	项　　目	Ⅰ	Ⅱ
1	拉伸强度/MPa	≥1.9	≥2.45
2	断裂伸长率（%）	≥450	≥450
3	撕裂强度/（N/mm）	≥12	≥14
4	低温弯折性/℃	≤−35	
5	不透水性 0.3MPa 30min	不透水	
6	固体含量（%）	≥92	
7	表干时间/h	≤8	

（续）

序　号	项　　目		Ⅰ	Ⅱ
8	实干时间/h		≤24	
9	加热伸缩率（%）		≤1.0	
			≥−4.0	
10	潮湿基面粘结强度①/MPa		≥0.50	
11	定伸时老化	加热老化	无裂纹及变形	
		人工气候老化②	无裂纹及变形	
12	热处理	拉伸强度保持率（%）	80～150	
		断裂伸长率（%）	≥400	
		低温弯折性/℃	≤−30	
13	碱处理	拉伸强度保持率（%）	60～150	
		断裂伸长率（%）	≥400	
		低温弯折性/℃	≤−30	
14	酸处理	拉伸强度保持率（%）	80～150	
		断裂伸长率（%）	≥400	
		低温弯折性/℃	≤−30	
15	人工气候老化②	拉伸强度保持率（%）	80～150	
		断裂伸长率（%）	≥400	
		低温弯折性/℃	≤−30	

①仅用于地下工程潮湿基面时要求。

②仅用于外露使用的产品。

2. 取样规定与试验方法

（1）取样规定　试件形状及数量见表 9-34。

表 9-34　试件形状及数量

项　目		试件形状	数量/个
拉伸性能		符合《硫化橡胶或热塑性橡胶 拉伸应力应变性能的测定》（GB/T 528—2009）规定的哑铃Ⅰ型	5
撕裂强度		符合《硫化橡胶或热塑性橡胶撕裂强度的测定（裤形、直角形和新月形试样）》（GB/T 529—2008）的规定无割口直角形	5
低温弯折性		100mm×25mm	3
不透水性		150mm×150mm	3
加热伸缩率		300mm×30mm	3
潮湿基面粘结强度		8 字形砂浆试件	5
定伸时老化	热处理	符合《硫化橡胶或热塑性橡胶 拉伸应力应变性能的测定》（GB/T 528—2009）规定的哑铃Ⅰ型	3
	人工气候老化		3

（续）

项　目		试件形状	数量/个
热处理	拉伸性能	符合《硫化橡胶或热塑性橡胶 拉伸应力应变性能的测定》（GB/T 528—2009）规定的哑铃Ⅰ型	5
	低温弯折性	100mm×25mm	3
碱处理	拉伸性能	符合《硫化橡胶或热塑性橡胶 拉伸应力应变性能的测定》（GB/T 528—2009）规定的哑铃Ⅰ型	5
	低温弯折性	100mm×25mm	3
酸处理	拉伸性能	符合《硫化橡胶或热塑性橡胶 拉伸应力应变性能的测定》（GB/T 528—2009）规定的哑铃Ⅰ型	5
	低温弯折性	100mm×25mm	3
人工气候老化	拉伸性能	符合《硫化橡胶或热塑性橡胶 拉伸应力应变性能的测定》（GB/T 528—2009）规定的哑铃Ⅰ型	5
	低温弯折性	100mm×25mm	3

（2）试验方法。

1）撕裂强度按《硫化橡胶或热塑性橡胶撕裂强度的测定（裤形、直角形和新月形试样）》（GB/T 529—2008）进行。

2）其他性能试验按《建筑防水涂料试验方法》（GB/T 16777—2008）进行。

3. 质量验收与储存

（1）抽样　在每批产品中按《色漆、清漆和色漆与清漆用原材料　取样》（GB/T 3186—2006）规定取样，总共取3kg样品（多组分产品按配比取）。放入不与涂料发生反应的干燥密闭容器中密封好。

（2）判定规则。

1）抽取的样品外观符合标准规定时，判该项合格。

2）物理力学性能可按下列规定进行判定：

①拉伸强度、断裂伸长率、撕裂强度、固体含量、加热伸缩率、潮湿基面粘结强度、处理后拉伸强度保持率、处理后断裂伸长率以其算术平均值达到标准规定的指标判为该项合格。

②不透水性、低温弯折性、定伸时老化以3个试件分别达到标准规定判为该项合格。

③表干时间、实干时间达到标准规定时判为该项合格。

④各项试验结果均符合规定，则判该批产品物理力学性能合格。

⑤若有两项或两项以上不符合标准规定，则判该批产品物理力学性能不合格。

⑥若仅有一项指标不符合标准规定，允许在该批产品中再抽同样数量的样品，对不合格项进行单项复验。达到标准规定时，则判该批产品物理力学性能合格，否则判为不合格。

（3）运输与储存　运输与储存时，不同类型、规格的产品应分别堆放，不应混杂。避免日晒雨淋，禁止接近火源，防止碰撞，注意通风。储存温度不应高于40℃。

在正常储存、运输条件下，储存期自生产日起至少为6个月。

第四节　建筑防水密封材料

一、不定型密封材料

（一）丙烯酸酯建筑密封胶

1. 产品分类与技术要求

（1）分类　产品按位移能力分为 12.5 和 7.5 两个级别。

12.5 级为位移能力 12.5%，其试验拉伸压缩幅度为±12.5%；

7.5 级为位移能力 7.5%，其试验拉伸压缩幅度为±7.5%。

（2）技术要求。

1）外观应符合下列要求：

①产品应为无结块、无离析的均匀细腻膏状体。

②产品的颜色与供需双方商定的样品相比，应无明显差异。

2）丙烯酸酯建筑密封胶的物理力学性能应符合表 9-35 的规定。

表 9-35　物理力学性能

序号	项　目	技术指标		
		12.5E	12.5P	7.5P
1	密度　/（g/cm³）	规定值±0.1		
2	下垂度　/mm	≤3		
3	表干时间　/h	≤1		
4	挤出性　/（ml/min）	≥100		
5	弹性恢复率　（%）	≥40	见表注	
6	定伸粘结性	无破坏	—	
7	浸水后定伸粘结性	无破坏	—	
8	冷拉—热压后粘结性	无破坏		
9	断裂伸长率　（%）	—	≥100	
10	浸水后断裂伸长率　（%）	—	≥100	
11	同一温度下拉伸—压缩循环后粘结性	—	无破坏	
12	低温柔性　/℃	−20	−5	
13	体积变化率　（%）	≤30		

注：报告实测值。

2. 取样规定与试验方法

（1）取样规定　粘结试件的数量和处理条件见表 9-36。

表 9-36 粘结试件数量和处理条件

序号	项 目	试件数量/个		处理条件
		试验组	备用组	
1	弹性恢复率	3	—	《建筑密封材料试验方法 第 17 部分：弹性恢复率的测定》(GB/T 13477.17—2002) 8.1A 法
2	定伸粘结性	3	3	《建筑密封材料试验方法 第 10 部分：定伸粘结性的测定》(GB/T 13477.10—2002) 8.2A 法
3	浸水后定伸粘结性	3	3	《建筑密封材料试验方法 第 11 部分：浸水后定伸粘结性的测定》(GB/T 13477.11—2002) 8.1A 法
4	冷拉—热压后粘结性	3	3	《建筑密封材料试验方法 第 13 部分：冷拉—热压后粘结性的测定》(GB/T 13477.13—2002) 8.1A 法
5	断裂伸长率	3	—	《建筑密封材料试验方法 第 8 部分：拉伸粘结性的测定》(GB/T 13477.8—2002) 8.2A 法
6	浸水后断裂伸长率	3	—	《建筑密封材料试验方法 第 9 部分：浸水后拉伸粘结性的测定》(GB/T 13477.9—2002) 8.1A 法
7	同一温度下拉伸—压缩循环后粘结性	3	3	《建筑密封材料试验方法 第 12 部分：同一温度下拉伸—压缩循环后粘结性的测定》(GB/T 13477.12—2002)

(2) 试验方法。

1) 密度 按《建筑密封材料试验方法 第 2 部分：密度的测定》(GB/T 13477.2—2002) 试验。

2) 下垂度 按《建筑密封材料试验方法 第 6 部分：流动性的测定》(GB/T 13477.6—2002) 试验。试件在 50±2℃恒温箱中垂直放置 4h。

3) 表干时间 按《建筑密封材料试验方法 第 5 部分：表干时间的测定》(GB/T 13477.5—2002) 试验。型式检验应采用 A 法试验，出厂检验可采用 B 法试验。

4) 挤出性 按《建筑密封材料试验方法 第 3 部分：使用标准器具测定密封材料挤出性的方法》(GB/T 13477.3—2002) 试验。挤出孔直径为 2mm，样品预处理温度 23±2℃。

5) 弹性恢复率 按《建筑密封材料试验方法 第 17 部分：弹性恢复率的测定》(GB/T 13477.17—2002) 试验。

6) 定伸粘结性按《建筑密封材料试验方法 第 10 部分：定伸粘结性的测定》(GB/T 13477.10—2002) 试验。

7) 浸水后定伸粘结性按《建筑密封材料试验方法 第 11 部分：浸水后定伸粘结性的测定》(GB/T 13477.11—2002) 试验。

8) 冷拉—热压后粘结性按《建筑密封材料试验方法 第 13 部分：冷拉—热压后粘结性的测定》(GB/T 13477.13—2002) 试验。

9) 断裂伸长率 按《建筑密封材料试验方法 第 8 部分：拉伸粘结性的测定》(GB/T 13477.8—2002) 试验，试验温度 23±2℃。测定并计算试件的断裂伸长率 (%)，其平均值修约至1%。

10）浸水后断裂伸长率　按《建筑密封材料试验方法　第9部分：浸水后拉伸粘结性的测定》（GB/T 13477.9—2002）试验。测定并计算试件的断裂伸长率（%），其平均值修约至1%。

11）同一温度下拉伸—压缩循环后粘结性　按《建筑密封材料试验方法　第12部分：同一温度下拉伸—压缩循环后粘结性的测定》（GB/T 13477.12—2002）试验。

12）低温柔性　按《建筑密封材料试验方法　第7部分：低温柔性的测定》（GB/T 13477.7—2002）试验，试验温度−20±2℃或−5±2℃，圆棒直径25mm。

13）体积变化率　按《建筑密封材料试验方法　第19部分：质量与体积变化的测定》（GB/T 13477.19—2002）试验。试验液体采用沸点为99℃，密度0.7g/ml的异辛烷（2，2，4—三甲基戊烷）。

3. 质量验收与储存

（1）抽样　产品由该批产品中随机抽取三件包装箱，从每件包装箱中随机抽取2～3支样品，共取6～9支。散装产品约取4kg。

（2）判定规则。

1）单项判定可按下列规定进行：

下垂度、表干时间、定伸粘结性、浸水后定伸粘结性、冷拉—热压后粘结性、同一温度下拉伸—压缩循环后粘结性、低温柔性试验，每个试件均符合规定，则判该项合格。

挤出性试验每个试样均符合规定，则判该项合格。

密度、断裂伸长率、浸水后断裂伸长率、体积变化率试验每组试件的平均值符合规定，则判该项合格。

弹性恢复率试验取三块试件的平均值。若有一块试件破坏，取两块试件的平均值。若有两块试件破坏，则判该项不合格。

2）综合判定可按下列规定进行：

检验结果符合全部要求时，则判该批产品合格。

外观质量不符合规定时，则判该批产品不合格。

有两项或两项以上指标不符合规定时，则判该批产品为不合格；若有一项指标不符合规定时，在同批产品中再次抽取相同数量的样品进行单项复验，若该项指标合格，则判该批产品为合格，否则判该批产品为不合格。

（3）运输与储存。

1）运输时应防止日晒雨淋，撞击、挤压包装，产品按非危险品运输。

2）产品应在干燥、通风、阴凉的场所储存，储存温度为5～27℃。

3）产品自生产之日起，保质期不得少于6个月。

（二）建筑窗用弹性密封胶

1. 产品分类与技术要求

（1）分类。

1）产品按基础聚合物划分系列，见表9-37。

表 9-37　产品系列

系列代号	密封胶基础聚合物	系列代号	密封胶基础聚合物
SR	硅酮聚合物	AC	丙烯酸酯聚合物
MS	改性硅酮聚合物	BU	丁基橡胶
PS	聚硫橡胶	CR	氯丁橡胶
PU	聚氨酯甲酸酯	SB	丁苯橡胶

注：以其他聚合物为基础的密封胶，标记取聚合物适用代号。

2）按产品允许承受接缝位移能力，分为 1 级（±30%），2 级（±20%），3 级（±5%～±10%）三个级别。

3）接产品适用基材分为以下类别，见表 9-38。

表 9-38　类别

类别代号	适用基材	类别代号	适用基材
M	金属	G	玻璃
C	混凝土、水泥砂浆	Q	其他

4）产品按适用季节分以下类别：

S 型——夏期施工型；

W 型——冬期施工型；

A 型——全年施工型。

5）产品按固化机理分为四个品种，见表 9-39。

表 9-39　品种

品种代号	固化形式	品种代号	固化形式
K	湿气固化、单组分	Y	溶剂挥发固化、单组分
E	水乳液干燥固化、单组分	Z	化学反应固化、多组分

（2）技术要求。

1）外观应符合下列要求：

①产品不应有结块、凝胶、结皮及不易迅速均匀分散的析出物。

②产品的颜色应与供需双方商定的样品相符。多组分产品各组分的颜色间应有明显差异。

2）产品的物理力学性能应符合表 9-40 要求。

表 9-40　物理力学性能要求

序号	项　目		1 级	2 级	3 级
1	密度/（g/cm^3）		规定值±0.1		
2	挤出性/（ml/min）	≥	50		
3	适用期/h	≥	3		
4	表干时间/h	≤	24	48	72
5	下垂度/mm	≤	2	2	2

（续）

序号	项　目			1级	2级	3级
6	拉伸粘结性能/MPa		≤	0.40	0.50	0.60
7	低温储存稳定性①			无凝胶、离析现象		
8	初期耐水性①			不产生浑浊		
9	污染性①			不生产污染		
10	热空气一水循环后定伸性能（%）			100	60	25
11	水一紫外线辐照后定伸性能（%）			100	60	25
12	低温柔性/℃			−30	−20	−10
13	热空气一水循环后弹性恢复率（%）		≥	60	30	5
14	位伸一压缩循环性能	耐久性能级		9030	8020，7020	7010，7005
		粘接破坏面积（%）	≤	25		

①仅对乳液（E）品种产品。

2. 试验方法

1）密度　按《建筑密封材料试验方法　第2部分：密度的测定》（GB/T 13477.2—2002）试验。

2）挤出性　按《建筑密封材料试验方法　第3部分：使用标准器具测定密封材料挤出性的方法》（GB/T 13477.3—2002）中7.2试验，采用图9-1所示聚乙烯挤胶筒，枪嘴内径6mm。试验温度：S型为（23±2)℃，A型及W型为（5±2)℃。

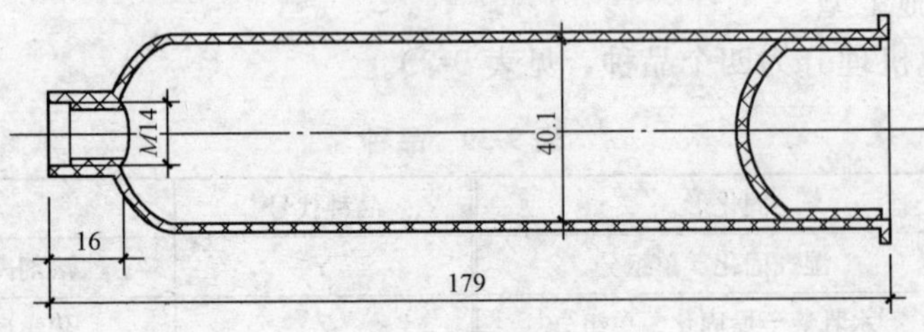

图9-1　挤出性试验用挤胶筒（单位：mm）

3）适用期　按《建筑密封材料试验方法　第3部分：使用标准器具测定密封材料挤出性的方法》（GB/T 13477.3—2002）中7.3的A法或B法试验，采用图9-1所示聚乙烯挤胶筒，枪嘴内径6mm。试验温度：A型及S型为23±2℃，W型为5±2℃。

4）表干时间　按《建筑密封材料试验方法　第5部分：表干时间的测定》（GB/T 13477.5—2002）试验。

5）下垂度　按《建筑密封材料试验方法　第6部分：流动性的测定》（GB/T 13477.6—2002）试验。试验温度：A及S型50±2℃，W型23±2℃。槽宽20mm。

6）拉伸粘结性能　按《建筑密封材料试验方法　第8部分：拉伸粘结性的测定》（GB/T 13477.8—2002）试验。

7）初期耐水性　按《建筑密封材料试验方法　第1部分：试验基材的规定》（GB/T 13477.1—2002）试验。

8）热空气—水循环处理后粘结性能　按《建筑密封材料试验方法　第12部分：同一温

度下拉伸—压缩循环后粘结性的测定》(GB/T 13477.12—2002) 试验。

9）低温柔性　按《建筑密封材料试验方法　第7部分：低温柔性的测定》(GB/T 13477.7—2002) 试验。试验圆棒直径为6mm。

10）热空气—水循环后弹性恢复率　按《建筑密封材料试验方法　第17部分：弹性恢复率的测定》(GB/T 13477.17—2002) 8.2B法处理试件并按第9章试验，试件拉伸量为原始宽度的60%。

3. 质量验收与储存

各系列产品应符合对应产品的标准相应的规定。

（三）硅酮建筑密封胶

1. 产品分类与技术要求

(1) 分类。

1）硅酮建筑密封胶按固化机理分为两种类型：

A型——脱酸（酸性）；

B型——脱醇（中性）。

2）硅酮建筑密封胶按用途分为两种类别：

G类——镶装玻璃用；

F类——建筑接缝用；

不适用于建筑幕墙和中空玻璃。

3）产品按位移能力分为25、20两个级别，见表9-41。

表9-41　密封胶级别　　(单位：%)

级　别	试验拉压幅度	位移能力
25	±25	25
20	±20	20

4）产品按拉伸模量分为高模量（HM）和低模量（LM）两个次级别。

(2) 技术要求。

1）外观应符合下列要求：

①产品应为细腻、均匀膏状物，不应有气泡、结皮和凝胶。

②产品的颜色与供需双方商定的样品相比，不得有明显差异。

2）硅酮建筑密封胶的理化性能应符合表9-42的规定。

表9-42　理化性能

序号	项　目		技术指标			
			25HM	20HM	25LM	20LM
1	密度/(g/cm³)		规定值±0.1			
2	下垂度/mm	垂直	≤3			
		水平	无变形			
3	表干时间/h		≤3[①]			

（续）

序号	项目		技术指标			
			25HM	20HM	25LM	20LM
4	挤出性/（mL/min）		≥80			
5	弹性恢复率（%）		≥80			
6	拉伸模量/MPa	23℃	>0.4 或>0.6		≤0.4 和≤0.6	
		−20℃				
7	定伸粘结性		无破坏			
8	紫外线辐照后粘结性②		无破坏			
9	冷拉—热压后粘结性		无破坏			
10	浸水后定伸粘结性		无破坏			
11	质量损失率（%）		≤10			

①允许采用供需双方商定的其他指标值。

②此项仅适用于 G 类产品。

2. 取样规定与试验方法

（1）取样规定　粘结试件的数量见表 9-43，其所列项目的试件选用基材种类应保持一致。

表 9-43　粘结试件数量和处理条件

序号	项目		试件数量/个		处理条件
			试验组	备用组	
1	弹性恢复率		3	—	《建筑密封材料试验方法　第 17 部分：弹性恢复率的测定》（GB/T 13477.17—2002）8.1　A 法
2	拉伸模量		3	—	《建筑密封材料试验方法　第 8 部分：拉伸粘结性的测定》（GB/T 13477.8—2002）8.2　A 法
			3	—	
3	定伸粘结性		3	3	《建筑密封材料试验方法　第 10 部分：定伸粘结性的测定》（GB/T 13477.10—2002）8.2　A 法
4	紫外线辐照后粘结性		3	3	《建筑密封材料试验方法　第 8 部分：拉伸粘结性的测定》（GB/T 13477.8—2002）8.2　A 法
5	冷拉—热压后粘结性		3	3	《建筑密封材料试验方法　第 13 部分：冷拉—热压后粘结性的测定》（GB/T 13477.13—2002）8.1　A 法
6	浸水后定伸粘结性		3	3	《建筑密封材料试验方法　第 11 部分：浸水后定伸粘结性的测定》（GB/T 13477.11—2002）8.1　A 法

（2）试验方法。

1）外观　从包装中挤出试样，刮平后目测。

2）密度　按《建筑密封材料试验方法　第 2 部分：密度的测试》（GB/T 13477.2—2002）试验。

3）下垂度　按《建筑密封材料试验方法　第 6 部分：流动性的测定》（GB/T

13477.6—2002）试验。试件在50℃恒温箱中放置4h。

4）表干时间　按《建筑密封材料试验方法　第5部分：表干时间的测定》（GB/T 13477.5—2002）试验。型式检验应采用A法试验，出厂检验可采用B法试验。

5）挤出性　按《建筑密封材料试验方法　第3部分：使用标准器具测定密封材料挤出性的测定》（GB/T 13477.3—2002）试验。挤出孔直径为4mm，样品预处理温度23±2℃。

6）弹性恢复率按《建筑密封材料试验方法　第17部分：弹性恢复率的测定》（GB/T 13477.17—2002）试验。

7）拉伸模量按《建筑密封材料试验方法　第8部分：拉伸粘结性的测定》（GB/T 13477.8—2002）试验。

8）定伸粘结性按《建筑密封材料试验方法　第10部分：定伸粘结性的测定》（GB/T 13477.10—2002）试验。

9）紫外线辐照后粘结性按《建筑窗用弹性密封剂》（JC/T 485—2007）的规定，在不浸水的条件下连续光照30h。

10）冷拉—热压后粘结性按《建筑密封材料试验方法　第13部分：冷拉—热压后粘结性的测定》（GB/T 13477.13—2002）试验。

11）浸水后定伸粘结性按《建筑密封材料试验方法　第11部分：浸水后定伸粘结性的测定》（GB/T 13477.11—2002）试验。

12）质量损失率　按《建筑密封材料试验方法　第19部分：质量与体积变化的测定》（GB/T 13477.19—2002）试验。

3. 质量验收与储存

（1）抽样。

1）支装产品由该批产品中随机抽取3件包装箱，从每件包装箱中随机抽取2～3支样品，共取6～9支。

2）桶装产品随机抽样，样品总量为4kg，取样后应立即密封包装。

（2）判定规则。

1）下垂度、表干时间、定伸粘结性、紫外线辐照后粘结性、冷拉—热压后粘结性、浸水后定伸粘结性试验，每个试件均符合规定，则判该项合格。

2）挤出性试验每个试样均符合规定，则判该项合格。

3）密度、弹性恢复率质量损失率试验每组试件的平均值符合规定，则判定该项合格。

4）高模量产品在23℃和－20℃的拉伸模量有一项符合中高模量（HM）指标规定时，则判该项合格（以修约值）。

5）低模量产品在23℃和－20℃时拉伸模量均符合中低模量（LM）指标规定时，则判该项合格（以修约值）。

（3）运输与储存。

1）运输时应防止日晒雨淋，撞击、挤压包装，产品按非危险品运输。

2）产品应在干燥、通风、阴凉的场所储存温度不超过27℃。

3）产品自生产之日起，保质期不少于6个月。

二、定型密封材料

（一）止水带

1. 产品分类与技术要求

（1）分类　止水带按其用途分为以下三类。

1）适用于变形缝用止水带，用B表示。

2）适用于施工缝用止水带，用S表示。

3）适用于有特殊耐老化要求的接缝用止水带，用J表示。

注：具有钢边的止水带，用G表示。

（2）技术要求。

1）止水带的尺寸公差如表9-44所示。

表9-44　止水带尺寸公差

项　目	公称厚度 δ/mm			宽度 L（%）
	4～6	6～10	10～20	
极限偏差	+1 0	+1.3 0	+2 0	±3

2）外观质量应符合下列要求：

①止水带表面不允许有开裂、缺胶、海绵状等影响使用的缺陷，中心孔偏心不允许超过管状断面厚度的1/3。

②止水带表面允许有深度不大于2mm、面积不大于16mm² 的凹痕、气泡、杂质、明疤等缺陷不超过4处；但设计工作面仅允许有深度不大于1mm、面积不大于10mm² 的缺陷不超过3处。

③止水带的物理性能应符合表9-45的规定。

表9-45　止水带的物理性能

项　目				指标 B	指标 S	指标 J
硬度（邵尔A）/度				60±5	60±5	60±5
拉伸强度/MPa			≥	15	12	10
扯断伸长度（%）			≥	380	380	300
压缩永久变形	70℃×24h（%）		≤	35	35	35
	23℃×168h（%）		≤	20	20	20
撕裂强度/（kN/m）			≥	30	25	25
脆性温度/℃			≤	−45	−40	−40
热空气老化	70℃×168h	硬度变化（邵尔A）/度	≤	+8	+8	—
		拉伸强度/MPa	≥	12	10	
		扯断伸长率（%）	≥	300	300	
	100℃×168h	硬度变化（邵尔A）/度	≤	—	—	+8
		拉伸强度/MPa	≥			9
		扯断伸长率（%）	≥			250
臭氧老化0.5μg/g；20%，48h				2级	2级	0级
橡胶与金属粘合				断面在弹性体内		

注：1. 橡胶与金属粘合项仅适用于具有钢边的止水带。

2. 若有其他特殊需要时，可由供需双方协议适当增加检验项目，如根据用户需求酌情考核霉菌试验，但其防霉性能应等于或高于2级。

2. 取样规定与试验方法

1）规格尺寸用量具测量，厚度精确到0.05mm，宽度精确到1mm；其中厚度测量取制品上的任意1m作为样品（但必须包括一个接头），然后自其两端起在制品的设计工作面的对称部位取四点进行测量，取其平均值。

2）外观质量用目测及量具检查。

3）物理性能的测定　从经规格尺寸检验合格的制品上裁取试验所需的足够长度试样，按《橡胶物理试验方法试样制备和调节通用程序》（GB/T 2941—2006）的规定制备试样，并在标准状态下静置24h后按要求进行试验。

①硬度试验按《硫化橡胶或热塑性橡胶　压入硬度试验方法》（GB/T 531.1—2008～GB/T 531.2—2009）的规定进行。

②拉伸强度、扯断伸长率试验按《硫化橡胶或热塑性橡胶　拉伸应力应变性能的测定》（GB/T 528—2009）的规定进行，用Ⅱ型试样；接头部位应保证使其位于两条标线之内。

③压缩永久变形试验按《硫化橡胶、热塑性橡胶　常温、高温和低温下压缩永久变形测定》（GB/T 7759—1996）的规定进行，采用B型试样，压缩率为25%。

④撕裂强度试验按《硫化橡胶或热塑性橡胶撕裂强度的测定（裤形、直角形和新月形试样）》（GB/T 529—2008）中的直角形试样进行。

⑤脆性温度试验按《硫化橡胶低温脆性的测定（多试样法）》（GB/T 15256—1994）的规定进行。

⑥热空气老化试验按《硫化橡胶或热塑性橡胶　热空气加速老化和耐热试验》（GB/T 3512—2001）的规定进行。

⑦臭氧老化试验按《硫化橡胶或热塑性橡胶　耐臭氧龟裂静态拉伸试验》（GB/T 7762—2003）的规定进行，试验温度为40±2℃。

⑧橡胶与金属的粘合可采用任何适用的剪切或剥离试验方法，但试验结果，试样断裂部分应在弹性体之间。

⑨防霉性能试验按《电工电子产品环境试验　第2部分：试验方法　试验J及导则：长霉》（GB/T 2423.16—2008）的规定进行。

3. 质量验收与储存

（1）组批与抽样　以每月同标记的止水带产量为一批，逐一进行规格尺寸和外观质量检验；并在上述检验合格的样品中随机抽取足够的试样，进行物理性能检验。

（2）判定规则　尺寸公差、外观质量及物理性能各项指标全部符合技术要求，则为合格品，若物理性能有一项指标不符合技术要求，应另取双倍试样进行该项复试，复试结果如仍不合格，则该批产品为不合格。

（3）运输与储存。

1）止水带在运输与储存时，应注意勿使包装损坏，放置于通风、干燥处，并应避免阳光直射，禁止与酸、碱、油类及有机溶剂等接触，且隔离热源，应保存于室内，并不得重压。

2）在遵守1）规定的条件下，自生产日期起一年内产品性能应符合本标准的规定。

（二）丁基橡胶防水密封胶粘带

1. 产品分类与技术要求

（1）分类。

1）产品按粘结面分为：

①单面胶粘带，代号为 1；

②双面胶粘带，代号为 2。

2）单面胶粘带产品按覆面材料分为：

①单面无纺布覆面材料，代号为 1W；

②单面铝箔覆面材料，代号 1L；

③单面其他覆面材料，代号 1Q。

3）产品按用途分为：

①高分子防水卷材用，代号 R；

②金属板屋面用，代号 M。

注：双面胶粘带不宜外露使用。

（2）技术要求。

1）外观应符合下列要求：

①丁基胶粘带应卷紧卷齐，在 5～35℃环境温度下易于展开，开卷时无破损、粘连或脱落现象。

②丁基胶粘带表面应平整，无团块、杂物、空洞、外伤及色差。

③丁基胶粘带的颜色与供需双方商定的样品颜色相比无明显差异。

2）丁基胶粘带的尺寸偏差应符合表 9-46 的规定。

表 9-46　丁基胶粘带的尺寸偏差

厚度/mm		宽度/mm		长度/mm	
规格	允许偏差	规格	允许偏差	规格	允许偏差
1.0 1.5 2.0	±10%	15 20 30 40 50 60 80 100	±5%	10 15 20	不允许有负偏差

3）丁基胶粘带的理化性能应符合表 9-47 的规定。彩色涂层钢板以下简称彩钢板。

表 9-47　丁基胶粘带的理化性能

序号	试验项目		技术指标
1	持粘性/min	≥	20
2	耐热性，80℃，2h		无流淌、龟裂、变形

（续）

<table>
<tr><th>序号</th><th colspan="3">试验项目</th><th>技术指标</th></tr>
<tr><td>3</td><td colspan="3">低温柔性，−40℃</td><td>无裂纹</td></tr>
<tr><td>4</td><td colspan="2">剪切状态下的粘合性[1]/（N/mm）</td><td>防水卷材　≥</td><td>2.0</td></tr>
<tr><td rowspan="3">5</td><td colspan="2" rowspan="3">剥离强度[2]/（N/mm）</td><td>防水卷材　≥</td><td>0.4</td></tr>
<tr><td>水泥砂浆板　≥</td><td rowspan="2">0.6</td></tr>
<tr><td>彩钢板　≥</td></tr>
<tr><td rowspan="9">6</td><td rowspan="9">剥离强度保持率[2]（%）</td><td rowspan="3">热处理，80℃、168h</td><td>防水卷材　≥</td><td rowspan="3">80</td></tr>
<tr><td>水泥砂浆板　≥</td></tr>
<tr><td>彩钢板　≥</td></tr>
<tr><td rowspan="3">碱处理，
饱和氢氧化钙溶液、168h</td><td>防水卷材　≥</td><td rowspan="3">80</td></tr>
<tr><td>水泥砂浆板　≥</td></tr>
<tr><td>彩钢板　≥</td></tr>
<tr><td rowspan="3">浸水处理，168h</td><td>防水卷材　≥</td><td rowspan="3">80</td></tr>
<tr><td>水泥砂浆板　≥</td></tr>
<tr><td>彩钢板　≥</td></tr>
</table>

①第 4 项仅测试双面胶粘带。

②第 5 和第 6 项中，测试 R 类试样时采用防水卷材和水泥砂浆板基材，测试 M 类试样时采用彩钢板基材。

2. 取样与试验方法

按《丁基橡胶防水密封胶粘带》（JC/T 942—2004）规定进行。

3. 质量验收与储存

（1）抽样　每批至少抽取 6 卷样品，3 卷用作检验，3 卷备用。

（2）判定规则。

1）持粘性、剪切状态下的粘合性、剥离强度和剥离强度保持率测定时，每组试样结果的平均值符合规定，并且剥离强度和剥离强度保持率均符合规定，则判该项合格。

2）耐热性、低温柔性测定时，每个试样的结果均符合规定，则判该项合格。

（3）运输与储存。

1）产品在运输过程中应防止日晒雨淋、撞击、挤压包装。按非危险品运输。包装箱堆码层数不多于四层。

2）产品应在不高于 35℃的干燥场所储存，避免接触挥发性溶剂。包装箱堆码层数不多于四层。

3）产品自生产之日起，保质期不少于 12 个月。

第十章　绝热、吸（隔）声和防腐材料

第一节　绝 热 材 料

一、绝热用岩棉、矿渣棉及其制品

（一）产品分类

产品按制造形式分为：岩棉、矿渣棉；岩棉板、矿渣棉板；岩棉带、矿渣棉带；岩棉毡、矿渣棉毡；岩棉缝毡、矿渣棉缝毡；岩棉贴面毡、矿渣棉贴面毡和岩棉管壳、矿渣棉管壳（以下简称棉、板、带、毡、缝毡、贴面毡和管壳）。

（二）产品技术要求

1. 棉

棉的物理性能应符合表 10-1 的规定。

表 10-1　棉的物理性能指标

性　能	指　标	
密度/（kg/m^3）		≤150
导热系数（平均温度 70^{+5}_{0}℃，试验密度 $150kg/m^3$）/［W/（m·K）］	≤	0.044
热荷重收缩温度/℃	≥	650

注：密度系指表观密度，压缩包括密度不适用。

2. 板

1）板的外观质量要求，表面平整，不得有妨碍使用的伤痕、污迹、破损。

2）板的尺寸及允许偏差，应符合表 10-2 的规定。其他尺寸可由供需双方商定，但允许偏差应符合表 10-2 的规定。

表 10-2　板的尺寸及允许偏差　（单位：mm）

长　度	长度允许偏差	宽　度	宽度允许偏差	厚　度	厚度允许偏差
910 1000 1200 1500	+15 −3	600 630 910	+5 −3	30～150	+5 −3

3）板的物理性能应符合表 10-3 的规定。

表 10-3　板的物理性能指标

密度/（kg/m^2）	密度允许偏差（%）		导热系数/［W/（m·K）］（平均温度 70^{+5}_{0}℃）	有机物含量（%）	燃烧性能	热荷重收缩温度/℃
	平均值与标称值	单值与平均值				
40～80	±15	±15	≤0.044	≤4.0	不燃材料	≥500
81～100						≥600
101～160			≤0.043			
161～300			≤0.044			

注：其他密度产品，其指标由供需双方商定。

3. 带

1）带的外观质量要求，表面平整，不得有妨碍使用的伤痕、污迹、破损，板条间隙均匀，无脱落。

2）带的尺寸及允许偏差，应符合表 10-4 的规定，其他尺寸可由供需双方商定，但允许偏差应符合表 10-4 的规定。

表 10-4　带的尺寸及允许偏差　（单位：mm）

长　度	宽　度	宽度允许偏差	厚　度	厚度允许偏差
1200 2400	910	+10 −5	30 50 75 100 150	+4 −2

注：长度允许偏差由供需双方商定。

3）带的物理性能应符合表 10-5 的规定。

表 10-5　带的物理性能指标

密度/（kg/m^2）	密度允许偏差（%）		导热系数/［W/（m·K）］（平均温度 70^{+5}_{0}℃）	有机物含量①（%）	燃烧性能①	热荷重收缩温度①/℃
	平均值与标称值	单值与平均值				
40～100	±15	±15	≤0.052	≤4.0	不燃材料	≥600
101～160			≤0.049			

①系指基材。

4. 毡、缝毡和贴面毡

1）毡、缝毡和贴面毡的外观质量要求，表面平整，不得有妨碍使用的伤痕、污迹、破损，贴面毡的贴面与基材的粘贴应平整、牢固。

2）毡、缝毡和贴面毡的尺寸及允许偏差，应符合表 10-6 的规定。其他尺寸可由供需双方商定，但允许偏差应符合表 10-6 的规定。

表 10-6 毡、缝毡和贴面毡的尺寸及允许偏差

长度/mm	长度允许偏差（%）	宽度/mm	宽度允许偏差/mm	厚度/mm	厚度允许偏差/mm
910 3000 4000 5000 6000	+2	600 630 910	+5 −3	30～150	正偏差不限 −3

3）毡、缝毡和贴面毡基材的物理性能应符合表 10-7 的规定。

表 10-7 毡、缝毡和贴面毡基材的物理性能指标

密度①/（kg/m²）	密度允许偏差（%）		导热系数/［W/（m·K）］（平均温度 70^{+5}_{0}℃）	有机物含量（%）	燃烧性能	热荷重收缩温度/℃
	平均值与标称值	单值与平均值				
40～100	±15	±15	≤0.044	≤1.5	不燃材料	≥400
101～160			≤0.043			≥600

①厚度为正偏差时，密度用标称厚度计算。

4）缝毡用基材应铺放均匀，其缝合质量应符合表 10-8 的规定。

表 10-8 缝毡的缝合质量指标

项目	指标	项目	指标
边线与边缘距离/mm	≤75	开线根数（开线长度不小于 160mm）/根	≤3
缝线行距/mm	≤100	针脚间距/mm	≤80
开线长度/mm	≤240		

根据缝毡贴面的不同，缝合质量也可由供需双方商定。

5. 管壳

1）管壳的外观质量要求，表面平整，不得有妨碍使用的伤痕、污迹、破损，轴向无翘曲且与端面垂直。

2）管壳的尺寸及允许偏差，应符合表 10-9 的规定。其他尺寸可由供需双方商定，但允许偏差应符合表 10-9 的规定。

表 10-9 管壳的尺寸及允许偏差 （单位：mm）

长度	长度允许偏差	厚度	厚度允许偏差	内径	内径允许偏差
910 1000 1200	+5 3	30 40	+4 −2	22～89	+3 −1
		50 60 80 100	+5 −3	102～325	+4 −1

3）管壳的偏心度应不大于10%。

4）管壳的物理性能应符合表10-10的规定。

表 10-10　管壳的物质理性能指标

密度/（kg/m²）	密度允许偏差（%）		导热系数/［W/（m·K）］（平均温度 70^{+5}_{0}℃）	有机物含量（%）	燃烧性能	热荷重收缩温度/℃
	平均值与标称值	单值与平均值				
40～200	±15	±15	≤0.044	≤5.0	不燃材料	≥600

（三）产品试验方法

1）试验环境和试验状态的调节，按《矿物棉及其制品试验方法》（GB/T 5480—2008）的规定。

2）棉及其制品物理性能试验方法，按表10-11的规定。

表 10-11　物理性能试验方法

项　目	试验方法
外观、管壳偏心度	《绝热用岩棉、矿渣棉及其制品》（GB/T 11835—2007）附录A
尺寸、密度	《矿物棉及其制品试验方法》（GB/T 5480—2008）
纤维平均直径	《矿物棉及其制品试验方法》（GB/T 5480—2008）
渣球含量	《矿物棉及其制品试验方法》（GB/T 5480—2008）
导热系数	《绝热材料稳态热阻及有关特性的测定　防护热板法》（仲裁试验方法）（GB/T 10294—2008） 《绝热材料稳态热阻及有关特性的测定　热流计法》（GB/T 10295—2008） 《绝热层稳态传热性质的测定　圆管法》（GB/T 10296—2008）
有机物含量	《绝热用岩棉、矿渣棉及其制品》（GB/T 11835—2007）附录B
燃烧性能	《建筑材料不燃性试验方法》（GB/T 5464—2010）
热荷重收缩温度	《绝热用岩棉、矿渣棉及其制品》（GB/T 11835—2007）附录C
缝毡缝合质量	《绝热用岩棉、矿渣棉及其制品》（GB/T 11835—2007）附录D
腐蚀性	《绝热用岩棉、矿渣棉及其制品》（GB/T 11835—2007）附录E（铝、铜、铜材） 《绝热材料中可溶出氯化物、氟化物、硅酸盐及钠离子的化学分析方法》（不锈钢）（JC/T 618—2005）
吸湿性	《矿物棉及其制品试验方法》（GB/T 5480—2008）
憎水性	《保温材料憎水性试验方法》（GB/T 10299—1988）
吸水性	《矿物棉及其制品试验方法》（GB/T 5480—2008）
最高使用温度	《绝热材料最高使用温度的评估方法》（GB/T 17430—1998）

注：1 管壳的导热系数及最高使用温度允许采用同质、同密度、同粘结剂含量的板材进行测定。

2 密度试验的样本数不少于4。

（四）质量验收及储存

1. 组批与抽样

1）以同一原料，同一生产工艺，同一品种，稳定连续生产的产品为一个检查批。同一批被检产品的生产时限不得超过一周。

2）型式检验和出厂检验的批量大小和样本大小的二次抽样方案见表10-12，对于出厂检验，批量大小可根据生产量或生产时限确定，取较大者。

表10-12 二次抽样方案

型式检验					出厂检验					
批量大小			样本量		批量大小				样本量	
管壳/包	棉/包	板、带、毡/m^2	第一样本	总样本	管壳/包	棉/包	板、带、毡/m^2	生产天数	第一样本	总样本
15	150	1500	2	4	30	300	3000	1	2	4
25	250	2500	3	6	50	500	5000	2	2	6
50	500	5000	5	10	100	1000	10000	3	5	10
90	900	9000	8	16	180	1800	18000	7	8	16
150	1500	15000	13	26						
280	2800	28000	20	40						
>280	>2800	>28000	32	64						

2. 判定规则

外观、尺寸、管壳偏心度及缝合质量（缝毡）等性能采用计数判定。一项性能不符合技术要求，计一个缺陷。合格质量水平（AQL）为15。其判定规则见表10-13。

表10-13 计数检查的判定规则

样本大小		第一样本		总样本	
第一样本	总样本	*Ac*	*Re*	*Ac*	*Re*
Ⅰ	Ⅱ	Ⅲ	Ⅳ	Ⅴ	Ⅵ
2	4	0	2	1	2
3	6	0	3	3	4
5	10	1	4	4	5
8	16	2	5	6	7
13	26	3	7	8	9
20	40	5	9	12	13
32	64	7	11	18	19

注：*Ac*—接收数；*Re*—拒收数。

3. 运输与储存

1）应用干燥防雨的工具运输，运输时应轻拿轻放。

2）应在干燥通风的库房里储存，并按品种分别在室内垫高堆放，避免重压。

二、膨胀珍珠岩绝热制品

（一）产品分类

1）按产品密度分为200号、250号、350号。

2）按产品有无憎水性分为普通型和憎水型（用Z表示）。

3）按产品用途分为建筑物用膨胀珍珠岩绝热制品（用J表示）；设备及管道、工业炉窑用膨胀珍珠岩绝热制品（用S）表示。

4）按产品（制品）外形分为平板（用P表示）、弧形板（用H表示）和管壳（用G表示）。

5）按产品质量分为优等品（用A表示）和合格品（用B表示）。

（二）产品技术要求

（1）尺寸。

1）平板：长度400～600mm；宽度200～400mm；厚度40～100mm。

2）弧形板：长度400～600mm；内径>1000mm；厚度40～100mm。

3）管壳：长度400～600mm；内径57～1000mm；厚度40～100mm。

4）特殊规格的产品可按供需双方的合同执行，但尺寸偏差及外观质量应符合表10-14中的规定。

（2）尺寸偏差及外观质量　膨胀珍珠岩绝热制品的尺寸偏差及外观质量应符合表10-14的要求。

表10-14　尺寸偏差及外观质量

项目		指标			
		平板		弧形板、管壳	
		优等品	合格品	优等品	合格品
尺寸允许偏差	长度/mm	±3	±5	±3	±5
	宽度/mm	±3	±5	—	—
	内径/mm	—	—	$^{+3}_{+1}$	$^{+5}_{+1}$
	厚度/mm	$^{+3}_{-1}$	$^{+5}_{-2}$	$^{+3}_{-1}$	$^{+5}_{-2}$
外观质量	垂直度偏差/mm	≤2	≤5	≤5	≤8
	合缝间隙/mm	—	—	≤2	≤5
	裂纹	不允许			
	缺棱掉角	优等品：不允许。 合格品：1. 三个方向投影尺寸的最小值不得大于10mm，最大值不得大于投影方向边长的1/3。 2. 三个方向投影尺寸的最小值不大于10mm、最大值不大于投影方向边长1/3的缺棱掉角总数不得超过4个。 注：三个方向投影尺寸的最小值不大于3mm的棱损伤不作为缺棱，最小值不大于4mm的角损伤不作为掉角			
	弯曲度/mm	优等品：≤3，合格品：≤5			

（3）物理性能　膨胀珍珠岩绝热制品的物理性能指标应符合表10-15的要求。

表 10-15 物理性能要求

项目		指标				
		200 号		250 号		350 号
		优等品	合格品	优等品	合格品	合格品
密度/(kg/m³)		≤200		≤250		≤350
导热系数/[W/(m·K)]	298K±2K	≤0.060	≤0.068	≤0.068	≤0.072	≤0.087
	623K±2K(S类要求此项)	≤0.10	≤0.11	≤0.11	≤0.12	0.12
抗压强度/MPa		≥0.40	≥0.30	≥0.50	≥0.40	≥0.40
抗折强度/MPa		≥0.20	—	≥0.25	—	—
质量含水率(%)		≤2	≤5	≤2	≤5	≤10

（三）产品试验方法

1）尺寸偏差和外观质量试验、抗压强度与抗折强度试验、密度与质量含水率试验、匀温灼烧线收缩率试验均按《无机硬质绝热制品试验方法》(GB/T 5486—2008）规定进行。

2）导热系数试验按《绝热材料稳态热阻及有关特性的测定 防护热板法》(GB/T 10294—2008）规定进行。

3）憎水率试验按《保温材料憎水性试验方法》(GB/T 10299—1988）规定进行。

4）燃烧性能试验按《建筑材料不燃性试验方法》(GB/T 5464—2010）规定进行。

5）氯离子、氟离子、硅酸根离子及钠离子含量试验按《绝热材料中可溶出氯化物、氟化物、硅酸盐及钠离子的化学分析方法》(JC/T 618—2005）规定进行。

（四）质量验收与储存

1. 抽样规则

从每批产品中随机抽取 8 块制品作为检验样本，进行尺寸偏差与外观质量检验。尺寸偏差与外观质量检验合格的样品用于其他项目的检验。

2. 判定规则

质量验收采用《数值修约规则与极限数值的表示和判定》(GB/T 8170—2008）中的修约值比较法进行判定。

1）样本的尺寸偏差、外观质量不合格数不超过两块，则判该批膨胀珍珠岩绝热制品的尺寸偏差，外观质量合格，反之为不合格。

2）当所有检验项目的检验结果均符合要求时，则判该批产品合格；当检验项目有两项以上（含两项）不合格时，则判该批产品不合格；当检验项目有一项不合格时，可加倍抽样复检不合格项。如复检结果两组数据的平均值仍不合格，则判该批产品不合格。

3. 运输与储存

（1）运输。

1）产品装运时应轻拿轻放，防止损坏。

2）产品装运时应有防雨和防潮措施。

（2）储存。

1）不同品种、形状、尺寸的产品应分别堆放。

2）产品堆放场地应有防雨、防潮措施。

第二节　吸（隔）声材料

一、膨胀珍珠岩装饰吸声板

（一）产品分类及规格

1. 分类

1）普通膨胀珍珠岩装饰吸声板（以下简称普遍板）：用于一般环境的吸声板，代号为 PB。

2）防潮珍珠岩装饰吸声板（以下简称防潮板）：经特殊防水材料处理，可用于高湿度环境的吸声板，代号为 FB。

2. 规格

1）边长公称尺寸为：400mm×400mm，500mm×500mm，600mm×600mm。

2）产品公称厚度为：15mm，17mm，20mm。

3）其他规格可由供需双方商定。

（二）产品技术要求

1）板的外观质量应符合表 10-16 的规定。

表 10-16　板的外观质量

项　目	要求	
	优等品、一等品	合格品
缺棱、掉角、裂缝、脱落、剥离等现象	不允许	不影响使用
正面的图案破损、夹杂物	图案清晰、色差 $\Delta E \leqslant 3$，无夹杂物混入	
色差 ΔE	$\leqslant 3$	

2）板的尺寸允许偏差应符合表 10-17 的规定。

表 10-17　板的尺寸允许偏差　（单位：mm）

项　目		优等品	一等品	合格品
边长		0 −0.3	0 −1.0	
厚度		±0.5	±1.0	
直角偏离度	不大于	0.10	0.40	0.60
不平度	不大于	0.8	1.0	2.5

3）板的物理力学性能应符合表 10-18 和表 10-19 的规定。

表 10-18 板的物理力学性能（一）

板材类别	体积密度/（kg/m^3）不大于	吸湿率（%） 不大于			表面吸水量/g	断裂荷载/N 不大于			吸声系数 $\bar{\alpha}_3$	不燃性
		优等品	一等品	合格品		优等品	一等品	合格品	影响室法	
PB	500	5	6.5	8	—	245	196	157	0.40～0.60	不燃
FB		3.5	4	5	0.6～2.5	294	245	176	0.35～0.45	

注：表 10-18 中所示的断裂荷载为均布加荷抗弯断裂荷载。

表 10-19 板的物理力学性能（二）

公称厚度/mm \ 热阻值	$m^2 \cdot K/W$
15	0.14～0.19
17	0.16～0.22
20	0.19～0.26

（三）取样规定与试验方法

按《膨胀珍珠岩装饰吸声板》(JC 430—1991［1996］）进行。外观与尺寸允许偏差的检测如下：

（1）外观质量的检查　在明亮处将四块板的正面排放在一起，间距 2mm，距离 1m 目测。色差按《彩色建筑材料色度测量方法》(GB/T 11942—1989）测量。

（2）边长的测定　取整板测量，在距边缘 10mm 处及每边中点，纵横均布三条测量线测量，每个方向取三个数值的算术平均值，记录较小值，并计算和报告其尺寸的偏差。

（3）厚度偏差的测量　用游标卡尺按图 10-1 进行测量，在整板对角线离边缘 10mm 处取四个测点的厚度偏差，取得大值。

（4）直角偏离度的测定　用直角标尺和塞尺按图 10-2 进行测量，将整板的背面平放在平整玻璃上，板的一边紧靠标尺的一边，用塞尺测量板的另一边与标尺之间最大间距 δ，用同样方法测其他三边，记录其最大值。

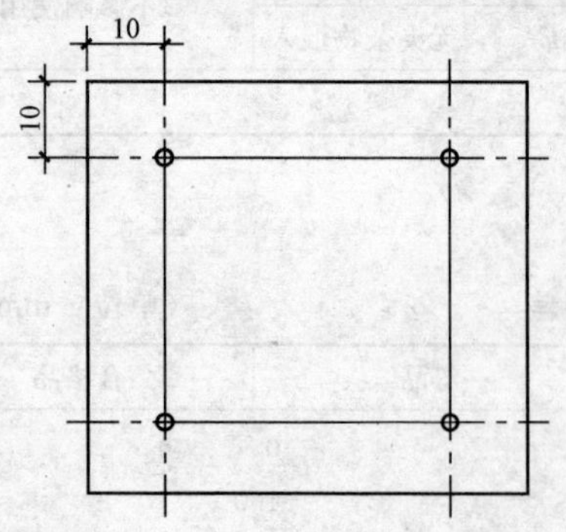

图 10-1　用游标卡尺测量厚度偏差值

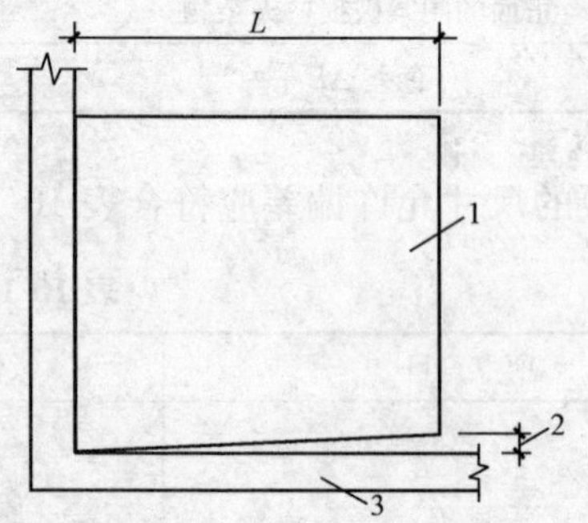

图 10-2　用直角标尺和塞尺测量直角偏离度

1—试件；2—最大间距 δ；3—直角标尺

（5）不平度的测定　将钢直尺立放在整板背面两对角线上，用塞尺量出钢直尺与板面之间的最大间隙，作为试件的不平度，精确至 0.1mm。

（四）质量验收与储存

1. 抽样与组批

以 500 块同品种、同规格的板为一批，如不足 500 块时，以班产量为一批，从批产品中随机抽取 3 块板为一组试件，用于检验外观质量，尺寸允许偏差、吸湿率、表面吸水量、热阻值、断裂荷载。

测定吸声系数时，从产品中随机抽取 10～12m^2 板材为一组试件。

2. 判定规则

1）对于板材的外观质量、边长偏差、厚度偏差、不平度项目，其中有一项不合格，即为不合格。3 块板中，不合格板多于 1 块时，允许重新在原批中抽取两组试件，对不合格的项目进行重检，若仍有一组试件不合格，则判为批不合格。

2）对于板材的体积密度、吸湿率、表面吸水量、热阻值、断裂荷载、吸声系数、不燃性，全部技术要求均合格，则判为批合格。

3. 运输与储存

1）产品在运输中应竖放、贴紧、严防撞击破损，还应备有遮篷措施，防止受潮。装卸时应轻拿轻放，严禁抛掷。

2）板材应按品种、规格及等级在室内分类放置。堆放高度不应超过 2.5m，堆放场地应坚实、平整和干燥。

二、吸声板用粒状棉

（一）产品分类

产品按粒度分布状态分为 A、B 两类。

（二）产品技术要求

（1）外观　白色或灰白色·絮棉状，色泽均匀，不含杂质，无末分散的油性物质。

（2）理化性能　粒状棉的理化性能应满足表 10-20 要求。

表 10-20　粒状棉的理化性能指标

<table>
<tr><th colspan="4">项　目</th><th colspan="3">性　能　指　标</th></tr>
<tr><td colspan="3">包重允差（%）</td><td></td><td colspan="3">±3</td></tr>
<tr><td colspan="3">体积密度/（kg/m³）</td><td>≤</td><td colspan="3">240</td></tr>
<tr><td colspan="3">纤维平均直径/μm</td><td>≤</td><td colspan="3">5.0</td></tr>
<tr><td rowspan="3">粒度分布（%）</td><td>A类</td><td>＞12mm</td><td></td><td colspan="3">≥20.0</td></tr>
<tr><td rowspan="2">B类</td><td>12～25mm</td><td></td><td colspan="3">≥60.0</td></tr>
<tr><td>≤6mm</td><td></td><td colspan="3">≤10.0</td></tr>
<tr><td colspan="3">含水率（%）</td><td>≤</td><td colspan="3">0.20</td></tr>
<tr><td colspan="3">有机物含量（%）</td><td>≤</td><td colspan="3">0.30</td></tr>
<tr><td colspan="3">纤维强度（WT 值）/mm</td><td>≥</td><td colspan="3">50.0</td></tr>
<tr><td rowspan="3">渣球</td><td colspan="2" rowspan="2">渣球总量（%）</td><td rowspan="2">≥</td><td>优等品</td><td>一等品</td><td>合格品</td></tr>
<tr><td>20.0</td><td>25.0</td><td>30.0</td></tr>
<tr><td colspan="2">渣球含量（粒径＞0.5mm）</td><td>≤</td><td>1.0</td><td colspan="2">2.0</td></tr>
<tr><td colspan="3" rowspan="2">酸度系数</td><td rowspan="2">≥</td><td>优等品</td><td>一等品</td><td>合格品</td></tr>
<tr><td>1.20</td><td colspan="2">1.10</td></tr>
</table>

(三) 取样规定与试验方法

1) 试验可在常温常湿下进行。

2) 粒状棉试验方法，按表 10-21 的规定。

表 10-21 粒状棉试验方法

项目		试验方法
外观		《吸声板用粒状棉》(JC/T 903—2002) 附录 A
包重		
体积密度		《吸声板用粒状棉》(JC/T 903—2002) 附录 B
纤维平均直径		《矿物棉及其制品试验方法》(GB/T 5480—2008)
粒度分布		《吸声板用粒状棉》(JC/T 903—2002) 附录 C
含水率		《吸声板用粒状棉》(JC/T 903—2002) 附录 D
有机物含量		《绝热用岩棉、矿渣棉及其制品》(GB/T 11835—2007) 附录 E
纤维强度 (WT 值)		《吸声板用粒状棉》(JC/T 903—2002) 附录 E
渣球	渣球总量	《吸声板用粒状棉》(JC/T 903—2002) 附录 F
	渣球含量 (粒径＞0.5mm)	
酸度系数		《矿物棉及其制品试验方法》(GB/T 5480—2008)

(四) 质量验收与储存

1. 组批与抽样

以同一原料，同一生产工艺，同一品种，稳定连续生产的产品为一个检查批。同一批被检产品的生产时限不得超过一周。

出厂检验、型式检验的抽样方案及判定规则按 JC/T 903—2002《吸声板用粒状棉》附录 G 的规定。出厂检验中的组批与抽样亦可按企业标准的规定。

2. 运输与储存

1) 应用干燥的遮篷运输工具，运输过程中应避免雨淋。

2) 存放在干燥通风的库房内，堆放层数不得超过包装上标明的堆放层数极限。

第三节 防腐蚀材料

一、耐酸砖

(一) 产品分类及规格

1. 分类

砖按理化指标分为 Z-1、Z-2、Z-3、Z-4 四种牌号。

2. 规格

砖的规格形状见表 10-22。

表 10-22 砖的规格形状

砖的形状及名称	规格/mm			
	长（a）	宽（b）	厚（h）	厚（h_1）
标形砖	230	113	65 40 30	
端面楔形砖	230	113	65 65 55 65	55 45 45 35
侧面楔形砖	230	113	65 65 55 65	55 45 45 35
平板形砖	300 200 150 150 100 100 125	300 200 150 75 100 50 125	15～30 15～30 15～30 15～30 10～20 10～20 15	

注：其他规格形状的产品由供需双方协商。

（二）产品技术要求

（1）外观质量。

1）砖的外观质量应符合表 10-23 的要求。

表 10-23 砖的外观质量 （单位：mm）

缺陷类别	要求	
	优等品	合格品
裂缝	工作面：不允许 非工作面：宽不大于 0.25，长[①]5～15 允许 2 条	工作面：宽不大于 0.25，长 5～15 允许 1 条 非工作面：宽不大于 0.5，长 5～20 允许 2 条
开裂	不允许	不允许
磕碰损伤	工作面：深入工作面 1～2；砖厚小于 20 时，深不小于 3；砖厚 20～30 时，深不大于 5；砖厚大于 30 时，深不大于 10 的磕碰 2 处；总长不大于 35 非工作面：深 2～4，长不大于 35，允许 3 处	工作面：深入工作面 1～4；砖厚小于 20 时，深不大于 5；砖厚 20～30 时，深不大于 8；砖厚大于 30 时，深不大于 10 的磕碰 2 处；总长不大于 40 非工作面：深 2～5，长不大于 40，允许 4 处
疵点	工作面：最大尺寸 1～2，允许 3 个 非工作面：最大尺寸 1～3，每个面允许 3 个	工作面：最大尺寸 2～4，允许 3 个 非工作面：最大尺寸 3～6 个，每个面允许 4 个
釉裂	不允许	不允许
缺釉	总面积不大于 100mm²，每处不大于 30mm²	总面积不大于 200mm²，每处不大于 50mm²
桔釉	不允许	不超过釉面面积的 1/4
干釉	不允许	不影响使用

注：标形砖应有一个大面（230mm×113mm）达到表 10-23 对于工作面的要求。如需方订货时指定工作面，则该面应符合表 10-23 的要求。

①5 以下不考核。表中其他同样的表达方式，含义相同。

2）分层，用质量适当的金属锤轻轻敲击砖体，应发出清音。

3）背纹，平板形砖的背面应有深不小于 1mm 的背纹。

（2）尺寸偏差及变形　砖的尺寸偏差及变形应符合表 10-24 要求。

表 10-24 尺寸偏差及变形 （单位：mm）

项目		允许偏差	
		优等品	合格品
尺寸偏差	尺寸≤30	±1	±2
	30<尺寸≤150	±2	±3
	150<尺寸≤230	±3	±4
	尺寸>230	供需双方协商	
变形：翘曲大小头	尺寸≤150	≤2	≤2.5
	150<尺寸≤230	≤2.5	≤3
	尺寸>230	供需双方协商	

（3）物理化学性能　砖的物理化学性能应符合表 10-25 的要求。

表 10-25　砖的物理化学性能

项　　目	要　　求			
	Z-1	Z-2	Z-3	Z-4
吸水率（%）	≤0.2	≤0.5	≤2.0	≤4.0
弯曲强度/MPa	≥58.8	≥39.2	≥29.4	≥19.6
耐酸度（%）	≥99.8	≥99.8	≥99.8	≥99.7
耐急冷急热性/℃	温差 100℃	温差 100℃	温差 130℃	温差 150℃
	试验一次后，试样不得有裂纹、剥落等破损现象			

（三）试验方法

按《耐酸砖》（GB/T 8488—2008）进行。外观质量检查、尺寸偏差和变形的测量方法如下：

1. 外观质量检查

1）用肉眼和精度为 0.5mm 的金属直尺和塞尺进行。裂纹用 10 倍的读数显微镜测量。

2）测量磕碰时，磕碰长度为 L、深入工作面值为 B、深度为 H。当磕碰处于砖角处时，磕碰长度为 $L=L_1+L_2$，如图 10-3 所示。

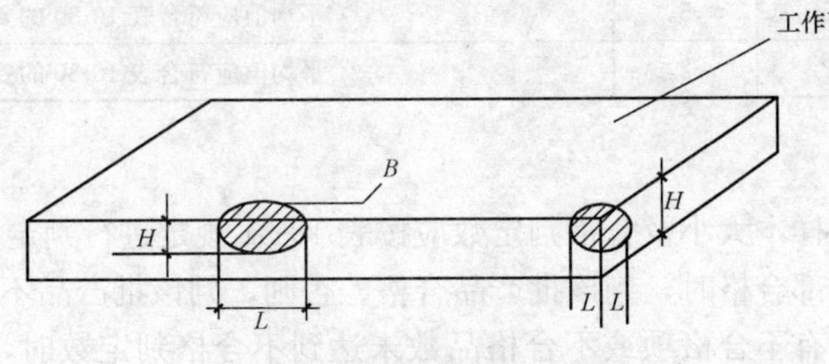

图 10-3　磕碰测量示意图

2. 尺寸偏差和变形的测量

1）用精度为 0.5mm 的金属直尺和塞尺测量。

2）砖的尺寸应在砖面中间部位测量。测量值与规定值之差为尺寸偏差。

3）变形，应在砖的工作面上测量。

①大小头，以两个互相平行的边的长度之差为测量值。

②翘曲，翘曲沿砖工作面的对角线上测量。工作面下凹时，将金属直尺侧立于对角线上，以砖面与金属直尺的最大间距作为测量结果；工作面上凸时，在对角线两头约 10mm 处放置两块厚度已知为 T 的量块，在量块上将金属直尺侧立，测量砖面与金属直尺的最小间距 S，以 T 和 S 之差作为测量结果，如图 10-4 所示。

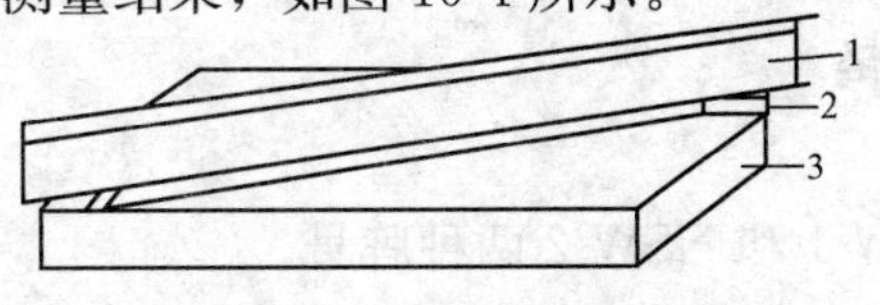

图 10-4　翘曲测量示意图

1—直尺；2—平块；3—砖

（四）质量验收与储存

1. 组批与抽样

（1）组批　以相同工艺条件生产的同一规格、同一牌号的 5000 至 30000 块砖为一批。不足 5000 块时由供需双方协商。

（2）抽样　用随机抽样方法抽取表 10-26 中各检验项目所需的样本。非破坏性试验的试样，检验后可用作其他项目的检验。

表 10-26　砖的抽样与判定规则

检验项目	样本大小		第一次		第一次＋第二次	
	第一次 n_1	第二次 n_2	合格判定数 A_1	不合格判定数 R_1	合格判定数 A_2	不合格判定数 R_2
外观质量	20	20	1	3	3	4
尺寸偏差	20	20	1	3	3	4
变形	10	10	0	2	1	2
耐急冷急热性	3	3	0	2	1	2
吸水率	3	3	平均值应符合表 10-30 的要求			
弯曲强度	5	5	平均值应符合表 10-30 的要求			
耐酸度	2	2	平均值应符合表 10-30 的要求			

2. 判定规则

1）产品检验时的样本大小及合格判定数应按表 10-31 规定进行判定。

2）各检验项目全部合格时，判该批产品合格。否则，判该批产品不合格。

3）第一次检验若有不合格项或不合格品数未达到不合格判定数时，应按表 10-31 规定进行复验，复验合格，判该项目合格，否则，判该项目不合格。如物理化学性能有 3 项以上不符合表 10-31 的要求时，判该批产品不合格，不予复检。

4）凡因外观质量和尺寸偏差拒收的产品，允许供方逐块检验，检选补齐后再交付验收。

3. 运输与储存

1）运输时应有防雨设施，产品应稳固挤紧以防震动碰撞。装卸时应小心轻放，严禁抛掷。

2）产品应按不同规格、等级和牌号分别堆放。产品应储存在室内。室外储存时，应有防雨设施。

二、耐酸耐温砖

（一）产品分类及规格

1. 分类

砖按理化指标分为 NSW-1 和 NSW-2 两种牌号。

2. 规格

砖的规格形状见表 10-27。

表 10-27　砖的规格形状　（单位：mm）

砖的形状及名称	规格/mm			
	长（a）	宽（b）	厚（h）	厚（h_1）
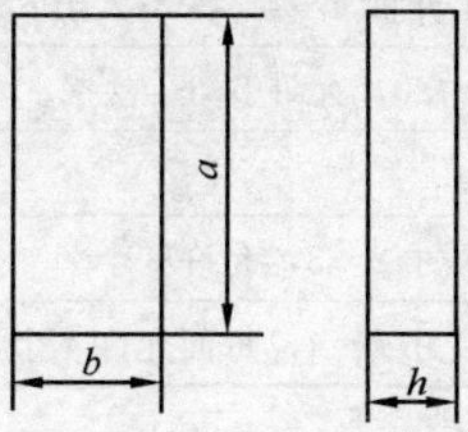 标形砖	230	113	65 40 30	— — —
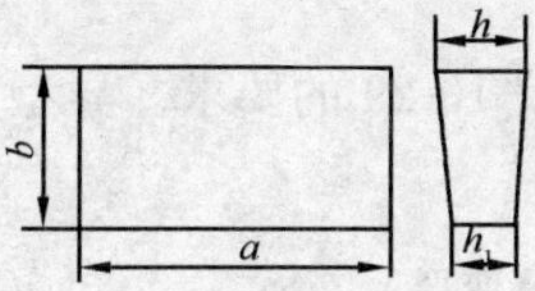 侧面楔形砖	230	113	65 65 55 65	55 45 45 35
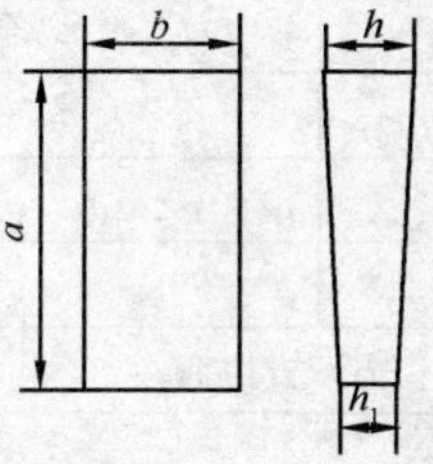 端面楔形砖	230	113	65 65 55 65	55 45 45 35
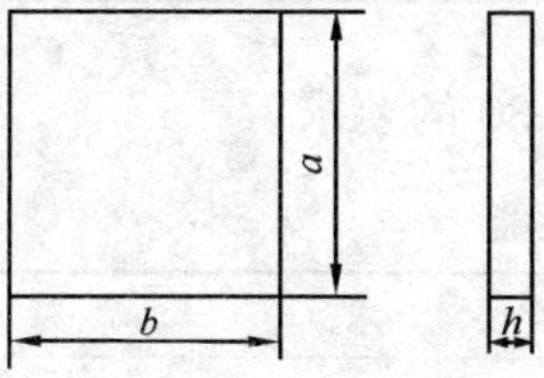 平板形砖	150 150 100 100 125	150 75 100 50 125	15～30 15～30 10～20 10～20 15	— — — — —

（二）产品技术要求

（1）外观质量　砖的外观质量应符合表 10-28 的要求。

表 10-28　砖的外观质量　（单位：mm）

缺陷类别		要求	
		优等品	合格品
裂纹	工作面	长 3～5，允许 3 条	长 5～10，允许 3 条
	非工作面	长 5～10，允许 3 条	长 5～15，允许 3 条

（续）

缺陷类别		要求	
		优等品	合格品
磕碰	工作面	伸入工作面1～3，深不大于5，总长不大于30	伸入工作面1～4，深不大于8，总长不大于40
	非工作面	长5～20，允许5处	长10～20，允许5处
开裂		不允许	
疵点	工作面	最大尺寸1～3，允许3个	最大尺寸2～3，允许3个
	非工作面	最大尺寸2～3，每面允许3个	最大尺寸2～4，每面允许4个

注1. 缺陷不允许集中，10cm² 正方形内不得多于五处。

2. 标形砖应有一个大面（230mm×113mm）达到表10-28对于工作面的要求。如订货时需方指定工作面，则该面应符合表10-28的要求。

（2）尺寸偏差及变形　砖的尺寸偏差及变形应符合表10-29的要求。异型产品的变形由供需双方协商确定。

表10-29　耐酸砖的尺寸偏差及变形　（单位：mm）

项目		允许偏差	
		优等品	合格品
尺寸偏差	尺寸≤30	±1	±2
	30<尺寸≤150	±2	±3
	150<尺寸≤230	±3	±4
	尺寸>230	供需双方协商	
变形：翘曲 大小头	尺寸≤150 150<尺寸≤230	≤2 ≤2.5	≤2.5 ≤3
	尺寸>230	供需双方协商	

（3）物理化学性能　砖的物理化学性能应符合表10-30的要求。

表10-30　砖的物理化学性能

项目		要求	
		NSW 1	NSW 2
吸水率（%）	≤	5.0	8.0
压缩强度/MPa	≥	80	60
耐酸度（%）	≥	99.7	99.7
耐急冷急热性/℃		试验温差200℃	试验温差250℃
		试验一次后，试样不得有新生裂纹、剥落等破损现象	

（三）试验方法

按《耐酸砖》（GB/T 8488—2008）进行。

（四）质量验收与储存

1. 组批和抽样

（1）组批　以相同工艺条件生产的同一规格、同一牌号的 5000 至 30000 块砖为一批。不足 5000 块时由供需双方协商。

（2）抽样　用随机抽样方法抽取表 10-31 中各检验项目所需的样本。非破坏性试验的试样，检验后可用作其他项目的检验。

表 10-31　随机抽样方法

检验项目	样本大小		第一次		第一次加第二次	
	第一次	第二次	合格判定数	不合格判定数	合格判定数	不合格判定数
	n_1	n_2	A_1	R_1	A_2	R_2
外观质量	20	20	1	3	3	4
尺寸偏差	20	20	1	3	3	4
变形	10	10	0	2	1	2
耐急冷急热性	3	3	0	2	1	2
吸水率	3	3	平均值应符合表 10-30 的要求			
压缩强度	5	5				
耐酸度	2	2				

2. 判定规则

1）产品检验时的样本大小及合格判定数应按表 10-31 规定进行判定。

2）各检验项目全部合格时，判该批产品合格。否则，判该批产品不合格。

3）第一次检验若有不合格项或不合格品数未达到不合格判定数时，应按表 10-26 规定进行复验，复验合格，判该项目合格，否则，判该项目不合格。若砖的物理化学性能有三项以上不符合表 10-31 的要求时，判该批产品不合格，不予复验。

4）凡因外观质量和尺寸偏差拒收的产品，允许供方逐块检验，检选补齐后再交付验收。

3. 运输与储存

1）运输时应有防雨设施，产品应稳固挤紧以防震动碰撞。装卸时应小心轻放，严禁抛掷。

2）产品应按不同规格、等级和牌号分别堆放。产品应储存在室内。室外储存时，应有防雨设施。

第十一章　建筑装饰材料

第一节　饰面石材

一、弧面板

（一）弧面板分类

1）按所用石材种类分为大理石弧面板（代号为 M）和花岗石弧面板（代号为 G）。

2）按装饰面种类分为外弧面板（代号为 W）和内弧面板（代号为 N）。

3）按壁厚尺寸分为等壁厚弧面板（代号为 D）和变壁厚弧面板（代号为 B）。

表 11-1　弧面板外形尺寸的极限偏差

（单位：mm）

<table>
<tr><th>项　目</th><th>优等品</th><th>一等品</th><th>合格品</th></tr>
<tr><td>弦　长</td><td colspan="2" rowspan="2">0
−1.5</td><td rowspan="2">0
−2.0</td></tr>
<tr><td>高　度</td></tr>
<tr><td>壁　厚</td><td>+2.0
−3.0</td><td>±3.0</td><td>±4.0</td></tr>
</table>

（二）弧面板技术要求

（1）尺寸极限偏差。

1）弧面板外形尺寸的极限偏差应符合表 11-1 的规定，且壁厚最小值应不小于 20mm。

2）两正面边线与端面的夹角应为 90°，其极限偏差为优等品和一等品 0.50mm，合格品 1.00mm。

3）正面为外弧面时，接缝口切角 θ 应不大于理论值，正面为内弧面时，接缝口切角 θ 应不小于理论值。

（2）形状公差。

1）弧面板正面素线（含边线）的直线度为优等品和一等品 1.0mm，合格品 1.5mm。

2）弧面板正面的线轮廓度为优等品和一等品 1.0mm，合格品 1.5mm。

（3）外观质量。

1）大理石弧面板的外观质量应符合表 11-2 的规定。

表 11-2　大理石弧面板的外观质量

<table>
<tr><th>缺陷名称</th><th>优等品</th><th>一等品</th><th>合格品</th></tr>
<tr><td>裂纹</td><td colspan="2" rowspan="5">不明显</td><td>有，但不影响使用</td></tr>
<tr><td>砂眼</td><td>经处理不明显</td></tr>
<tr><td>凹陷</td><td>有，但不影响使用</td></tr>
<tr><td>正面棱缺陷，长≤5mm，宽≤1mm</td><td rowspan="2">有，但不影响使用</td></tr>
<tr><td>正面角缺陷，长≤2mm，宽≤2mm</td></tr>
</table>

2）花岗石弧面板的外观质量应符合表 11-3 的规定。

表 11-3　花岗石弧面板的外观质量

<table>
<tr><th>缺陷名称</th><th>规定内容</th><th>优等品</th><th>一等品</th><th>合格品</th></tr>
<tr><td>缺棱</td><td>长度不超过 5mm，（小于 2mm 的不计），每米长/个</td><td colspan="2" rowspan="5">≤2</td><td rowspan="5">≤3</td></tr>
<tr><td>缺角</td><td>面积不超过 3mm×2mm 面积（小于 1mm×1mm 的不计），每米长/个</td></tr>
<tr><td>裂纹</td><td>长度不超过单件总长度的 1/10，（长度小于 5mm 的不计），每米长/条</td></tr>
<tr><td>色斑</td><td>面积不超过 5mm×5mm（小于 2mm×2mm 不计），每米长/个</td></tr>
<tr><td>色线</td><td>长度不超过单件总长度 1/10，（长度小于 5mm 的不计），每米长/条</td></tr>
</table>

3）弧面板允许粘接和修补，但不应影响弧面板的装饰质量和物理力学性能。

(4) 拼接后整体柱面要求　柱面的花纹、色调应基本协调、过渡自然。

(5) 光泽度　弧面板光泽度由供需双方商定。

(6) 物理力学性能　弧面板物理力学性能应符合表 11-4 的规定。

表 11-4　弧面板物理力学性能

项　　目		大理石弧面板	花岗石弧面板
体积密度/（g/cm³）	≥	2.6	2.5
吸水率（%）	≤	0.75	1.00
干燥压缩强度/MPa	≥	20.0	60.0
弯曲强度/MPa	≥	7.0	8.0

（三）弧面板试验方法

1. 外形尺寸偏差

1）弧面板弦长、高度、壁厚尺寸偏差　用分度值为 1mm 的钢卷尺或钢直尺测量，其中壁厚以最小处为测量点。

2）两正面边线与端面夹角偏差　用 2 级精度 400mm×630mm 的 90°钢角尺配合塞尺测量：将钢角尺短边紧靠弧面板的端面，用塞尺测量钢角尺长边与正面之间的最大间隙。

2. 形状公差

1）弧面板正面素线（含边线）直线度的测量　用直线度为 0.1mm 长 1000mm 的钢平尺配合塞尺测量。

2）弧面板正面的线轮廓度测量　用与弧面板曲率相同的弦长为 500mm、精度不低于 IT13 级的内弧或外弧样板配合塞尺测量，以最大值作为线轮廓度偏差。

3. 外观质量

1）大理石弧面板的外观质量按《天然大理石建筑板材》（GB/T 19766—2005）的规定检验。

2）花岗石弧面板的外观质量按《天然花岗石建筑板材》（GB/T 18601—2009）的规定检验。

4. 拼接后整体柱面要求

将整条圆柱弧面板安装平面图平置于地面上，距 2.0m 处目测。

5. 物理力学性能

1）体积密度和吸水率按《天然饰面石材试验方法　第 3 部分：体积密度、真密度、真气孔率、吸水率试验方法》（GB/T 9966.3—2001）的规定进行测试。

2）干燥压缩强度按《天然饰面石材试验方法　第 1 部分：干燥、水饱和、冻融循环后压缩强度试验方法》（GB/T 9966.1—2001）的规定进行测试。

3）弯曲强度按《天然饰面石材试验方法　第 2 部分：干燥、水饱和弯曲强度试验方法》

(GB/T 9966.2—2001）的规定进行测试。

（四）质量验收与储存

1. 组批与抽样

1）组批与外形尺寸偏差、形状公差、外观质量、拼接后整体柱面要求等项目的抽样同出厂检验。

2）体积密度、吸水率、干燥压缩强度、弯曲强度的检验从生产同批弧面板的荒料中不同块体上按《天然饰面石材试验方法》(GB/T 9966.1—2001～GB/T 9966.3—2001）的规定取样。

2. 判定规则

体积密度、吸水率、干燥压缩强度、弯曲强度的检验结果中，有一项不符合要求时，则判定该批弧面板为不合格品，其他项目检验结果的判定同出厂检验。

3. 运输与储存

1）弧面板在运输中应防湿，严禁滚摔、碰撞。

2）弧面板宜在室内储存，室外储存时应有遮盖防潮措施。

3）弧面板应按品种、规格、等级或工程料部位分别竖放，码放时，应将正面加以保护，地面应平整、垛高适宜，确保安全。

二、花线

（一）花线分类

1）按所用石材种类分为大理石花线（代号为 M）和花岗石花线（代号为 G)。

2）按截面延伸轨迹分为：

①直位花线（代号为 Z)：延伸轨迹为直线的花线；

②弯位花线（代号为 W)：延伸轨迹为曲线的花线。

3）按表面加工程度分为：

①镜面花线（代号 J)：表面具有镜面光泽的花线；

②细面花线（代号为 X)：表面光滑的花线；

③粗面花线（代号为 C)：表面粗糙、经烧面或剁斧面的花线。

（二）花线技术要求

1. 尺寸极限偏差

1）直位花线规格尺寸极限偏差应符合表 11-5 的规定。

表 11-5 直位花线规格尺寸极限偏差 （单位：mm）

<table>
<tr><th rowspan="2">项　目</th><th colspan="3">细面和镜面花线</th><th colspan="3">粗面花线</th></tr>
<tr><th>优等品</th><th>一等品</th><th>合格品</th><th>优等品</th><th>一等品</th><th>合格品</th></tr>
<tr><td>长　度</td><td colspan="2">0
−1.5</td><td>0
−3.0</td><td colspan="2">0
−3.0</td><td>0
−4.0</td></tr>
<tr><td>宽度（高度）</td><td colspan="2">+1.0
−2.0</td><td>+1.0
−3.0</td><td colspan="2">+1.0
−3.0</td><td>+1.5
−4.0</td></tr>
<tr><td>厚度</td><td colspan="2">+1.0
−2.0</td><td>+2.0
−3.0</td><td colspan="2">+2.0
−3.0</td><td>+2.0
−4.0</td></tr>
</table>

2）整批或同类拼接直位花线截面形状应一致，其吻合度应不大于表 11-6 的规定。

表 11-6　截面形状吻合度　　（单位：mm）

项　目	细面和镜面花线			粗面花线		
	优等品	一等品	合格品	优等品	一等品	合格品
吻合度	0.5	1.0	1.5	1.0	1.5	2.0

3）装饰面与两端面角度极限偏差和弯位花线尺寸极限偏差由供需双方商定。

2. 形状公差

1）直位花线线条应平直，无弯曲现象，其直线度和线轮廓度公差应符合表 11-7 的规定。

表 11-7　形状公差　　（单位：mm）

项　目	细面和镜面花线			粗面花线		
	优等品	一等品	合格品	优等品	一等品	合格品
直线度，每米	1.0	1.0	1.5	1.5	2.0	2.5
线轮廓度		1.5	2.0			3.5

2）弯位花线形状公差由供需双方商定。

3. 外观质量

1）同一装饰部位、同套拼接花线颜色花纹应基本调和，过渡自然。

2）如无特殊要求，纹路宜顺长度方向。

3）抛光面应平整光滑，手摸无明显凹凸感。

4）花线允许粘接修补，但不应影响其装饰质量和物理力学性能。

5）大理石花线光面外观缺陷应不超过表 11-8 的规定。

表 11-8　大理石花线光面外观缺陷

缺陷名称	优等品	一等品	合格品
裂纹	不明显		有，但不影响使用
砂眼			经处理不明显
凹陷			有，但不影响使用
正面棱缺陷，长≤5mm，宽≤1mm			有，但不影响使用
正面角缺陷，长≤2mm，宽≤2mm			

6）花岗石花线光面外观缺陷应不超过表 11-9 的规定。

表 11-9　花岗石花线光面外观缺陷

缺陷名称	规定内容	优等品	一等品	合格品
缺棱	长度不超过 5mm，（小于 2mm 的不计），每米长/个	2		3
缺角	面积不超过 3mm×2mm 面积（小于 1mm×1mm 的不计），每米长/个			
裂纹	长度不超过单件总长度的 1/10，（长度小于 5mm 的不计），每米长/条			
色斑	面积不超过 5mm×5mm（小于 2mm×2mm 不计），每米长/个			
色线	长度不超过单件总长度 1/10，（长度小于 5mm 的不计），每米长/条			

4. 光泽度

花线光泽度由供需双方商定。

5. 物理力学性能

花线物理力学性能应符合表11-10的规定。

表11-10 花线物理力学性能

项目		大理石	花岗石
体积密度/（g/cm^3）	≥	2.6	2.5
吸水率（%）	≤	0.75	1.0
干燥压缩强度/MPa	≥	20.0	60.0
弯曲强度/MPa	≥	7.0	8.0

（三）花线试验方法

1）体积密度和吸水率按《天然饰面石材试验方法　第3部分：体积密度、真密度、真气孔率、吸水率试验方法》（GB/T 9966.3—2001）的规定进行测试。

2）干燥压缩强度按《天然饰面石材试验方法　第1部分：干燥、水饱和、冻融循环后压缩强度试验方法》（GB/T 9966.1—2001）的规定进行测试。

3）弯曲强度按《天然饰面石材试验方法　第2部分：干燥、水饱和弯曲强度试验方法》（GB/T 9966.2—2001）的规定进行测试。

（四）质量验收与储存

1. 抽样

体积密度、吸水率、干燥压缩强度、弯曲强度的检验从生产同批花线的荒料中的不同块体上按《天然饰面石材试验方法》（GB/T 9966.1—2001～GB/T 9966.3—2001）的规定取样。

2. 判定规则

体积密度、吸水率、干燥压缩强度、弯曲强度的检验结果中，有一项不符合要求时，则判定该批花线为不合格品，其他项目检验结果的判定同出厂检验。

3. 运输与储存

1）花线运输过程中应防湿，严禁滚摔、碰撞。

2）花线应在室内储存，室外储存应加遮盖。

3）花线应按品种、规格、等级和工程名称等分别码放。

三、实心柱体

（一）实心柱体分类

1）按所用石材种类分为大理石实心柱体（代号为M）和花岗石实心柱体（代号为G）。

2）按柱体的造型分为普形柱（代号为P）和雕刻柱（代号为D）。

3）按柱体的外形特征分为等直径柱（代号为D）和变直径柱（代号为B）。

（二）实心柱体技术要求

（1）尺寸极限偏差。

1）PD型实心柱体直径和高度极限偏差应符合表11-11的规定。

表11-11 尺寸极限偏差 （单位：mm）

项目		优等品	一等品	合格品
直径	$\Phi\leqslant100$	±1.0	±1.5	±2.0
	$100<\Phi\leqslant300$	±2.0	±3.0	±4.0
	$300<\Phi\leqslant1000$	±3.0	±4.0	±5.0
	$\Phi>1000$	±4.0	±5.0	±6.0
高度	$H\leqslant1500$	±2.0	±3.0	±4.0
	$1500<H\leqslant3000$	±3.0	±4.0	±5.0
	$H>3000$	±4.0	±5.0	±6.0

2）其他型式实心柱体尺寸极限偏差由供需双方商定。

（2）形状公差。

1）PD型实心柱体加工面素线直线度公差为优等品0.5mm/m；一等品1.0mm/m；合格品2.0mm/m。

2）PD型实心柱体的上下两端面如与柱头、柱座等对接安装，则其外缘平面度公差为优等品0.5mm；一等品1.0mm；合格品1.5mm。

3）PD型实心柱体的上下两端面与圆柱面的垂直度公差为优等品0.5mm；一等品1.0mm；合格品1.5mm。

4）其他型式实心柱体形状公差由供需双方商定。

（3）外观质量。

1）整条柱体色调应基本一致，过渡自然，纹路应顺高度方向。根据安装位置，相邻同材料的柱体颜色、线路应基本协商。

2）实心柱体抛光面的外观缺陷应不超过《天然大理石建筑板材》（GB/T 19766—2005）或《天然花岗石建筑板材》（GB/T 18601—2009）的规定。

3）实心柱体允许粘接和修补，但不应影响产品的装饰质量和物理力学性能。

（4）光泽度　实心柱体抛光面的光泽度由供需双方商定。

（5）物理力学性能　实心柱体的物理力学性能应符合表11-12的规定。

表11-12　实心柱体的物理力学性能

项　　目		大理石实心柱体	花岗石实心柱体
体积密度/（g/cm^3）	≥	2.6	2.5
吸水率（%）	≤	0.75	1.00
干燥压缩强度/MPa	≥	20.0	60.0
弯曲强度/MPa	≥	7.0	8.0

（三）实心柱体试验方法

1. 尺寸偏差的测量

用分度值为1mm的钢直尺或钢卷尺测量柱体的高度和直径。

2. 形状公差的测量

1）抛光面素线直线度公差和柱体上下端面外缘平面度公差用钢平尺配合塞尺测量。

2）柱体的上下两端面与圆柱面的垂直度公差用2级精度400mm×630mm的90°钢角尺配合塞尺测量：将钢角尺短边紧靠柱体的端面，用塞尺测量钢角尺长边与圆柱面之间的最大间隙。

3. 外观质量检验

按《天然大理石建筑板材》（GB/T 19766—2005）和《天然花岗石建筑板材》（GB/T 18601—2009）的规定检验。

4. 物理力学性能试验

1）体积密度和吸水率按《天然饰面石材试验方法　第3部分：体积密度、真密度、真气孔率、吸水率试验方法》（GB/T 9966.3—2001）的规定进行测试。

2）干燥压缩强度按《天然饰面石材试验方法　第1部分：干燥、水饱和、冻融循环后压缩强度试验方法》（GB/T 9966.1—2001）的规定进行测试。

3）弯曲强度按《天然饰面石材试验方法　第2部分：干燥、水饱和弯曲强度试验方法》（GB/T 9966.2—2001）的规定进行测试。

（四）质量验收与储存

1. 抽样

体积密度、吸水率、干燥压缩强度、弯曲强度的检验从生产同批实心柱体的荒料中的不同块体上按《天然饰面石材试验方法》（GB/T 9966.1—2001～GB/T 9966.3—2001）的规定取样。

2. 判定规则

体积密度、吸水率、干燥压缩强度、弯曲强度的检验结果中，有一项不符合要求时，则判定该批实心柱体为不合格品，其他项目检验结果的判定同出厂检验。

3. 运输与储存

1）产品在运输过程中应防湿，严禁滚摔、碰撞。

2）产品宜在室内储存，室外储存应加遮盖。

3）产品应按品种、规格、等级等分别码放。

第二节　建筑玻璃

一、平板玻璃

（一）平板玻璃分类

1）按颜色属性分为无色透明平板玻璃和本体着色平板玻璃。

2）按外观质量分为合格品、一等品和优等品。

3）按公称厚度分为：2mm、3mm、4mm、5mm、6mm、8mm、10mm、12mm、15mm、19mm、22mm、25mm。

（二）平板玻璃技术要求

(1) 尺寸偏差　平板玻璃应切裁成矩形，其长度和宽度的尺寸偏差应不超过表 11-13 规定。

(2) 对角线差　平板玻璃对角线差应不大于其平均长度的 0.2%。

(3) 厚度偏差和厚薄差　平板玻璃的厚度偏差和厚薄差应不超过表 11-14 的规定。

表 11-13　尺寸偏差

（单位：mm）

公称厚度	尺寸偏差	
	尺寸≤3000	尺寸＞3000
2～6	±2	±3
8～10	＋2，－3	＋3，－4
12～15	±3	±4
19～25	±5	±5

表 11-14　厚度偏差和厚薄差

（单位：mm）

公称厚度	厚度偏差	厚薄差
2～6	±0.2	0.2
8～12	±0.3	0.3
15	±0.5	0.5
19	±0.7	0.7
22～25	±1.0	1.0

(4) 外观质量。

1）平板玻璃合格品外观质量应符合表 11-15 的规定。

表 11-15　平板玻璃合格品外观质量

<table>
<tr><td>缺陷种类</td><td colspan="3">质　量　要　求</td></tr>
<tr><td rowspan="5">点状缺陷②</td><td>尺寸（L）/mm</td><td colspan="2">允许个数限度</td></tr>
<tr><td>$0.5\leqslant L\leqslant1.0$</td><td colspan="2">2×$S$①</td></tr>
<tr><td>$1.0<L\leqslant2.0$</td><td colspan="2">1×S①</td></tr>
<tr><td>$2.0<L\leqslant3.0$</td><td colspan="2">0.5×S①</td></tr>
<tr><td>$L>3.0$</td><td colspan="2">0</td></tr>
<tr><td>点状缺陷密集度</td><td colspan="3">尺寸≥0.5mm 的点状缺陷最小间距不小于 300mm；直径 100mm 圆内尺寸≥0.3mm 的点状缺陷不超过 3 个</td></tr>
<tr><td>线道</td><td colspan="3">不允许</td></tr>
<tr><td>裂纹</td><td colspan="3">不允许</td></tr>
<tr><td rowspan="2">划伤</td><td>允许范围</td><td colspan="2">允许条数限度</td></tr>
<tr><td>宽≤0.5mm，长≤60mm</td><td colspan="2">3×S①</td></tr>
<tr><td rowspan="4">光学变形</td><td>公称厚度</td><td>无色透明平板玻璃</td><td>本体着色平板玻璃</td></tr>
<tr><td>2mm</td><td>≥40°</td><td>≥40°</td></tr>
<tr><td>3mm</td><td>≥45°</td><td>≥40°</td></tr>
<tr><td>≥4mm</td><td>≥50°</td><td>≥45°</td></tr>
<tr><td>断面缺陷</td><td colspan="3">公称厚度不超过 8mm 时，不超过玻璃板的厚度；8mm 以上时，不超过 8mm</td></tr>
</table>

①S 是以平方米为单位的玻璃板面积数值，按《数值修约规则与极限数值的表示和判定》（GB/T 8170—2008）修约，保留小数点后两位。点状缺陷的允许个数限度及划伤的允许条数限度为各系数与 S 相乘所得的数值，按《数值修约规则与极限数值的表示和判定》（GB/T 8170—2008）修约至整数。

②光畸变点视为 0.5～1.0mm 的点状缺陷。

2）平板玻璃一等品外观质量应符合表 11-16 的规定。

表 11-16　平板玻璃一等品外观质量

<table>
<tr><td>缺陷种类</td><td colspan="2">质　量　要　求</td></tr>
<tr><td rowspan="5">点状缺陷②</td><td>尺寸（L）/mm</td><td>允许个数限度</td></tr>
<tr><td>$0.3\leqslant L\leqslant0.5$</td><td>2×$S$①</td></tr>
<tr><td>$0.5<L\leqslant1.0$</td><td>0.5×S①</td></tr>
<tr><td>$1.0<L\leqslant1.5$</td><td>0.2×S①</td></tr>
<tr><td>$L>1.5$</td><td>0</td></tr>
<tr><td>点状缺陷密集度</td><td colspan="2">尺寸≥0.3mm 的点状缺陷最小间距不小于 300mm；直径 100mm 圆内尺寸≥0.2mm 的点状缺陷不超过 3 个</td></tr>
<tr><td>线道</td><td colspan="2">不允许</td></tr>
<tr><td>裂纹</td><td colspan="2">不允许</td></tr>
<tr><td rowspan="2">划伤</td><td>允许范围</td><td>允许条数限度</td></tr>
<tr><td>宽≤0.2mm，长≤40mm</td><td>2×S①</td></tr>
</table>

（续）

缺陷种类	质量要求		
	公称厚度	无色透明平板玻璃	本体着色平板玻璃
光学变形	2mm	≥50°	≥45°
	3mm	≥55°	≥50°
	4～12mm	≥60°	≥55°
	≥15mm	≥55°	≥50°
断面缺陷	公称厚度不超过 8mm 时，不超过玻璃板的厚度；8mm 以上时，不超过 8mm		

①S 是以平方米为单位的玻璃板面积数值，按《数值修约规则与极限数值的表示和判定》（GB/T 8170—2008）修约，保留小数点后两位。点状缺陷的允许个数限度及划伤的允许条数限度为各系数与 S 相乘所得的数值，按《数值修约规则与极限数值的表示和判定》（GB/T 8170—2008）修约至整数。

②点状缺陷中不允许有光畸变点。

3）平板玻璃优等品外观质量应符合表 11-17 的规定。

表 11-17　平板玻璃优等品外观质量

缺陷种类	质量要求	
点状缺陷[②]	尺寸（L）/mm	允许个数限度
	0.3≤L≤0.5	1×S[①]
	0.5<L≤1.0	0.2×S[①]
	L>1.0	0
点状缺陷密集度	尺寸≥0.3mm 的点状缺陷最小间距不小于 300mm；直径 100mm 圆内尺寸≥0.1mm 的点状缺陷不超过 3 个	
线道	不允许	
裂纹	不允许	
划伤	允许范围	允许条数限度
	宽≤0.1mm，长≤30mm	2×S[①]

缺陷种类	公称厚度	无色透明平板玻璃	本体着色平板玻璃
光学变形	2mm	≥50°	≥50°
	3mm	≥55°	≥50°
	4～12mm	≥60°	≥55°
	≥15mm	≥55°	≥50°
断面缺陷	公称厚度不超过 8mm 时，不超过玻璃板的厚度；8mm 以上时，不超过 8mm		

①S 是以平方米为单位的玻璃板面积数值，按《数值修约规则与极限数值的表示和判定》（GB/T 8170—2008）修约，保留小数点后两位。点状缺陷的允许个数限度及划伤的允许条数限度为各系数与 S 相乘所得的数值，按《数值修约规则与极限数值的表示和判定》（GB/T 8170—2008）修约至整数。

②点状缺陷中不允许有光畸变点。

（5）弯曲度　平板玻璃弯曲度应不超过 0.2%。

（6）光学特性。

1）无色透明平板玻璃可见光透射比应不小于表 11-18 的规定。

表 11-18　无色透明平板玻璃可见光透射比最小值

公称厚度/mm	可见光透射比最小值（%）	公称厚度/mm	可见光透射比最小值（%）
2	89	10	81
3	88	12	79
4	87	15	76
5	86	19	72
6	85	22	69
8	83	25	67

2）本体着色平板玻璃可见光透射比、太阳光直接透射比、太阳能总透射比偏差应不超过表 11-19 的规定。

表 11-19　本体着色平板玻璃透射比偏差

种　类	偏差（%）
可见光（380～780nm）透射比	2.0
太阳光（300～2500nm）直接透射比	3.0
太阳能（300～2500nm）总透射比	4.0

3）本体着色平板玻璃颜色均匀性，同一批产品色差应符合 $\Delta E_{ab}^{*} \leqslant 2.5$。

（三）平板玻璃试验方法

按《平板玻璃》(GB 11614—2009) 进行。

（四）质量验收与储存

1. 抽样

1）企业可根据实际情况，制定合适的出厂检验抽样方案。

2）当进行型式检验时，可按本标准表 11-20 规定的玻璃批量和样本量抽样。

表 11-20　抽样方案表

（单位：片）

批　量	样本量	接收数	拒收数
2～8	2	0	1
9～15	3	0	1
16～25	5	1	2
26～50	8	1	2
51～90	13	2	3
91～150	20	3	4
151～280	32	5	6
281～500	50	7	8
501～1200	80	10	11

2. 判定规则

1）对产品尺寸偏差、对角线差、厚度偏差、厚薄差、外观质量和弯曲度进行检验时，一片玻璃其检验结果的各项指标均达到该等级的要求则该片玻璃为合格，否则为不合格。一批玻璃中，若不合格片数小于或等于表 11-20 中接收数，则该批玻璃上述指标合格；若不合格片数大于或等于表 11-20 中拒收数，则该批玻璃上述指标不合格。

2）对无色透明平板玻璃可见光透射比进行检验时，若检验结果符合的规定，则判定该批产品该项指标合格。

3）对本体着色平板玻璃的透射比偏差进行检验时，若检验结果符合的规定，则判定该批产品该项指标合格。

4）对本体着色平板玻璃颜色均匀性进行检验时，若检验结果符合的规定，则判定该批产品该项指标合格。

3. 运输与储存

1）运输时应防止包装剧烈晃动、碰撞、滑动和倾倒。在运输和装卸过程中应有防雨措施。

2）玻璃应储存在通风、防潮、有防雨设施的地方，以免玻璃发霉。

二、压花玻璃

（一）压花玻璃分类

1）压花玻璃按外观质量分为一等品、合格品。

2）压花玻璃按厚度分为3mm、4mm、5mm、6mm和8mm。

（二）压花玻璃技术要求

1）压花玻璃应为长方形或正方形，其长度和宽度尺寸允许偏差应符合表11-21规定。

2）压花玻璃的厚度偏差应符合表11-22的规定。

表11-21 压花玻璃长度和宽度尺寸允许偏差

（单位：mm）

厚　度	尺寸允许偏差
3	±2
4	±2
5	±2
6	±2
8	±3

表11-22 压花玻璃厚度尺寸允许偏差

（单位：mm）

厚　度	尺寸允许偏差
3	±0.3
4	±0.4
5	±0.4
6	±0.5
8	±0.6

3）压花玻璃对角线差应小于两对角线平均长度的0.2%。

4）压花玻璃的弯曲度不应超过0.3%。

5）压花玻璃外观质量应符合表11-23规定。

表11-23 压花玻璃外观质量

缺陷类型	说明	一等品			合格品		
图案不清	目测可见	不允许					
气泡	长度范围/mm	2≤L<5	5≤L<10	L≥10	2≤L<5	5≤L<15	L≥15
	允许个数	6.0×S	3.0×S	0	9.0×S	4.0×S	0
杂物	长度范围/mm	2≤L<3		L≥3	2≤L<3		L≥3
	允许个数	1.0×S		0	2.0×S		0
线条	长宽范围/mm	不允许			长度100≤L<200，宽度W<0.5		
	允许条数				3.0×S		
皱纹	目测可见	不允许			边部50mm以内轻微的允许存在		
压痕	长度范围/mm	不允许			2≤L<5		L≥5
	允许个数				2.0×S		0

（续）

缺陷类型	说明	一等品	合格品
划伤	长宽范围/mm	不允许	长度 $L \leqslant 60$，宽度 $W < 0.5$
	允许条数		$3.0 \times S$
裂纹	目测可见	不允许	
断面缺陷	爆边、凹凸、缺角等	不应超过玻璃板的厚度	

注：1. 上表中，L 表示相应缺陷的长度，W 表示其宽度，S 是以平方米为单位的玻璃板的面积，气泡、杂物、压痕和划伤的数量允许上限值是以 S 乘以相应系数所得的数值，此数值应按《数值修约规则与极限数值的表示和判定》（GB/T 8170—2008）修约至整数。

2. 对于 2mm 以下的气泡，在直径为 100mm 的圆内不允许超过 8 个。

3. 破坏性的杂物不允许存在。

（三）压花玻璃试验方法

1. 长度和宽度尺寸偏差的测定

用符合《金属直尺》（GB/T 9056—2004）钢直尺或钢卷尺，分别从长宽边的中间部位，测量两平行边的距离。测得的结果与公称尺寸的差值即为尺寸偏差。

2. 对角线差的测定

用钢卷尺测量玻璃板的两条对角线，取其差的绝对值。

3. 厚度偏差的测定

用符合《公法线千分尺》（GB/T 1217—2004）规定的精度为 0.01mm 且圆盘直径不低于 20mm 的公法线千分尺在玻璃板四边中点测量。取其最大偏差值。

4. 外观质量的测定

按《压花玻璃》（JC/T 511—2002［2009］）进行。

（四）质量验收与储存

1. 抽样规定

当对产品质量有争议以及监督抽查、仲裁时，可按表 11-24 规定的玻璃批量和抽样数抽样。抽样表依据《计数抽样检验程序　第 1 部分：按接收质量限（AQL）检索的逐批检验抽样计划》（GB/T 2828.1—2003），取 AQL＝6.5。

表 11-24　抽样表

批量范围	样本大小	合格判定数	不合格判定数
1～8	2	0	1
9～15	3	0	1
16～50	8	1	2
51～90	13	2	3
91～150	20	3	4
151～280	32	5	6
281～500	50	7	8
501～1200	80	10	11

2. 判定规则

1）一片玻璃其检验结果的各项指标均达到该等级的要求则该片玻璃为合格，否则为不合格。

2）一批玻璃中，若不合格片数小于或等于表 11-24 中合格判定数，则该批玻璃合格；若不合格片数大于或等于表 11-24 中不合格判定数，则该批玻璃不合格。

3. 运输与储存

1）运输时应防止木箱或集装架（箱）倾倒碰撞。

2）玻璃应储存在干燥并有防雨设施的地方。

三、夹层玻璃

（一）夹层玻璃分类

1）按形状分为：

①平面夹层玻璃；

②曲面夹层玻璃。

2）按霰弹袋冲击性能分为：

①Ⅰ类夹层玻璃；

②Ⅱ-1类夹层玻璃；

③Ⅱ-2类夹层玻璃；

④Ⅲ类夹层玻璃。

（二）夹层玻璃技术要求

1）外观质量应符合下列要求：

①可视区的点状缺陷数应满足表11-25的规定。

表11-25 可视区允许点状缺陷数

缺陷尺寸（λ）/min			0.5<λ≤1.0	1.0<λ≤3.0			
玻璃面积（S）/m^2			S不限	S≤1	1<S≤2	2<S≤3	3<S
允许缺陷数/个	玻璃层数	2	不得密集存在	1	2	1.0m^2	1.2m^2
		3		2	3	1.5m^2	1.8m^3
		4		3	4	2.0m^2	2.4m^3
		≥5		4	5	2.5m^2	3.0m^3

注：1. 不大于0.5mm的缺陷不考虑，不允许出现大于3mm的缺陷。

2. 当出现下列情况之一时，视为密集存在：

1）两层玻璃时，出现4个或4个以上，且彼此相距<200mm缺陷；

2）三层玻璃时，出现4个或4个以上的缺陷，且彼此相距<180mm；

3）四层玻璃时，出现4个或4个以上的缺陷，且彼此相距<150mm；

4）五层以上玻璃时，出现4个或4个以上的缺陷，且彼此相距<100mm。

3. 单层中间层单层厚度大于2mm时，上表允许缺陷数总数增加1。

②可视区的线状缺陷数应满足表11-26的规定。

表11-26 可视区允许的线状缺陷数

缺陷尺寸（长度L，宽度B）/mm	L≤30且B≤0.2	L>30或B>0.2		
玻璃面积（S）/m^2	S不限	S≤5	5<S≤8	8<S
允许缺陷数/个	允许存在	不允许	1	2

③使用时装有边框的夹层玻璃周边区域，允许直径不超过5mm的点状缺陷存在；如点状缺陷是气泡，气泡面积之和不应超过边缘区面积的5%。

使用时不带边框夹层玻璃的周边区缺陷，由供需双方商定。

2）夹层玻璃最终产品的长度和宽度允许偏差应符合表11-27的规定。

表 11-27　长度和宽度允许偏差　　(单位：mm)

公称尺寸（边长 L）	公称厚度≤8	公称厚度＞8	
		每块玻璃公称厚度＜10	至少一块玻璃公称厚度≥10
$L\leqslant 1100$	+2.0 −2.0	+2.5 −2.0	+3.5 −2.5
$1100<L\leqslant 1500$	+3.0 −2.0	+3.5 −2.0	+4.5 −3.0
$1500<L\leqslant 2000$	+3.0 −2.0	+3.5 −2.0	+6.0 −3.5
$2000<L\leqslant 2500$	+4.5 −2.5	+6.0 −3.0	+6.0 −4.0
$L>2500$	+5.0 −2.0	+5.5 −2.5	+6.5 −4.5

3）叠差如图 11-1 所示，夹层玻璃的最大允许叠差见表 11-28。

表 11-28　夹层玻璃的最大允许叠差

(单位：mm)

长度或宽度 L	最大允许叠差
$L\leqslant 1000$	2.0
$1000<L\leqslant 2000$	3.0
$2000<L\leqslant 4000$	4.0
$L>4000$	6.0

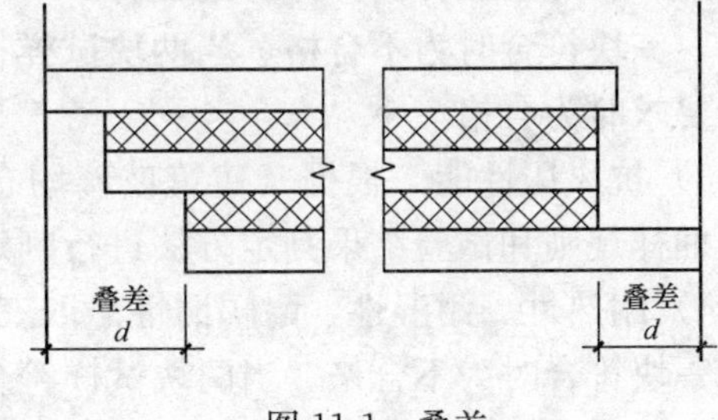

图 11-1　叠差

4）厚度　对于三层原片以上（含三层）制品、原片材料总厚度超过 24mm 及使用钢化玻璃作为原片时，其厚度允许偏差由供需双方商定。

①干法夹层玻璃厚度偏差　干法夹层玻璃的厚度偏差。不能超过构成夹层玻璃的原片厚度允许偏差和中间层材料厚度允许偏差总和。中间层的总厚度＜2mm 时，不考虑中间层的厚度偏差；中间层总厚度≥2mm，其厚度允许偏差为±0.2mm。

表 11-29　湿法夹层玻璃中间层厚度允许偏差

(单位：mm)

湿法中间层厚度 d	允许偏差
$d<1$	±0.4
$1\leqslant d<2$	±0.5
$2\leqslant d<3$	±0.6
$d\geqslant 3$	±0.7

②湿法夹层玻璃厚度偏差。湿法夹层玻璃的厚度偏差，不能超过构成夹层玻璃的原片厚度允许偏差和中间层材料厚度允许偏差总和。湿法中间层厚度允许偏差应符合表 11-29 的规定。

5）对角线差　矩形夹层玻璃制品，长边长度不大于 2400mm 时，对角线差不得大于 4mm；长边长度大于 2400mm 时，对角线差由供需双方商定。

（三）夹层玻璃试验方法

按《建筑用安全玻璃　第 3 部分：夹层玻璃》(GB 15763.3—2009) 进行。

（四）质量验收与储存

（1）组批与抽样规则。

1）产品的尺寸允许偏差、外观质量、弯曲度试验按表 11-30 进行随机抽样。

2）对产品所要求的其他技术性能，若用产品检验时，根据检测项目所要求的数量从该批产品中随机抽取。若用试样进行检验时，应采用同一工艺条件下制备的试样。当该批产品批量大于 500 块时，以每 500 块为一批分批抽取试样，当检验项目为非破坏性试验时，试样可继续用于其他项目的检测。

表 11-30 抽样规则

批量范围	抽样数	合格判定数	不合格判断数
2～8	2	0	1
9～15	3	0	1
16～25	6	1	2
26～50	8	2	3
51～90	13	3	4
91～150	20	5	6
151～280	32	7	8
281～500	50	10	11

（2）判定规则。

1）尺寸允许偏差、外观质量、弯曲度三项的不合格品数如大于或等于表 11-30 的不合格判定数，则认为该批产品外观质量、尺寸偏差和弯曲度不合格。

2）可见光透射比、可见光反射比　取三块试样进行试验。三块试样全部符合要求时为合格，一块符合时为不合格。当两块试样符合时，追加三块新试样重新进行试验，三块全部符合要求时为合格。

3）抗风压性能　根据《建筑玻璃均布静载模拟风压试验方法》（JC/T 677—1997）规定的抽样规则和试验结果判定方法进行判定。

4）耐热性、耐湿性、耐辐照性　取三块试样进行试验。三块试样全部符合要求时为合格，一块符合时为不合格。当两块试样符合时，追加三块新试样重新进行试验，三块全部符合要求时为合格。

5）落球冲击剥离性能　取 6 块试样进行试验。当 5 块或 5 块以上符合时为合格，三块或三块以下符合时为不合格。当四块试样符合时，追加 6 块新试样重新进行试验，6 块全部符合时为合格。

6）霰弹袋冲击性能　安全夹层玻璃霰弹袋冲击性能达到Ⅲ级或更高级别时，霰弹袋冲击性能为合格。如果 1 组试样在冲击高度为 300mm 时冲击后，任何试样非安全破坏，即认定安全夹层玻璃霰弹袋冲击性能不合格。

7）批次合格判定　上述各项中，有一项不合格，则认为该批产品不合格。

（3）运输与储存。

1）产品用各种类型的车辆运输，搬运规则，条件应符合《汽车安全玻璃包装》（JC/T 512—1993［2009］）的有关规定。

2）运输时，夹层玻璃不得平放或斜放，长度方向应与车辆运输方向相同，应有防雨设施。

3）产品应垂直储存在干燥的室内。

四、防火玻璃

（一）防火玻璃分类

1）防火玻璃按结构可分为：

①复合防火玻璃（以 FFB 表示）；

②单片防火玻璃（DFB 表示）。

2）防火玻璃按耐火性能可分为：

①隔热型防火玻璃（A 类）；

②非隔热型防火玻璃（C 类）。

3）防火玻璃按耐火极限可分为五个等级：0.50h、1.00h、1.50h、2.00h、3.00h。

（二）防火玻璃技术要求

1）防火玻璃的尺寸、厚度允许偏差应符合表 11-31 和表 11-32 的规定。

表 11-31　复合防火玻璃的尺寸、厚度允许偏差　（单位：mm）

<table>
<tr><th rowspan="2">玻璃的公称厚度 d</th><th colspan="2">长度或宽度（L）允许偏差</th><th rowspan="2">厚度允许偏差</th></tr>
<tr><th>L≤1200</th><th>1200<L≤2400</th></tr>
<tr><td>5≤d<11</td><td>±2</td><td>±3</td><td>±1.0</td></tr>
<tr><td>11≤d<17</td><td>±3</td><td>±4</td><td>±1.0</td></tr>
<tr><td>17≤d<24</td><td>±4</td><td>±5</td><td>±1.3</td></tr>
<tr><td>24≤d<35</td><td>±5</td><td>±6</td><td>±1.5</td></tr>
<tr><td>d≥35</td><td>±5</td><td>±6</td><td>±2.0</td></tr>
</table>

注：当 *L* 大于 2400mm 时，尺寸允许偏差由供需双方商定。

表 11-32　单片防火玻璃尺寸、厚度允许偏差　（单位：mm）

<table>
<tr><th rowspan="2">玻璃公称厚度</th><th colspan="3">长度或宽度（L）允许偏差</th><th rowspan="2">厚度允许偏差</th></tr>
<tr><th>L≤1000</th><th>1000<L≤2000</th><th>L>2000</th></tr>
<tr><td>5
6</td><td>+1
−2</td><td rowspan="3">±3</td><td rowspan="4">±4</td><td>±0.2</td></tr>
<tr><td>8
10</td><td rowspan="2">+3
−3</td><td>±0.3</td></tr>
<tr><td>12</td><td>±0.3</td></tr>
<tr><td>15</td><td>±4</td><td>±4</td><td>±0.5</td></tr>
<tr><td>19</td><td>±5</td><td>±5</td><td>±6</td><td>±0.7</td></tr>
</table>

2）防火玻璃的外观质量应符合表 11-33 和表 11-34 的规定。

表 11-33　复合防火玻璃的外观质量

<table>
<tr><th>缺陷名称</th><th>要　　求</th></tr>
<tr><td>气泡</td><td>直径 300mm 圆内允许长 0.5～1.0mm 的气泡 1 个</td></tr>
<tr><td>胶合层杂质</td><td>直径 500mm 圆内允许长 2.0mm 以下的杂质 2 个</td></tr>
<tr><td rowspan="2">划伤</td><td>宽度≤0.1mm，长度≤50mm 的轻微划伤、每平方米面积内不超过 4 条</td></tr>
<tr><td>0.1mm<宽度<0.5mm，长度≤50mm 的轻微划伤，每平方米面积内不超过 1 条</td></tr>
<tr><td>爆边</td><td>每米边长允许有长度不超过 20mm、自边部向玻璃表面延伸深度不超过厚度一半的爆边 4 个</td></tr>
<tr><td>叠差、裂纹、脱胶</td><td>脱胶、裂纹不允许存在；总叠差不应大于 3mm</td></tr>
</table>

注：复合防火玻璃周边 15mm 范围内的气泡、胶合层杂质不作要求。

表 11-34 单片防火玻璃的外观质量

缺陷名称	要求
爆边	不允许存在
划伤	宽度≤0.1mm，长度≤50mm 的轻微划伤，每平方米面积内不超过 2 条
	0.1mm<宽度<0.5mm，长度≤50mm 的轻微划伤，每平方米面积内不超过 1 条
结石、裂纹、缺角	不允许存在

3）隔热型防火玻璃（A 类）和非隔热型防火玻璃（C 类）的耐火性能应满足表 11-35 的要求。

表 11-35 防火玻璃的耐火性能

分类名称	耐火极限等级	耐火性能要求
隔热型防火玻璃（A类）	3.00h	耐火隔热性时间≥3.00h，且耐火完整性时间≥3.00h
	2.00h	耐火隔热性时间≥2.00h，且耐火完整性时间≥2.00h
	1.50h	耐火隔热性时间≥1.50h，且耐火完整性时间≥1.50h
	1.00h	耐火隔热性时间≥1.00h，且耐火完整性时间≥1.00h
	0.50h	耐火隔热性时间≥0.50h，且耐火完整性时间≥0.50h
非隔热型防火玻璃（C类）	3.00h	耐火完整性时间≥3.00h，耐火隔热性无要求
	2.00h	耐火完整性时间≥2.00h，耐火隔热性无要求
	1.50h	耐火完整性时间≥1.50h，耐火隔热性无要求
	1.00h	耐火完整性时间≥1.00h，耐火隔热性无要求
	0.50h	耐火完整性时间≥0.50h，耐火隔热性无要求

4）防火玻璃的弓形弯曲度不应超过 0.3%，波形弯曲度不应超过 0.2%。

5）防火玻璃的可见光透射比应符合表 11-36 的要求。

表 11-36 防火玻璃的可见光透射比

项目	允许偏差最大值（明示标称值）	允许偏差最大值（未明示标称值）
可见光透射比	±3%	≤5%

6）试验后复合防火玻璃试样的外观质量应符合表 11-33 和表 11-34 的规定。

（三）防火玻璃试验方法

按《建筑用安全玻璃 第 1 部分：防火玻璃》（GB/T 15763.1—2009）进行。

（四）质量验收与储存

（1）组批与抽样。

1）防火玻璃的尺寸、厚度偏差、外观质量、弯曲度按表 11-37 规定进行随机抽样。

2）对产品的技术要求，若用制品检验时，根据检测项目所要求的数量从该批产品中随机抽取；组成一批的防火玻璃应为同一材料，同一工艺条件下生产的产品。当该批产品批量大于 500 片时，以每 500 片为一批分批抽取，若用试样进行检验时，应采用与制品相同材料和工艺条件下制备的试样。

（2）判定规则。

1）进行防火玻璃的尺寸、厚度偏差、外观质量、弯曲度检验时，如不合格品数小于表 11-28 中的不合格判定数，该项目合格；如不合格品数等于或大于表 11-28 的不合格判定数，则认为该批产品的该项目不合格。

2）进行耐火性能、可见光透射比、碎片状态检验时，样品全部满足要求为合格，否则该项目不合格。

3）进行耐热性能、耐寒性能、耐紫外辐照性能检验时，样品全部满足要求，该项目合格；如两块样品不合格，则该项目不合格；如果有一块样品不合格，可另取三块备用样品重新试验，如仍出现不合格品，则该项目不合格。

表 11-37　尺寸、厚度偏差、外观质量、弯曲度抽样和判定表

（单位：块）

批量范围	抽检数	合格判定数	不合格判定数
2～8	2	0	1
9～15	3	0	1
16～25	5	1	2
26～50	8	2	3
51～90	13	3	4
91～150	20	5	6
151～280	32	7	8
281～500	50	10	11

4）进行抗冲击性能检验时，如样品破坏不超过一块，则该项目合格；如三块或三块以上样品破坏，则该项目不合格；如果有两块样品破坏，可另取六块备用样品重新试验，如仍出现样品破坏，则该项目不合格。

5）全部检验项目中，如有一项不合格，则认为该批产品不合格。

（3）运输与储存。

1）运输时不得平放，长度应与车辆运动方向相同，应有防雨措施。

2）产品应垂直存放在干燥的室内。

第三节　建筑陶瓷

一、陶瓷砖

（一）陶瓷砖分类

（1）按陶瓷砖的成型方法和吸水率分类　按照陶瓷砖的成型方法和吸水率进行分类（表 11-38），这种分类与产品的使用无关。

表 11-38　陶瓷砖按成型方法和吸水率分类表

成型方法	Ⅰ类 $E\leqslant3\%$	Ⅱa 类 $3\%<E\leqslant6\%$	Ⅱb 类 $6\%<E\leqslant10\%$	Ⅲ类 $E>10\%$
A（挤压）	AⅠ类	AⅡa1 类①	AⅡb1 类①	AⅢ类
		AⅡa2 类①	AⅡb2 类①	
B（干压）	BⅠa 类 瓷质砖 $E\leqslant0.5\%$	BⅡa 类 细炻砖	BⅡb 类 炻质砖	BⅢ类② 陶质砖
	BⅠb 类 炻瓷砖 $0.5\%<E\leqslant3\%$			
C（其他）	CⅠ类①	CⅡa 类③	CⅡb 类③	CⅢ类③

①AⅡa 类、AⅡb 类按照产品不同性能分为两个部分。

②BⅢ类仅包括有釉砖，此类不包括吸水率大于 10%的干压成型无釉砖。

③本标准中不包括这类砖。

(2) 按成型方法分类。

A挤压砖；

B干压砖；

C其他方法成型的砖。

(3) 按吸水率分为以下三类：

1) 低吸水率砖（Ⅰ类），$E \leqslant 3\%$。

Ⅰ类干压砖还可以进一步分为：

(a) $E \leqslant 0.5\%$（BⅠa类）；

(b) $0.5\% < E \leqslant 3\%$（BⅠb类）。

2) 中吸水率砖（Ⅱ类），$3\% < E \leqslant 10\%$。

Ⅱ类挤压砖还可一步分为：

(a) $3\% < E \leqslant 6\%$（AⅡa类，第1部分和第2部分）；

(b) $6\% < E \leqslant 10\%$（AⅡb类，第1部分和第2部分）。

Ⅱ类干压砖还可一步分为：

(a) $3\% < E \leqslant 6\%$（BⅡa类）；

(b) $6\% < E \leqslant 10\%$（BⅡb类）。

3) 高吸水率砖（Ⅲ类），$E > 10\%$。

(二) 陶瓷砖性能要求

在表11-39中列了不同用途陶瓷砖的产品性能要求。

表11-39 不同用途陶瓷砖的产品性能要求

性能		地砖		墙砖		试验方法（依据标准）
		室内	室外	室内	室外	
尺寸和表面质量	长度和宽度	×	×	×	×	《陶瓷砖试验方法　第2部分：尺寸和表面质量的检验》(GB/T 3810.2—2006)
	厚度	×	×	×	×	
	边直度	×	×	×	×	
	直角度	×	×	×	×	
	表面平整度（弯曲度和翘曲度）	×	×	×	×	
物理性能	吸水率	×	×	×	×	《陶瓷砖试验方法　第3部分：吸水率、显气孔率、表观相对密度和容重的测定》(GB/T 3810.3—2006)
	破坏强度	×	×	×	×	《陶瓷砖试验方法　第4部分：断裂模数和破坏强度的测定》(GB/T 3810.4—2006)

（续）

性能		地砖		墙砖		试验方法
		室内	室外	室内	室外	
物理性能	无釉砖耐磨深度	×	×			《陶瓷砖试验方法　第6部分：无釉砖耐磨深度的测定》（GB/T 3810.6—2006）
	有釉砖表面耐磨性	×	×			《陶瓷砖试验方法　第7部分：有釉砖表面耐磨性的测定》（GB/T 3810.7—2006）
	线性热膨胀①	×	×	×	×	《陶瓷砖试验方法　第8部分：线性热膨胀的测定》（GB/T 3810.8—2006）
	抗热震性①	×	×	×	×	《陶瓷砖试验方法　第9部分：抗热震性的测定》（GB/T 3810.9—2006）
	有釉砖抗釉裂性	×	×	×	×	《陶瓷砖试验方法　第11部分：有釉砖抗釉裂性的测定》（GB/T 3810.11—2006）
	抗冻性②		×		×	《陶瓷砖试验方法　第12部分：抗冻性的测定》（GB/T 3810.12—2006）
	摩擦系数	×	×			《陶瓷砖》（GB/T 4100—2006）附录M
	湿膨胀①	×	×	×	×	《陶瓷砖试验方法　第10部分：湿膨胀的测定》（GB/T 3810.10—2006）
	小色差①	×	×	×	×	《陶瓷砖试验方法　第16部分：小色差的测定》（GB/T 3810.16—2006）
	抗冲击性①	×	×			《陶瓷砖试验方法　第5部分：用恢复系数确定砖的抗冲击性》（GB/T 3810.5—2006）
	抛光砖光泽度	×	×	×	×	《建筑饰面材料镜向光泽度测定方法》（GB/T 13891—2008）
化学性能	有釉砖耐污染性	×	×	×	×	《陶瓷砖试验方法　第14部分：耐污染性的测定》（GB/T 3810.14—2006）
	无釉砖耐污染性①	×	×	×	×	
	耐低浓度酸和碱化学腐蚀性	×	×	×	×	《陶瓷砖试验方法　第13部分：耐化学腐蚀性的测定》（GB/T 3810.13—2006）
	耐高浓度酸和碱化学腐蚀性①	×	×	×	×	
	耐家庭化学试剂和游泳池盐类化学腐蚀性	×	×	×	×	
	有釉砖铅和镉的溶出量①	×	×	×	×	《陶瓷砖试验方法　第15部分：有釉砖铅和镉溶出量的测定》（GB/T 3810.15—2006）

①见《陶瓷砖》（GB/T 4100—2006）附录Q试验方法。

②砖在有冰冻情况下使用时。

（三）陶瓷砖试验方法

按《陶瓷砖试验方法　第1部分：抽样和接收条件》（GB/T 3810.1—2006）进行。

二、玻璃锦砖

（一）玻璃锦砖规格尺寸

玻璃锦砖一般规格有25mm×50mm，50mm×50mm，50mm×105mm三种，其他规格尺寸、形状由供需双方协商。

（二）玻璃锦砖技术要求

1）单块玻璃锦砖规格尺寸及允许偏差应符合表11-40的规定。

2）玻璃锦砖的联长、周边距、线路及允许偏差应符合表11-41的规定。

表11-40　单块玻璃锦砖规格尺寸及允许偏差

（单位：mm）

规　格	边长允许偏差	厚度及允许偏差
25×50	±0.4	4.5±0.4
50×50	±0.5	5.0±0.5
50×105	±0.5	6.0±0.5

注：以上规格装饰面均为平面，其他形状的规格尺寸由供需双方协商。

表11-41　玻璃锦砖的联长、周边距、线路及允许偏差

（单位：mm）

项目	尺寸	允许偏差
联长	325	±3.0
周边距	1～8	
线路	3.0	±0.8

注：其他尺寸的联长由供需双方协商，周边距只适用于贴纸时。

3）玻璃锦砖的外观质量应符合表11-42的规定。

表11-42　玻璃锦砖的外观质量　（单位：mm）

缺陷名称		表示方法	缺陷允许范围	备　注
变　形	凹陷	深度	≤0.5	
	弯曲	弯曲度	≤0.5	
缺　边		长度	3.0≤长度≤6.0	允许一处
		宽度	1.0≤宽度≤2.0	
缺角		损伤长度	≤5.0	
裂纹			不允许	
皱纹			不密集	

4）色差。

①同一色号的玻璃锦砖允许单块间稍有色差。

②同一批同色号产品目测应基本均匀一致。

5）玻璃锦砖的理化性能应符合表11-43的规定。

表11-43　玻璃锦砖的理化性能

试验项目	条　件	指　标
玻璃锦砖与铺贴纸粘合牢固度	用双手捏住联一边的两角。垂直提起然后平放，反复三次	无脱落

（续）

试验项目		条　件	指　标
脱纸时间		18～25℃水浸泡 40min	70%以上脱落
耐急冷急热		70±2℃⇔18～25℃ 水 30min　　水 10min 循环 3 次	无裂纹、无破损
化学稳定性	盐酸	1mol/L 溶液　室温下浸泡 24h	无变点及剥离现象
	硫酸	1mol/L 溶液　室温下浸泡 24h	无变点及剥离现象
	氢氧化钠	1mol/L 溶液　室温下浸泡 24h	无变点及剥离现象

（三）玻璃锦砖试验方法

按《玻璃锦砖》（JC/T 875—2001）进行。

（四）质量验收与储存

1. 批量及抽样规则

以同品种、同色号的产品 50～300 箱为一批，小于 50 箱由供需双方商定。从每批中随机取 4 箱，然后从 4 箱中随机抽取 20 联。

2. 判定规则

（1）联长　若不合格数小于或等于 3 联，则判定该批产品这一指标合格；否则该指标不合格。

（2）周边距　若不合格数小于或等于 3 联，则判定该批产品这一指标合格；否则该指标不合格。

（3）线路　若不合格数小于或等于 3 联，则判定该批产品这一指标合格；否则该指标不合格。

（4）色差　若检验结果符合色差规定，则判定该批产品这一指标合格；否则该指标不合格。

（5）单块边长　若不合格数小于或等于 3 块，则判定该批产品这一指标合格；否则该指标不合格。

（6）单块厚度　若不合格数小于或等于 3 块，则判定该批产品这一指标合格；否则该指标不合格。

（7）单块外观质量　若不合格数小于或等于 3 块，则判定该批产品这一指标合格；否则该指标不合格。

（8）理化性能　若所取试样经检验符合表 11-73 规定则判定该批产品这一指标合格；否则该指标不合格。

3. 运输与储存

1）产品运输时要轻拿轻放，防止受潮。

2）产品储存时要按品种、色号分别堆放，并防止受潮。

三、建筑玻璃制品

（一）建筑玻璃制品分类

建筑玻璃制品按品种分为三类：瓦类、脊类、饰件类。

瓦类部分根据形状可进一步分为板瓦、筒瓦、滴水瓦、沟头瓦、J形瓦、S形瓦和其他异形瓦等。

（二）建筑玻璃制品技术要求

（1）尺寸　尺寸允许偏差应符合表11-44的规定。

表11-44　尺寸允许偏差　（单位：mm）

尺　寸	允许偏差
L（b）≥350	±4
250≤L（b）<350	±3
L（b）<250	±2

（2）外观质量　外观质量应符合表11-45的规定。

表11-45　外观质量要求

缺陷名称		计量单位	要　求
表面缺陷	磕碰、釉粘、缺釉、斑点、落脏、棕眼、熔洞、图案缺陷、烟熏、釉缕、釉泡、釉裂	/	不明显
变形	L≥350	mm	≤8
	250≤L<350	mm	≤7
	L<250	mm	≤6
裂纹	贯穿裂纹	mm	不允许
	非贯穿裂纹	mm	≤30
分　层		/	不允许

（3）吸水率　吸水率不大于12.0%。

（4）弯曲破坏荷重　弯曲破坏荷重不小于1300N。

（5）抗冻性能　经10次冻融循环不出现裂纹或剥落。

（6）耐急冷急热性　经10次耐急冷急热性循环不出现炸裂、剥落及裂纹延长现象。

（三）建筑玻璃制品试验方法

按《建筑琉璃制品》（JC/T 765—2006）进行。

（四）质量验收与储存

1. 组批规则和抽样方案

1）同类别、同规格、同色号的产品，每 10000～35000 件为一个检验批。不足该数量，也按一批计。

2）按照《陶瓷砖试验方法　第 1 部分：抽样和接收条件》（GB/T 3810.1—2006）的规定，采用随机抽样的方法进行。

2. 判定规则

判定规则按照表 11-46 的规定。

表 11-46　判定规则

检验项目	样本大小 n		第一次抽样		第一次抽样加第二次抽样	
	第一次 n_1	第二次 n_2	接收数 Ac_1	拒收数 Re_1	接收数 Ac_2	拒收数 Re_2
尺寸	20	20	2	4	3	4
外观质量	20	20	2	4	3	4
吸水率	5	5	0	2	1	2
弯曲破坏荷重	5	5	0	2	1	2
抗冻性	5	—	0	1	—	—
耐急冷急热性	5	5	0	2	1	2

3. 运输与储存

1）产品装卸时应轻拿轻放，严禁摔扔，运输过程中应避免碰撞。

2）产品应按品种、规格、色号分别整齐堆放。

第四节　人造板与木地板

一、人造板

（一）浸渍胶膜纸饰面人造板

1. 浸渍胶膜纸饰面人造板分类

浸渍胶膜纸饰面人造板分类见表 11-47。

表 11-47　浸渍胶膜纸饰面人造板的分类

序号	分类方法	类　别
1	根据人造板基材分	①浸渍胶膜纸饰面刨花板； ②浸渍胶膜纸饰面纤维板
2	根据装饰面分	①浸渍胶膜纸单饰面人造板； ②浸渍胶膜纸双饰面人造板
3	根据表面状态分	①平面浸渍胶膜纸饰面人造板； ②浮雕浸渍胶膜纸饰面人造板

2. 浸渍胶膜纸饰面人造板技术要求

1）浸渍胶膜纸双饰面人造板外观质量应符合表 11-48 的要求。浸渍胶膜纸单饰面人造板的装饰面外观质量应符合表 11-48 中正面要求，其背面不应有影响使用的缺陷。

表 11-48 浸渍胶膜纸饰面人造板外观质量要求

<table>
<tr><th rowspan="2">缺陷名称</th><th colspan="2">优等品</th><th colspan="2">一等品</th><th colspan="2">合格品</th></tr>
<tr><th>正面</th><th>背面</th><th>正面</th><th>背面</th><th>正面</th><th>背面</th></tr>
<tr><td>干 花</td><td colspan="2" rowspan="3">不允许</td><td rowspan="2">不允许</td><td rowspan="2">总面积不超过板面的 3%，允许</td><td rowspan="2">距板边 5mm 内，允许</td><td rowspan="2">总面积不超过板面的 5%，允许</td></tr>
<tr><td>湿 花</td></tr>
<tr><td>污 斑</td><td>任意 1m² 板面内≤3m² 允许 1 处</td><td colspan="2">任意 1m² 板面内 3～30mm² 允许 1 处</td><td>任意 1m² 板面内 5～30mm² 允许 3 处</td></tr>
<tr><td>表面划痕</td><td colspan="3">不允许</td><td colspan="2">任 1m² 板面内长度≤100mm 允许 2 处；
影响装饰层的不允许</td><td>任意 1m² 板面内长度≤200mm 允许 4 处；
影响装饰层的不允许</td></tr>
<tr><td>表面压痕</td><td colspan="5">不允许</td><td>任意 1m² 板面内 20～50mm² 允许 1 处</td></tr>
<tr><td>透底</td><td colspan="3" rowspan="3">不允许</td><td colspan="3">明显的不允许</td></tr>
<tr><td>纸板错位</td><td colspan="3">宽度不得超过 10mm，只允许一边有</td></tr>
<tr><td>表面孔隙</td><td colspan="3">表面孔隙总面积不超过板面的 3%允许</td></tr>
<tr><td>颜色不匹配</td><td colspan="6">明显的不允许</td></tr>
<tr><td>光泽不均</td><td colspan="6">明显的不允许</td></tr>
<tr><td>鼓泡</td><td colspan="5">不允许</td><td>任意 1m² 内≤10mm² 的允许 1 个</td></tr>
<tr><td>纸张撕裂</td><td colspan="3">不允许</td><td colspan="3">≤100mm，允许 1 处/张</td></tr>
<tr><td>局部缺纸</td><td colspan="5" rowspan="2">不允许</td><td>≤10mm²，允许 1 处/张</td></tr>
<tr><td>崩边</td><td>≤3mm</td></tr>
</table>

注：表中未列入影响使用和装饰效果的严重缺陷，如表面龟裂、分层、边角缺损（在基本尺寸内）等，各等级产品均不允许。

2）幅面尺寸及其偏差应符合表 11-49 规定，经供需双方协议可生产其他幅面尺寸的产品。

表 11-49 浸渍胶膜纸饰面人造板幅面尺寸及其偏差

长度/mm	宽度/mm	允许偏差/（mm/m）
2440	1220	±2.0
2440	1525	
2440	1830	
2610	2070	
2700	2070	

3）厚度偏差不得超过±0.3mm。

4）垂直度偏差不得超过 1mm/m。

5）边缘直度偏差不得超过 1mm/m。

6）厚度为 6～12mm 的翘曲度不得超过 0.5%；厚度大于 12mm 的翘曲度不得超过 0.3%。

7）浸渍胶膜纸饰面纤维板应符合表 11-50 规定。

表 11-50　浸渍胶膜纸饰面纤维板理化性能表

检验项目			单位	密度 0.6～0.8g/cm³				密度大于 0.8g/cm³
				基本厚度/mm				
				≤13.0	>13.0～20.0	>20.0～25.0	>25.0	
静曲强度			MPa	≥22.0	≥20.0	≥18.0	≥17.0	≥30.0
内结合强度			MPa	≥0.55	≥0.45	≥0.45	≥0.45	≥0.8
含水率			%	3.0～10.0				
吸水厚度膨胀率			%	≤8.0				
握螺钉力	板面		N	≥1000				
	板边		N	≥700				
表面胶合强度			MPa	≥0.60				≥1.00
表面耐冷热循环			—	无裂缝、无鼓泡				
表面耐划痕			—	≥1.5N 表面无整圈连续划痕				
尺寸稳定性			%	≤0.30				≤0.60
表面耐磨	磨耗值		mg/100r	≤80				
	表面情况	图案	—	磨 100r 后应保留 50%以上花纹				
		素色	—	磨 350r 以后应无露底现象				
表面耐香烟灼烧			—	黑斑、裂纹、鼓泡不允许				
表面耐干热			—	无龟裂、无鼓泡				
表面耐污染腐蚀			—	无污染、无腐蚀				
表面耐龟裂			—	0～1 级				
表面耐水蒸气			—	不允许有凸起、变色和龟裂				
耐光色牢度（灰色样卡）			级	≥4				

注：1. 两类不同密度的浸渍胶膜纸双饰面纤维板的表面性能两面均应符合本表指标要求。
2. 经供需双方协议，可生产其他耐光色牢度级别的产品。

8）浸渍胶膜纸饰面刨花板理化性能应符合表 11-51 规定。

表 11-51　浸渍胶膜纸饰面刨花板理化性能表

检验项目		单位	基本厚度/mm				
			≤13.0	>13.0～20.0	>20.0～25.0	>25.0～32.0	>32.0
静曲强度		MPa	≥16.0	≥15.0	≥14.0	≥12.0	≥10.0
内结合强度		MPa	≥0.40	≥0.35	≥0.30	≥0.25	≥0.20
含水率		%	3.0～13.0				
密度		g/cm³	0.60～0.90				
吸水厚度膨胀率		%	≤8.0				
握螺钉力	板面	N	≥1100				
	板边	N	≥700				
表面胶合强度		MPa	≥0.60				

（续）

检验项目			单位	基本厚度/mm				
				≤13.0	>13.0～20.0	>20.0～25.0	>25.0～32.0	>32.0
表面耐冷热循环			—	无裂缝、无鼓泡				
表面耐划痕			—	≥1.5N 表面无整圈连续划痕				
尺寸稳定性			%	≤0.60				
表面耐磨	磨耗值		mg/100r	≤80				
	表面情况	图案	—	磨 100r 后应保留 50%以上花纹				
		素色	—	磨 350r 以后应无露底现象				
表面耐香烟灼烧			—	黑斑、裂纹、鼓泡不允许				
表面耐干热			—	无龟裂、无鼓泡				
表面耐污染腐蚀			—	无污染、无腐蚀				
表面耐龟裂			—	0～1 级				
表面耐水蒸气			—	不允许有凸起、变色和龟裂				
耐光色牢度（灰色样卡）			级	≥4				

注：1. 浸渍胶膜纸双饰面刨花板的表面性能两面均应符合指标要求。

2. 经供需双方协议，可生产其他耐光色牢度级别的产品。

3. 浸渍胶膜纸饰面人造板试验方法

按《浸渍胶膜纸饰面人造板》（GB/T 15102—2006）进行。

4. 质量验收与储存

（1）外观质量检验　外观质量检验采用《计数抽样检验程序　第 1 部分：按接收质量限（AQL）检索的逐批检验抽样计划》（GB/T 2828.1—2003）中的正常检验二次抽样方案，其检验水平为Ⅱ，接收质量限 AQL＝4.0，见表 11-52。按表 11-48 规定对样本 n_1 进行检验。不合格数 $d_1 \leqslant Ac_1$ 时接收，$d_1 \geqslant Re_1$ 时拒收，若 $Ac_1 < d_1 < Re_1$，检验样本 n_2。前后两个样本中不合格品数 $d_1 + d_2 \leqslant Ac_2$ 时接收，$d_1 + d_2 \geqslant Re_2$ 时拒收。

表 11-52　外观质量抽样方案　（单位：张）

批量范围 N	样本大小		第一判定数		第二判定数	
	$n_1 = n_2$	$\sum n$	接收 Ac_1	拒收 Re_1	接收 Ac_2	拒收 Re_2
≤150	13	26	0	3	3	4
151～280	20	40	1	3	4	5
281～500	32	64	2	5	6	7
501～1200	50	100	3	6	9	10

（2）规格尺寸检验　规格尺寸检验采用《计数抽样检验程序　第 1 部分：按接收质量限（AQL）检索的逐批检验抽样计划》（GB/T 2828.1—2003）中的正常检验二次抽样方案，检验水平为Ⅰ，接收质量限 AQL＝6.5 见表 11-53。按要求对样品 n_1 进行检验。不合格品数 $d_1 \leqslant Ac_1$ 时接收，$d_1 \geqslant Re_1$ 时拒收，若 $Ac_1 < d_1 < Re_1$，检验样本 n_2。前后两个样本不合格品数 $d_1 + d_2 \leqslant Ac_2$ 时接收，$d_1 + d_2 \geqslant Re_2$ 时拒收。

表 11-53　规格尺寸抽样方案　（单位：张）

批量范围 N	样本大小		第一判定数		第二判定数	
	$n_1=n_2$	$\sum n$	接收 Ac_1	拒收 Re_1	接收 Ac_2	拒收 Re_2
≤150	5	10	0	2	1	2
151～280	8	16	0	3	3	4
281～500	13	26	1	3	4	5
501～1200	20	40	2	5	6	7

(3) 理化性能检验　理化性能试验按表 11-54 采用复检抽样方案。第一次抽取 n_1 张板，如检验结果中某项指标不合格，则第二次抽取 n_2 张板重新检验不合格项目，第二次样本 n_2 的性能值（n_1 中不合格项目）应全部符合标准要求，否则该批产品判为不合格。

表 11-54　理化性能抽样方案　（单位：张）

批量范围 N	初检抽样数 n_1	复检抽样数 n_2
≤1200	2	4
1201～3200	3	6
3201～10000	4	8
＞10000	5	10

(4) 运输与储存　产品运输方式由供需双方商定。运输中应避免表面划伤和磕碰，且防雨、防潮和防晒。

产品的存放基础必须平整，码放必须整齐，板面不得与地面接触，并按不同类别、规格、等级堆放，每垛应有相应的标记。储存地点应防雨、防潮、防晒且远离火源。

（二）装饰单板贴面人造板

1. 装饰单板贴面人造板分类

装饰单板贴面人造板分类见表 11-55。

表 11-55　装饰单板贴面人造板的分类

序号	分类方法	类　别
1	按人造板基材品种分	①装饰单板贴面胶合板； ②装饰单板贴面细木工板； ③装饰单板贴面刨花板； ④装饰单板贴面中密度纤维板
2	按装饰单板品种分	①普通单板贴面人造板； ②调色单板贴面人造板； ③集成单板贴面人造板； ④重组装饰单板贴面人造板
3	按装饰面分	①单面装饰单板贴面人造板； ②双面装饰单板贴面人造板
4	按耐水性能分	①Ⅰ类装饰单板贴面人造板； ②Ⅱ类装饰单板贴面人造板； ③Ⅲ类装饰单板贴面人造板

2. 装饰单板贴面人造板技术要求

1）规格尺寸及其偏差。

①装饰单板贴面人造板的幅面尺寸应符合表 11-56 规定。

表 11-56　装饰单板贴面人造板的幅面尺寸　（单位：mm）

宽　度	长　度				
915	915	1220	1830	2135	—
1220	—	1220	1830	2135	2440

注：经供需双方协议可生产其他幅面尺寸的产品。

②不同基材的装饰单板贴面人造板长度和宽度偏差应符合以下要求：

a. 装饰单板贴面胶合板长度和宽度允许偏差为±2.5mm；

b. 装饰单板贴面细木工板长度和宽度允许偏差为 $^{+5}_{0}$mm；

c. 装饰单板贴面刨花板长度和宽度允许偏差为 $^{+5}_{0}$mm；

d. 装饰单板贴面中密度纤维板长度和宽度允许偏差为±3mm。

③装饰单板贴面人造板的每一厚度测量点的偏差均应符合表 11-57 规定。

表 11-57　装饰单板贴面人造板厚度偏差

（单位：mm）

基本厚度 t	允许偏差
$t<4$	±0.20
$4\leqslant t<7$	±0.30
$7\leqslant t<20$	±0.40
$t\geqslant 20$	±0.50

2）外观质量要求。

①装饰单板贴面人造板根据外观质量分为优等品、一等品和合格品三个等级。各等级装饰面外观质量要求应符合表 11-58 规定。

表 11-58　装饰面外观质量要求

检量项目			装饰单板贴面人造板等级		
			优等	一等	合格
装饰性		视　　觉	材色和花纹美观		
		花纹一致性（仅限于有要求时）	花纹一致或基本一致		
材质不匀、变褪色		色差	不易分辨	不明显	明显
活节	阔叶树材	最大单个长径/mm	10	20	不限
	针叶树材		5	10	20
死节、孔洞、夹皮、树脂道等	半活节、死亡、孔洞、夹皮和树脂道，树胶道	每平方米板面上缺陷总个数	不允许	4	4
	半活节	最大单个长径/mm	不允许	10，小于 5 不计，脱落需填补	20，小于 5 不计，脱落需填补
	死节、虫孔、孔洞	最大单个长径/mm	不允许		5，小于 3 不计，脱落需填补
	夹皮	最大单个长度/mm	不允许	10，小于 5 不计	30，小于 10 不计
	树脂道、树胶道	最大单个长度/mm	不允许	15，小于 5 不计	30，小于 10 不计
腐朽			不允许		
裂缝、条状缺损（缺丝）		最大单个宽度/mm	不允许	0.5	1
		最大单个长度/mm		100	200
拼裂离缝		最大单个宽度/mm	不允许	0.3	0.5
		最大单个长度/mm		200	300
叠层		最大单个宽度/mm	不允许		0.5
鼓泡、分层			不允许		

（续）

检量项目		装饰单板贴面人造板等级		
		优等	一等	合格
凹陷、压痕、鼓包	最大单个面积/mm^2	不允许		100
	每平方米板面上的个数			1
补条、补片	材色、花纹与板面的一致性	不允许	不易分辨	不明显
毛刺沟痕、刀痕、划痕		不允许	不明显	不明显
透胶、板面污染		不允许		不明显
透砂	最大透砂宽度/mm	不允许	3，仅允许在板边部位	8，仅允许在板边部位
边角缺损	基本幅面尺寸内	不允许		
其他缺损		不影响装饰效果		

注：装饰面的材色色差，服从贸易双方的确认。需要仲裁时应使用测色仪器检测，“不易分辨”为总色差小于 1.5；“不明显”为总色差 1.5～3.0；“明显”为总色差大于 3.0。

②双面装饰单板贴面人造板应有一面的外观质量符合所标明的等级要，另一面的外观质量不低于合格品的要求。

注：对背面质量另有要求时，由供需双方商定。

③单面装饰单板贴面人造板的装饰面外观质量应符合所标明的等级要求，背面应符合相应基材的外观质量要求。

3）理化性能。

①双面装饰单板贴面人造板两面的浸渍剥离试验、表面胶合强度和冷热循环试验均应符合表 11-59 中规定的指标要求。

表 11-59　装饰单板贴面人造板物理力学性能要求

检验项目	各项性能指标值的要求	
	装饰单板贴面胶合板、装饰单板贴面细木工板等	装饰单板贴面刨花板、装饰单板贴面中密度纤维板等
含水率（%）	6.0～14.0	4.0～13.0
浸渍剥离试验	试件贴面胶层与胶合板或细木工板每个胶层上的每一边剥离长度均不超过 25mm	试件贴面胶层上的每一边剥离长度均不超过 25mm
表面胶合强度/MPa	≥0.40	
冷热循环试验	试件表面不允许有开裂、鼓泡、起皱、变色、枯燥，且尺寸稳定	

②室内用装饰单板贴面人造板的甲醛释放量应符合表 11-60 的规定。

表 11-60　装饰单板贴面人造板的甲醛释放限量

级别标志	限量值		备　注
	装饰单板贴面胶合板、装饰单板贴面细木工板等	装饰单板贴面刨花板、装饰单板贴面中密度纤维板等	
E_0	≤0.5mg/L	—	可直接用于室内
E_1	≤1.5mg/L	≤9.0mg/100g	可直接用于室内
E_2	≤5.0mg/L	≤30.0mg/100g	经处理并达到 E_1 级后允许用于室内

3. 装饰单板贴面人造板试验方法

(1) 尺寸偏差　幅面尺寸、厚度尺寸、相邻边垂直度及边缘直度按《人造板的尺寸测定》(GB/T 19367—2009) 进行。

(2) 含水率测定　按《人造板及饰面人造板理化性能试验方法》(GB/T 17657—1999) 中 4.3 进行。

(3) 甲醛释放量测定　按《室内装饰装修材料　人造板及其制品中甲醛释放限量》(GB/T 18580—2001) 进行。

(4) 其他　按《装饰单板贴面人造板》(GB/T 15104—2006) 进行。

4. 质量验收与储存

(1) 抽样方案。

1) 外观质量检验　采用《计数抽样检验程序　第 1 部分：按接收质量限 (AQL) 检索的逐批检验抽样计划》(GB/T 2828.1—2003) 中正常检验二次抽样方案，使用一般检验水平Ⅱ，接收质量限 (AQL) 为 4.0，见表 11-61。

表 11-61　外观质量抽样方案　(单位：张)

批量范围	样本大小		第一判定数		第二判定数	
	$n_1=n_2$	$\sum n$	接收数 Ac_1	拒收数 Re_1	接收数 Ac_2	拒收数 Re_1
51～90	8	16	0	2	1	2
91～150	13	26	0	3	3	4
151～280	20	40	1	3	4	5
281～500	32	64	2	5	6	7
501～1200	50	100	3	6	9	10
1201～3200	80	160	5	9	12	13
3201～10000	125	250	7	11	18	19
10001～35000	200	400	11	16	26	27

2) 规格尺寸检验　采用《计数抽样检验程序　第 1 部分：按接收质量限 (AQL) 检索的逐批检验抽样计划》(GB/T 2828.1—2003) 中正常检验二次抽样方案，使用一般检验水平Ⅰ，接收质量限 (AQL) 为 6.5，见表 11-62。

表 11-62　规格尺寸抽样方案　(单位：张)

批量范围	样本大小		第一判定数		第二判定数	
	$n_1=n_2$	$\sum n$	接收数 Ac_1	拒收数 Re_1	接收数 Ac_2	拒收数 Re_1
51～90	3	6	0	2	1	2
91～150	5	10	0	2	1	2
151～280	8	16	0	3	3	4
281～500	13	26	1	3	4	5
501～1200	20	40	2	5	6	7
1201～3200	32	64	3	6	9	10
3201～10000	50	100	5	9	12	13
10001～35000	80	160	7	11	18	19

3）理化性能检验采用复检抽样方案，见表11-63，第一次抽样的样本检验结果如有某项指标不合格时，则按复检样本量抽取样本，对不合格项目进行检验。抽样时应在检验批中随机抽取。

表11-63　理化性能抽样方案

（单位：张）

提交检验批的数量范围	第一次抽样的样本量	复检抽样的样本量
≤1000	1	2
1001～2000	2	4
2001～3000	3	6
＞3000	4	8

（2）判定规则。

1）外观质量和规格尺寸检验结果接收或拒收的判定。第一次检验的样品数量应等于该方案给出的第一样本量。如果第一样本中发现的不合格品数小于或等于第一接收数，应认为该批是可接收的；如果第一样本中发现的不合格品数大于或等于第一拒收数，应认为该批是不可接收的。如果第一样本中发现的不合格品数介于第一接收数与第一拒收数之间，应检验由方案给出样本量的第二样本并累计在第一样本和第二样本发现的不合格品数。如果不合格品累计数小于或等于第二接收数，则判定批是可接收的；如果不合格品累计数大于或等于第二拒收数，则判定该批是不可接收的。

2）理化性能检验结果的判定：

①样本的含水率均符合指标值时判该批产品的含水率为合格，否则应进行复验。复检样本的含水率均符合指标值时判为合格。

②样本中浸渍剥离试验、表面胶合强度和冷热循环试验符合指标值的试件数量分别等于或大于该项试件总数的80%时判为合格，小于80%时应对不合格项进行复检。复检样本的合格试件数等于或大于复检项试件总数的80%时方可判为合格。

③样本的甲醛释放量均符合限量值时判为合格；否则应进行复检。复检样本的甲醛释放量均符合限量值时判为合格。

④当含水率、浸渍剥离试验、表面胶合强度、冷热循环试验和甲醛释放量检验均合格时，该批产品理化性能判为合格，否则判为不合格。

（3）运输和储存。

1）产品在运输和储存过程中应平整堆放，防止污损，不得受潮、雨淋和曝晒。

2）储存时应按类别、规格、等级分别堆放，每堆应有相应的标记。

二、木地板

（一）浸渍纸层压木质地板

1. 浸渍纸层压木质地板分类

浸渍纸层压木质地板分类见表11-64。

表11-64　浸渍纸层压木质地板分类

序号	分类方法	类　别
1	按用途分	①商用纸浸渍纸层压木质地板； ②家用Ⅰ级浸渍纸层压木质地板； ③家用Ⅱ级浸渍纸层压木质地板
2	按地板基材分	①以刨花板为基材的浸渍纸层压木质地板； ②以高密度纤维板为基材的浸渍纸层压木质地板
3	按装饰层分	①单层浸渍装饰纸层压木质地板； ②热固性树脂浸渍纸高压装饰层积板层压木质地板
4	按表面的模压形状分	①浮雕浸渍纸层压木质地板； ②光面浸渍纸层压木质地板
5	按表面耐磨等级分	①商用级，≥9000级； ②家用Ⅰ级，≥6000转； ③家用Ⅱ级，≥4000转
6	按甲醛释放量分	①E_0级浸渍纸层压木质地板； ②E_1级浸渍纸层压木质地板

2. 浸渍纸层压木质地板技术要求

1）规格尺寸及偏差应符合下列要求：

①浸渍纸层压木质地板的幅面尺寸为（600～2430）mm×（60～600）mm。

②浸渍纸层压木质地板的厚度为6～15mm。

③浸渍纸层压木质地板的榫舌宽度应≥3mm。

④经供需双方协议可以生产其他规格的浸渍纸层压木质地板。

⑤浸渍纸层压木质地板的尺寸偏差应符合表11-65规定。

表11-65 浸渍纸层压木质地板尺寸偏差

项目	要求
厚度偏差	公称厚度 t_n 与平均厚度 t_a 之差的绝对值≤0.5mm 厚度最大值 t_{max} 与最小值 t_{min} 之差≤0.5mm
面层净长偏差	公称长度 l_n≤1500mm时，l_n 与每个测量值 l_m 之差的绝对值≤1.0mm 公称长度 l_n>1500mm时，l_n 与每个测量值 l_m 之差的绝对值≤2.0mm
面层净宽偏差	公称宽度 w_n 与平均宽度 w_a 之差的绝对值≤0.10mm 宽度最大值 w_{max} 与最小值 w_{min} 之差≤0.20mm
直角度	q_{max}≤0.20mm
边缘不直度	s_{max}≤0.30mm/m
翘曲度	宽度方向凸翘曲度 f_{w_1}≤0.20%；宽度方向凹翘曲度 f_{w_2}≤0.15% 长度方向凸翘曲度 f_1≤1.00%；长度方向凹翘曲度 f_1≤0.50%
拼装离缝	拼装离缝平均值 o_a≤0.15mm 拼装离缝最大值 o_{max}≤0.20mm
拼装高度差	拼装高度差平均值 h_a≤0.10mm 拼装高度差最大值 h_{max}≤0.15mm

注：表中要求是指拆包检验的质量要求。

2）各等级外观质量要求应符合表11-66规定。

表11-66 浸渍纸层压木质地板各等级外观质量要求

缺陷名称	正面		背面
	优等品	合格品	
干、湿花	不允许	总面积不超过板面的3%	允许
表面划痕	不允许		不允许露出基材
表面压痕	不允许		
透底	不允许		
光泽不均	不允许	总面积不超过板面的3%	允许
污斑	不允许	≤10mm²，允许1个/块	允许
鼓泡	不允许		≤10mm²，允许1个/块
鼓包	不允许		≤10mm²，允许1个/块
纸张撕裂	不允许		≤100mm，允许1处/块
局部缺纸	不允许		≤20mm²，允许1处/块
崩边	允许，但不影响装饰效果		允许
颜色不匹配	明显的不允许		允许
表面龟裂	不允许		
分层	不允许		
榫舌及边角缺损	不允许		

3）浸渍纸层压木质地板的理化性能应符合表 11-67 规定。

表 11-67　浸渍纸层压木质地板理化性能表

检验项目	单　位	指　　标
静曲强度	MPa	≥35.0
内结合强度	MPa	≥1.0
含水率	%	3.0～10.0
密度	g/cm^3	≥0.85
吸水厚度膨胀率	%	≤18%
表面胶合强度	MPa	≥1.0
表面耐冷热循环	—	无龟裂、无鼓泡
表面耐划痕	—	4.0N 表面装饰花纹未划破
尺寸稳定性	mm	≤0.9
表面耐磨	转	商用级：≥9000
		家用Ⅰ级：≥6000
		家用Ⅱ级：≥4000
表面耐香烟灼烧	—	无黑斑、裂纹和鼓泡
表面耐干热	—	无龟裂、无鼓泡
表面耐污染腐蚀	—	无污染、无腐蚀
表面耐龟裂	—	用 6 倍放大镜观察，表面无裂纹
抗冲击	mm	≤10
甲醛释放量	mg/L	E_0 级：≤0.5
		E_1 级：≤1.5
耐光色牢度	级	≥灰度卡 4 级

3. 浸渍纸层压木质地板试验方法

按《浸渍纸层压木质地板》（GB/T 18102—2007）进行。

4. 质量验收与储存

（1）规格尺寸检验。

1）厚度偏差、面层净长偏差、面层净宽偏差、直角度、边缘直度和翘曲度采用《计数抽样检验程序　第 1 部分：按接收质量限（AQL）检索的逐批检验抽样计划》（GB/T 2828.1—2003）中的正常检验二次抽样方案，检验水平为Ⅰ，接收质量限 AQL=6.5，见表 11-68。按规定对样品 n_1 进行检验。不合格品数 $d_1 \leqslant Ac_1$ 时接收，$d_1 \geqslant Re_1$ 时拒收，若 $Ac_1 < d_1 < Re_1$，检验样本 n_2，前后两个样本中不合格品数 $d_1 + d_2 \leqslant Ac_2$ 时接收，$d_1 + d_2 \geqslant Re_2$ 时拒收。

表 11-68　规格尺寸抽样方案　（单位：张）

批量范围（N）	样本大小		第一判定数		第二判定数	
	$n_1=n_2$	$\sum n$	接收 Ac_1	拒收 Re_1	接收 Ac_2	拒收 Re_2
≤150	5	10	0	2	1	2
151～280	8	16	0	3	3	4
281～500	13	26	1	3	4	5
501～1200	20	40	2	5	6	7

2）拼装离缝、拼装高度差检验的样本数为十块，该十块样本从检验规格尺寸的同批产品中随机抽取，采用一次抽样方案，按要求进行检验，检验结果符合表 11-54 要求时接收，否则拒收。

（2）外观质量检验　外观质量检验采用《计数抽样检验程序　第 1 部分：按接收质量限（AQL）检索的逐批检验抽样计划》（GB/T 2828.1—2003）中的正常检验二次抽样方案，其检验水平为Ⅱ，接收质量限 AQL＝4.0，见表 11-69。按表 11-66 规定对样本 n_1 进行检验。不合格数 $d_1 \leqslant Ac_1$ 时接收，$d_1 \geqslant Re_1$ 时拒收，若 $Ac_1 < d_1 < Re_1$，检验样本 n_2。前后两个样本中不合格品数 $d_1+d_2 \leqslant Ac_2$ 时接收，$d_1+d_2 \geqslant Re_2$ 时拒收。

表 11-69　外观质量抽样方案　（单位：块）

批量范围（N）	样本大小		第一判定数		第二判定数	
	$n_1=n_2$	$\sum n$	接收 Ac_1	拒收 Re_1	接收 Ac_2	拒收 Re_2
≤150	13	26	0	3	3	4
151～280	20	40	1	3	4	5
281～500	32	64	2	5	6	7
501～1200	50	100	3	6	9	10

（3）理化性能检验。

1）理化性能检验的抽样方案见表 11-70，初检样本检验结果有某项指标不合格时，允许进行复检一次，在同批产品中加倍抽取样品对不合格项进行复检，复检后全部合格，判为合格；若有一项不合格，判为不合格。

表 11-70　理化性能抽样方案　（单位：块）

提交检查批的成品板数量	初检抽样数	复检抽样数
≤1000	3	6
≥1001	6	12

注：如样品规格小，按以上方案抽取的样品不能满足试验要求时，可适当增加抽样数量。

2）在初检和复检试样中，任意三块地板组成一组。

3）检验结果的判断。

①地板试样的密度、含水率、吸水厚度膨胀率、尺寸稳定性的平均值满足标准规定要求，该地板试样的密度、含水率、吸水厚度膨胀率、尺寸稳定性判为合格，否则判为不合格。

②地板试样的静曲强度、内结合强度、表面胶合强度的平均值满足标准规定要求，且任一试件的最小值不小于标准规定值的80%，该地板试样的静曲强度、内结合强度、表面胶合强度判为合格，否则判为不合格。

③地板试样的耐光色牢度、甲醛释放量、表面耐划痕、抗冲击、表面耐磨、表面耐冷热循环、表面耐香烟灼烧、表面耐干热、表面耐污染、表面耐龟裂的每一试件均达到标准规定要求，该地板试样的上述性能判为合格，否则判为不合格。

④当地板试样所需进行的各项理化性能检验均合格时，该批产品理化性能判为合格，否则判为不合格。

(4) 运输和储存。

1) 产品在运输和储存过程中应平整堆放，防止污损，不得受潮、雨淋和曝晒。

2) 储存时应按类别、规格、等级分别堆放，每堆应有相应的标记。

(二) 实木复合地板

1. 实木复合地板分类

实木复合地板分类见表11-71。

表11-71　实木复合地板分类

序号	分类方法	类　别
1	按面层材料分	①实木拼板作为面层的实木复合地板； ②单板作为面层的实木复合地板
2	按结构分	①三层结构实木复合地板； ②以胶合板为基材的实木复合地板
3	按表面有无涂饰分	①涂饰实木复合地板； ②未涂饰实木复合地板
4	按甲醛释放量分	①A类实木复合地板（甲醛释放量≤9mg/100g）； ②B类实木复合地板（甲醛释放量>9～40mg/100g）

2. 实木复合地板技术要求

1) 各等级外观质量要求见表11-72。

表11-72　实木复合地板的外观质量要求

名　称	项　目	表面			背　面
		优等	一等	合格	
死节	最大单个长径/mm	不允许	2	4	50
孔洞（含虫孔）	最大单个长径/mm	不允许		2，需修补	15
浅色夹皮	最大单个长度/mm	不允许	20	30	不限
	最大单个宽度/mm		2	4	
深色夹皮	最大单个长度/mm	不允许		15	不限
	最大单个宽度/mm			2	
树脂囊和树脂道	最大单个长度/mm	不允许		5，且最大单个宽度小于1	不限
腐朽		不允许			*
变色	不超过板面积，%	不允许	5，板面色泽要协调	20，板面色泽要大致协调	不限
裂缝	—	不允许			不限

（续）

名称		项目	表面			背面
			优等	一等	合格	
拼接离缝	横拼	最大单个宽度/mm	0.1	0.2	0.5	不限
		最大单个长度不超过板长,%	5	10	20	
	纵拼	最大单个宽度/mm	0.1	0.2	0.5	
叠层			不允许			不限
鼓泡、分层			不允许			
凹陷、压痕、鼓包		—	不允许	不明显	不明显	不限
补条、补片		—	不允许			不限
毛刺沟痕		—	不允许			不限
透胶、板面污染		不超过板面积,%	不允许		1	不限
砂透		—	不允许			不限
波纹		—	不允许		不明显	—
刀痕、划痕		—	不允许			不限
边、角缺损		—	不允许			**
漆膜鼓泡		$\phi \leqslant 0.5$mm	不允许	每块板不超过3个		—
针孔		$\phi \leqslant 0.5$mm	不允许	每块板不超过3个		—
皱皮		不超过板面积,%	不允许		5	
粒子		—	不允许		不明显	—
漏漆		—	不允许			

注： *允许有初腐，但不剥落，也不能捻成粉末。

**长边缺损不超过板长的30%，且宽不超过5mm；端边缺损不超过板宽的20%，且宽不超过5mm。

凡在外观质量检验环境条件下，不能清晰地观察到的缺陷即为不明显。

2）幅面尺寸。

①三层结构实木复合地板的幅面尺寸见表11-73。

②以胶合板为基材的实木复合地板的幅面尺寸见表11-74。

表11-73 三层结构实木复合地板的幅面尺寸

长度	宽度		
2100	180	189	205
2200	180	189	205

表11-74 以胶合板为基材的实木复合地板的幅面尺寸

长度	宽度			
2200	—	189	225	—
1818	180	—	225	303

③经供需双方协议可生产其他幅面尺寸的产品。

3）厚度。

①三层结构实木复合地板的厚度为14mm，15mm。

②以胶合板为基材的实木复合地板的厚度为8mm，12mm，15mm。

③经供需双方协议可生产其他厚度的实木复合地板。

4）实木复合地板的尺寸偏差应符合表11-75。

表 11-75　实木复合地板的尺寸偏差

项　目	要　求
厚度偏差	公称厚度 t_n 与平均厚度 t_a 之差绝对值≤0.5mm； 厚度最大值 t_{max} 与最小值 t_{min} 之差≤0.5mm
面层净长偏差	公称长度 l_n≤1500mm 时，l_n 与每个测量值 l_m 之差绝对值≤1.0mm 公称长度 l_n>1500mm 时，l_n 与每个测量值 l_m 之差绝对值≤2.0mm
面层净宽偏差	公称宽度 w_n 与平均宽度 w_a 之差绝对值≤0.1mm 宽度最大值 w_{max} 与最小值 w_{min} 之差≤0.2mm
直角度	q_{max}≤0.2mm
边缘不直度	s_{max}≤0.3mm/m
翘曲度	宽度方向凸翘曲度 f_w≤0.20%；宽度方向凹翘曲度 f_w≤0.15% 长度方向凸翘曲度 f_l≤1.00%；长度方向凹翘曲度 f_l≤0.50%
拼装离缝	拼装离缝平均值 o_a≤0.15mm 拼装离缝最大值 o_{max}≤0.20mm
拼装高度差	拼装高度差平均值 h_a≤0.10mm 拼装高度差最大值 h_{max}≤0.15mm

5）实木复合地板的甲醛释放量见表 11-76。

表 11-76　实木复合地板的理化性能指标

检验项目	单　位	优等	一等	合格
浸渍剥离	—	每一边的任一胶层开胶的累计长度不超过该胶层长度的 1/3（3mm 以下不计）		
静曲强度	MPa	≥30		
弹性模量	MPa	≥4000		
含水率	%	5～14		
漆膜附着力	—	割痕及割痕交叉处允许有少量断续剥落		
表面耐磨	g/100r	≤0.08，且漆膜未磨透		≤0.15，且漆膜未磨透
表面耐污染	—	无污染痕迹		
甲醛释放量	mg/100g	A类：≤9；B类：>9～40		

3. 实木复合地板试验方法

按《实木复合地板》（GB/T 18103—2000）进行。

4. 质量验收与储存

（1）规格尺寸检验。

1）厚度偏差、面层净长偏差、面层净宽偏差、直角度、边缘不直度和翘曲度采用《计数抽样检验程序　第 1 部分：按接收质量限（AQL）检索的逐批检验抽样计划》（GB/T 2828.1—2003）中的二次抽样方案，检查水平为Ⅰ，合格质量水平为 4.0，详见表 11-77。

表 11-77 规格尺寸抽样方案

批量范围	样本	样本大小	累计样本大小	合格判定数	不合格判定数
≤150	第一	5	5	0	2
	第二	5	10	1	2
151～280	第一	8	8	0	2
	第二	8	16	1	2
281～500	第一	13	13	0	3
	第二	13	26	3	4
501～1200	第一	20	20	1	3
	第二	20	40	4	5
1201～3200	第一	32	32	2	5
	第二	32	64	6	7

2）拼装离缝、拼装高度差检验的样本数为十块，该十块样本从检验规格尺寸的同批产品中随机抽取，采用一次抽样方案。

（2）外观质量检验。

1）采用《计数抽样检验程序　第1部分：按接收质量限（AQL）检索的逐批检验抽样计划》（GB/T 2828.1—2003）中的二次抽样方案，检查水平为Ⅱ，合格质量水平为4.0，详见表11-78。

2）在一块地板上同时存在多种缺陷时，按影响产品等级最大的缺陷来判别。

表 11-78 外观质量抽样方案

批量范围	样本	样本大小	累计样本大小	合格判定数	不合格判定数
≤150	第一	13	13	0	3
	第二	13	26	3	4
151～280	第一	20	20	1	3
	第二	20	40	4	5
281～500	第一	32	32	2	5
	第二	32	64	6	7
501～1200	第一	50	50	3	6
	第二	50	100	9	10
1201～3200	第一	80	80	5	9
	第二	80	160	12	13

（3）理化性能检验。

1）理化性能检验的抽样方案见表11-79，初检样本检验结果有某项指标不合格时，允许进行复检一次，在同批产品中加倍抽取样品对不合格项进行复检，复检后全部合格，判为合格；若有一项不合格，判为不合格。

表 11-79 理化性能抽样方案

提交检查批的成品板数量 块	初检抽样数 块	复检抽样数 块
≤1000	2	4
≥1001	4	8

2）在初检和复检抽样数中，任意两块地板组成一组。

3）检验结果的判断　当所需进行的各项理化性能检验均合格时，该批产品理化性能判为合格，否则判为不合格。

(4) 运输和储存。

1）产品在运输和储存过程中应平整堆放，防止污损，不得受潮、雨淋和曝晒。

2）储存时应按类别、规格、等级分别堆放，每堆应有相应的标记。

第五节　建筑装饰涂料

一、建筑外表面热反射隔热涂料

（一）分类与技术要求

1. 分类

按产品的组成可分为水性（W）和溶剂型（S）两类。

2. 技术要求

产品应符合表 11-80 的技术要求。

表 11-80　技术要求

项　目		指标	
		W	S
容器中状态		搅拌后无硬块、凝聚，呈均匀状态	
施工性		刷涂二道无障碍	
涂膜外观		无针孔、流挂，涂膜均匀	
低温稳定性		无硬块、凝聚及分离	—
干燥时间（表干）/h		≤2	
耐碱性		48h 无异常	
耐水性		96h 无异常	168h 无异常
耐洗刷性		2000 次	5000 次
耐沾污性（白色[①]和浅色[②]）（%）		<20	<10
涂层耐温变性（5 次循环）		无异常	
太阳反射比（白色）		≥0.83	
半球发射率		≥0.85	
耐弯曲性/mm		—	≤2
拉伸性能	拉伸强度/MPa	≥1.0	—
	断裂伸长率（%）	≥100	—

（续）

项　　目		指　　标	
		W	S
耐人工气候老化性（W类400h，S类500h）	外观	不起泡，不剥落，无裂纹	
	粉化/级	≤1	
	变色（白色①和浅色②）/级	≤2	
	太阳反射比（白色）	≥0.81	
	半球发射率	≥0.83	
不透水性③		0.3MPa，30min不透水	
水蒸气透湿率③，/［g/（m^2·s·Pa）］		≥8.0×10^{-8}	—

①仅对白色涂料的太阳反射比提出要求，浅色涂料太阳反射比由供需双方商定。

②浅色是指以白色涂料为主要成分，添加适量色浆后配制成的浅色涂料形成的涂膜干燥后所呈现的浅颜色，按《中国颜色体系》（GB/T 15608—2006）中4.3.2规定明度值为6～9（三刺激值中的Y_{D65}≥31.26）。

③附加要求，由供需双方协商。

（二）取样规定与试验方法

1. 取样规定

产品取样按照《色漆、清漆和色漆与清漆用原材料　取样》（GB/T 3186—2006）的规定进行，取样量根据检验需要而定。

2. 试验方法

（1）干燥时间　按《漆膜、腻子膜干燥时间测定法》（GB/T 1728—1979［1989］）中表干乙法的规定进行。

（2）耐碱性　按《建筑涂料　涂层耐碱性的测定》（GB/T 9265—2009）规定进行。三块试板中至少有两块未出现起泡、掉粉、明显变色等异常现象，可视为“无异常”。

（3）耐水性　按《漆膜耐水性测定法》（GB/T 1733—1993）甲法规定进行。试板投试前除封边外，还需封背面。将三块试板浸入《分析实验室用水规格和试验方法》（GB/T 6682—2008）规定的三级水中，三块试板中至少有两块未出现起泡、掉粉、明显变色等异常现象，可视为“无异常”。

（4）耐洗刷性　除试板的制备外，按《建筑涂料　涂层耐洗刷性的测定》（GB/T 9266—2009）的规定进行。同一试样制备两块试板进行平行试验。洗刷至规定的次数时，两块试板中有一块未露出底材，则认为耐洗刷性合格。

（5）耐沾污性　按《建筑涂料涂层耐沾污性试验方法》（GB/T 9780—2005）的规定进行。

（6）涂层耐温变性　按《建筑涂料涂层耐冻融循环性测定法》（JG/T 25—1999）的规定进行5次循环。循环三块试板中至少应有两块未出现粉化、开裂、起泡、剥落、明显变色等异常现象，可视为“无异常”。

（7）太阳反射比　按《航天器热控涂层试验方法》（GJB 2502.1～8—2006）规定进行。

（8）半球发射率　按《航天器热控涂层试验方法》（GJB 2502.1～8—2006）规定进行。

（9）耐弯曲性　按《色漆和清漆 弯曲试验（圆柱轴）》（GB/T 6742—2007）的规定进行。

（10）拉伸性能　按《建筑防水涂料试验方法》（GB/T 16777—2008）的规定进行。拉伸速度为 200mm/min。

（11）耐人工气候老化性　按《色漆和清漆　人工气候老化和人工辐射曝露滤过的氙弧辐射》（GB/T 1865—2009）规定进行。W 类产品人工老化时间 400h，S 类产品人工老化时间 500h。结果的评定按《色漆和清漆　涂层老化的评级方法》（GB/T 1766—2008）进行。其中变色等级的评定按《色漆和清漆　涂层老化的评级方法》（GB/T 1766—2008）中 4.2.2 进行。

（12）不透水性　按《建筑防水涂料试验方法》（GB/T 16777—2008）规定进行。

（13）水蒸气透湿率　按《建筑材料水蒸气透过性能试验方法》（GB/T 17146—1997）干燥剂进行。选择试验温度 23±0.6℃，相对湿度（50±2）%。同时报告涂膜干膜厚度。

（三）质量验收与储存

1. 组批与抽样

1）以 5 号为一批，不足 5t 也作为一批。

2）型式检验按《色漆、清漆和色漆与清漆用原材料　取样》（GB/T 3186—2006）规定的数量，在批中随机抽取整桶产品，然后按《色漆、清漆和色漆与清漆用原材料　取样》（GB/T 3186—2006）中的规定，取混合样品 5kg 进行检验。

2. 判定原则

1）单项检验结果的判定按《数值修约规则与极限数值的表示和判定》（GB/T 8170—2008）中修约值比较法进行。

2）产品检验结果若均符合表 11-80 的要求时，即判为合格。若有一项不符合标准规定，允许在同批样品中，用备用样品对不合格项进行复验。若复验结果均符合标准规定，则判该批产品合格；若仍不符合标准规定，则判该批产品为不合格。若有两项或两项以上不符合标准规定，则判该批产品为不合格。

2. 运输与储存

1）产品运输时应防止雨淋、日光曝晒，并应符合运输部门有关的规定。

2）产品储存时应保证通风、干燥，防止日光直接照射。溶剂型产品应隔绝远离火源，水性产品在冬季时应采取适当防冻措施。

二、饰面型防水涂料

（一）技术要求

1）不宜用有害人体健康的原料的溶剂。

2）饰面型防火涂料的颜色可根据《漆膜颜色标准》（GB/T 3181—2008）的规定，也可由制造者与用户协商确定。

3）饰面型防火涂料可用刷涂、喷涂、辊涂和刮涂中任何一种或多种方法方便地施工，能在通常自然环境条件下干燥、固化。成膜后表面无明显凹凸或条痕，没有脱粉、气泡、龟裂、斑点等现象，能形成平整的饰面。

4）饰面型防火涂料技术要求应符合表 11-81 的规定要求。

表 11-81 饰面型防火涂料技术指标

<table>
<tr><th>序号</th><th colspan="2">项　目</th><th>技术指标</th><th>缺陷类别</th></tr>
<tr><td>1</td><td colspan="2">在容器中的状态</td><td>无结块，搅拌后呈均匀状态</td><td>C</td></tr>
<tr><td>2</td><td colspan="2">细度/μm</td><td>≤90</td><td></td></tr>
<tr><td rowspan="2">3</td><td rowspan="2">干燥时间</td><td>表干/h</td><td>≤5</td><td rowspan="2">C</td></tr>
<tr><td>实干/h</td><td>≤24</td></tr>
<tr><td>4</td><td colspan="2">附着力/级</td><td>≤3</td><td>A</td></tr>
<tr><td>5</td><td colspan="2">柔韧性/mm</td><td>≤3</td><td>B</td></tr>
<tr><td>6</td><td colspan="2">耐冲击性/cm</td><td>≥20</td><td>B</td></tr>
<tr><td>7</td><td colspan="2">耐水性/h</td><td>经 24h 试验，不起皱，不剥落，起泡在标准状态下 24h 能基本恢复，允许轻微失光和变色</td><td>B</td></tr>
<tr><td>8</td><td colspan="2">耐湿热性/h</td><td>经 48h 试验，涂膜无起泡、无脱落，允许轻微失光和变色</td><td>B</td></tr>
<tr><td>9</td><td colspan="2">耐燃时间/min</td><td>≥15</td><td>A</td></tr>
<tr><td>10</td><td colspan="2">火焰传播比值</td><td>≤25</td><td>A</td></tr>
<tr><td>11</td><td colspan="2">质量损失/g</td><td>≤5.0</td><td>A</td></tr>
<tr><td>12</td><td colspan="2">炭化体积/cm³</td><td>≤25</td><td>A</td></tr>
</table>

（二）试验方法

（1）细度　按《涂料细度测定法》（GB/T 1724—1979［1989］）规定的方法进行。

（2）干燥时间　按《漆膜、腻子膜干燥时间测定法》（GB/T 1728—1979［1989］）（甲法）规定的方法进行。

（3）附着力　按《漆膜附着力测定法》（GB/T 1720—1979［1989］）规定的方法进行。

（4）柔韧性　按《漆膜柔韧性测定法》（GB/T 1731—1993）规定的方法进行。

（5）耐冲击性　按《漆膜耐冲击测定法》（GB/T 1732—1993）规定的方法进行。

（6）耐水性　按《漆膜耐水性测定法》（甲法）（GB/T 1733—1993）规定的方法进行。

（7）耐湿热性　按《漆膜耐湿热测定法》（GB/T 1740—2007）规定的方法进行。

（8）耐燃时间　按《饰面型防火涂料》（GB 12441—2005）附录 A 规定的方法进行。

（9）火焰传播比值　按《饰面型防火涂料》（GB 12441—2005）附录 B 规定的方法进行。

（10）炭化体积　按《饰面型防火涂料》（GB 12441—2005）附录 C 规定的方法进行。

（11）质量损失　按《饰面型防火涂料》（GB 12441—2005）附录 C 规定的方法进行。

（三）质量验收与储存

1. 抽样

抽取样品时，参照《色漆、清漆和色漆与清漆用原材料　取样》（GB/T 3186—2006）规定，即 $n=\sqrt{N/2}$（N—总桶数，n—样本桶数），$n \geqslant 2$，确定样本桶数，随机抽取样本。取样前应将涂料搅拌均匀，再从样本桶中取出等量（通过计算获得）的样品。待混合均匀后，装入盛样容器中，盛样容器应有 5%～10%的空隙。被抽样品批量不少于 1t，抽取的样品数量不少于 10kg。

2. 判定原则

(1) 出厂检验　出厂检验结果均应满足表 11-84 规定的技术要求，不合格的检验项目可以在同批样品中抽样进行两次复验，两次复验均合格后方可出厂。

(2) 型式检验　型式检验项目的缺陷分类见表 11-84，产品质量合格判定原则为：A=0、B≤1、B+2≤2。

3. 运输与储存

1) 运输过程中应防止雨淋、曝晒，防止重压、摔撞及倒置，并应有明显标志。

2) 产品应存放在通风、干燥、防止日光直射的地方，储存温度应在 5～40℃，储存有效期不低于半年。若产品超过有效期则使用前应检验。

第六节　胶　粘　剂

一、饰面石材用胶粘剂

(一) 饰面石材用胶粘剂分类

饰面石材用胶粘剂分类见表 11-82。

表 11-82　饰面石材用胶粘剂分类

序号	分类方法		类　别
1	按用途分	生产用胶粘剂	①复合用胶粘剂 (V) ②增强用胶粘剂 (S) ③修补用胶粘剂 (M) ④组合连接用胶粘剂 (A)
		施工用胶粘剂	①地面粘贴用胶粘剂 (F) ②墙面粘贴用胶粘剂 (W) ③干挂用胶粘剂 (D)
2	按组分分		①水泥基胶粘剂 (C)； ②反应型树脂胶粘剂 (R)

(二) 饰面石材用胶粘剂技术要求

(1) 水泥基胶粘剂　饰面石材安装用水泥基胶粘剂力学性能应符合表 11-83 的技术要求。

表 11-83　水泥基胶粘剂的技术指标　(单位：MPa)

项　目			普通地面	重负荷地面及墙面
普通型	拉伸粘结强度	≥	0.5	1.0
	浸水后拉伸粘结强度	≥		
	热老化后拉伸粘结强度	≥		
	冻融循环后拉伸粘结强度	≥		
	晾置 20min 后拉伸粘结强度	≥		

（续）

项目			普通地面	重负荷地面及墙面
快速硬化型	拉伸粘结强度	≥	0.5	1.0
	早期拉伸粘结强度（24h）	≥		0.5
	浸水后拉伸粘结强度	≥		1.0
	热老化后拉伸粘结强度	≥		
	冻融循环后拉伸粘结强度	≥		
	晾置10min后拉伸粘结强度	≥		0.5

（2）反应型树脂胶粘剂。

1）胶粘剂各组分分别搅拌后应为细腻、均匀黏稠液体或膏状物，不应有离析、颗粒和凝胶，各组分颜色应有明显差异。

2）胶粘剂的适用期一般应大于30min，快固型和特殊要求的可由供需双方商定。

3）饰面石材用反应型树脂胶粘剂的物理力学性能应符合表11-84的技术要求。

表11-84 反应型树脂胶粘剂的技术要求

项目		生产			安装	
		复合	增强	组合连接	地面	墙面
压剪粘结强度/MPa	≥	5.0	5.0	10.0	2.0	10.0
浸水后压剪粘结强度/MPa	≥			8.0		8.0
热老化后压剪粘结强度/MPa	≥			8.0		8.0
高低温交变循环后压剪粘结强度/MPa	≥	—	—	—		—
冻融循环后压剪粘结强度/MPa	≥	4.0	4.0	8.0	—	8.0
抗剪粘结强度（石材、金属）/MPa	≥	—	—	8.0	—	8.0
冲击强度/（kJ/m^2）	≥	—	—	3.0	—	3.0
弯曲强性模量/MPa	≥	—	—	2000	—	2000

（三）饰面石材用胶粘剂试验方法

按《饰面石材用胶粘剂》（GB 24264—2009）进行。

（四）质量验收与贮运

1. 抽样

每批产品随机抽样，水泥基胶粘剂抽取20kg样品，反应型树脂胶粘剂抽取2kg样品，充分混匀。取样后，将样品一分为二，一份检验，一份留样。

2. 检验规则

产品检验结果按《数值修约规则与极限数值的表示和判定》（GB/T 8170—2008）修约后判定。符合标准规定时，则判该批产品合格。若结果中有一项不符合标准要求时，重新对留样对该项目复检。若该项目符合标准规定时则判该批产品合格；若仍不符合标准规定时，则判该批产品不合格。

3. 运输与储存

储存与运输时，不同类型、规格的产品应分别堆放，不应混杂。避免日晒雨淋，禁止接近火源，防止碰撞，注意通风。产品应根据类型规定出储存期，并在产品说明书上与包装标识上明示。

二、陶瓷墙地砖胶粘剂

（一）陶瓷墙地砖分类

产品按组成分为三类：①水泥基胶粘剂（C）；②膏状乳液胶粘剂（D）；③反应型树脂胶粘剂（R），代号见表 11-85。

表 11-85　胶粘剂的型号和代号

标记		说　明
分　类	代　号	
C	1	普通型-水泥基胶粘剂
C	1F	快速硬化-普通型-水泥基胶粘剂
C	1T	抗滑移-普通型-水泥基胶粘剂
C	1FT	抗滑移-快速硬化-普通型-水泥基胶粘剂
C	2	增强型-水泥基胶粘剂
C	2E	加长晾置时间-增强型-水泥基胶粘剂
C	2F	增强型-快速硬化-水泥基胶粘剂
C	2T	抗滑移-增强型-水泥基胶粘剂
C	2TE	加长晾置时间-抗滑移-增强型-水泥基胶粘剂
C	2FT	抗滑移-增强型-快速硬化-水泥基胶粘剂
D	1	普通型-膏状乳液胶粘剂
D	1T	抗滑移-普通型-膏状乳液胶粘剂
D	2	增强型-膏状乳液胶粘剂
D	2T	抗滑移-增强型-膏状乳液胶粘剂
D	2TE	加长晾置时间-抗滑移-增强型-膏状乳液胶粘剂
R	1	普通型-反应型树脂胶粘剂
R	1T	抗滑移-普通型-反应型树脂胶粘剂
R	2	增强型-反应型树脂胶粘剂
R	2T	抗滑移-增强型-反应型树脂胶粘剂

注：根据与其他不同性能符号的结合可以插入另外的标记符号。

（二）陶瓷墙地砖技术要求

（1）水泥基胶粘剂（C）　普通型水泥基胶粘剂应符合表 11-86 中Ⅰ所列的要求；快速

硬化的水泥基胶粘剂应符合表 11-86 中Ⅱ所列的要求；表 11-86Ⅲ、Ⅳ和Ⅴ列出了在特殊使用环境下应符合的性能。

胶粘剂润湿能力和横向变形由供需双方协商确定，并在订货合同中明示。

表 11-86 水泥基胶粘剂（C）的技术要求

<table>
<tr><th colspan="2">类 别</th><th colspan="2">项 目</th><th>指 标</th></tr>
<tr><td rowspan="8">基本性能</td><td rowspan="5">Ⅰ
普通型胶粘剂（C1）</td><td>拉伸胶粘原强度/MPa</td><td>≥</td><td rowspan="5">0.5</td></tr>
<tr><td>浸水后的拉伸胶粘强度/MPa</td><td>≥</td></tr>
<tr><td>热老化后的拉伸胶粘强度/MPa</td><td>≥</td></tr>
<tr><td>冻融循环后的拉伸胶粘强度/MPa</td><td>≥</td></tr>
<tr><td>晾置时间，20min 拉伸胶粘强度/MPa</td><td>≥</td></tr>
<tr><td rowspan="3">Ⅱ
快速硬化胶粘剂（CF）</td><td>早期拉伸胶粘强度，24h/MPa</td><td>≥</td><td rowspan="2">0.5</td></tr>
<tr><td>晾置时间，10min 拉伸胶粘强度/MPa</td><td>≥</td></tr>
<tr><td colspan="2">其他所有要求如表 11-80 中Ⅰ所列</td><td></td></tr>
<tr><td rowspan="6">可选性能</td><td>Ⅲ
特殊性能（CT）</td><td>滑移/mm</td><td>≤</td><td>0.5</td></tr>
<tr><td rowspan="4">Ⅳ
附加性能（C2）</td><td>拉伸胶粘原强度/MPa</td><td>≥</td><td rowspan="4">1.0</td></tr>
<tr><td>浸水后的拉伸胶粘强度/MPa</td><td>≥</td></tr>
<tr><td>热老化后的拉伸胶粘强度/MPa</td><td>≥</td></tr>
<tr><td>冻融循环后的拉伸胶粘强度/MPa</td><td>≥</td></tr>
<tr><td>Ⅴ
附加性能（CE）</td><td>加长的晾置时间，30min 拉伸胶粘强度/MPa</td><td>≥</td><td>0.5</td></tr>
</table>

（2）膏状乳液胶粘剂（D） 膏状乳液胶粘剂应符合表 11-87 中Ⅰ的要求。表 11-87 中Ⅱ、Ⅲ和Ⅳ列出了在特殊使用环境下应符合的性能。

表 11-87 膏状乳液胶粘剂（D）的技术要求

<table>
<tr><th colspan="2">类 别</th><th colspan="2">项 目</th><th>指 标</th></tr>
<tr><td rowspan="3">基本性能</td><td rowspan="3">Ⅰ
普通型胶粘剂（D1）</td><td>压缩剪切胶粘原强度/MPa</td><td>≥</td><td rowspan="2">1.0</td></tr>
<tr><td>热老化后的压缩剪切胶粘强度/MPa</td><td>≥</td></tr>
<tr><td>晾置时间，20min 拉伸胶粘强度/MPa</td><td>≥</td><td>0.5</td></tr>
<tr><td rowspan="4">可选性能</td><td>Ⅱ
特殊性能（DT）</td><td>滑移/mm</td><td>≤</td><td>0.5</td></tr>
<tr><td rowspan="2">Ⅲ
附加性能（D2）</td><td>浸水后的剪切胶粘强度/MPa</td><td>≥</td><td>0.5</td></tr>
<tr><td>高温下的剪切胶粘强度/MPa</td><td>≥</td><td>1.0</td></tr>
<tr><td>Ⅳ
附加性能（DE）</td><td>加长的晾置时间，30min 拉伸胶粘强度/MPa</td><td>≥</td><td>0.5</td></tr>
</table>

（3）反应型树脂胶粘剂（R） 反应型树脂胶粘剂应符合表 11-88 中Ⅰ的要求。表 11-88 中Ⅱ和Ⅲ列出了在特殊使用环境下应符合的性能。

表 11-88 反应型树脂胶粘剂（R）的技术要求

<table>
<tr><th colspan="2">类 别</th><th colspan="2">项 目</th><th>指 标</th></tr>
<tr><td rowspan="3">基本性能</td><td rowspan="3">Ⅰ
普通型胶粘剂（R1）</td><td>压缩剪切胶粘原强度/MPa</td><td>≥</td><td rowspan="2">2.0</td></tr>
<tr><td>浸水后的压缩剪切胶粘强度/MPa</td><td>≥</td></tr>
<tr><td>晾置时间，20min 拉伸胶粘强度/MPa</td><td>≥</td><td>0.5</td></tr>
<tr><td rowspan="2">可选性能</td><td>Ⅱ
特殊性能（RT）</td><td>滑移/mm</td><td>≤</td><td>0.5</td></tr>
<tr><td>Ⅲ
附加性能（R2）</td><td>高低温交变循环后的压缩剪切胶粘强度/MPa</td><td>≥</td><td>2.0</td></tr>
</table>

（三）陶瓷墙地砖试验方法

按《陶瓷墙地砖胶粘剂》（JC/T 547—2005）进行。

（四）质量验收与储存

1. 抽样

每批产品随机抽样，抽取 20kg 样品，充分混匀。取样后，将样品一分为二。一份检验，一份留样。

2. 判定规则

产品检验结果符合标准规定时，则判该批产品合格。若结果中有一项不符合标准要求时，重新用留样对该项目复检。若该项目符合标准规定时则判该批产品合格；若仍不符合标准规定时，则判该批产品不合格。

3. 运输和储存

储存与运输时，不同类型、规格的产品应分别堆放，不应混杂。避免日晒雨淋，禁止接近火源，防止碰撞，注意通风。产品应根据类型定出储存期，并在产品说明书与包装标识上明示。

第四篇　材料综合管理

第十二章　材料管理概论

第一节　材料管理任务及内容

一、建筑材料管理的任务

建筑企业材料供应与管理工作的基本任务是：本着管材料必须全面“管供、管用、管节约和管回收、修旧利废”的原则，把好供、管、用三个主要环节，以最低的材料成本，按质、按量、及时、配套供应施工生产所需的材料，并监督和促进材料的合理使用。

材料供应与管理的具体任务是：

1）提高计划管理质量，保证材料供应；

2）提高供应管理水平，保证工程进度；

3）加强施工现场材料管理，坚持定额用料；

4）严格经济核算、降低成本，提高效益。

二、建筑材料管理的主要内容

（一）材料质量标准

材料质量标准是用以衡量材料质量的尺度，也是作为验收、检验材料质量的依据。不同的材料有不同的质量标准，掌握材料的质量标准，就便于可靠地控制材料和工程的质量。

（二）材料质量的检（试）验

材料质量检验的目的，是通过一系列的检测手段，将所取得的材料数据与材料的质量标准相比较，借以判断材料质量的可靠性以及能否使用于工程中；同时，还有利于掌握材料信息。

1. 材料质量的检验方法

材料质量检验方法有书面检验、外观检验、理化检验和无损检验等四种。

（1）书面检验　是通过对提供的材料质量保证资料、试验报告等进行审核，取得认可方能使用。

（2）外观检验　是对材料从品种、规格、标志、外形尺寸等进行直观检查，看其有无质量问题。

（3）理化检验　是借助试验设备和仪器对材料样品的化学成分、机械性能等进行科学鉴定。

（4）无损检验　是在不破坏材料样品的前提下，利用超声波、X射线、表面探伤仪等进行检测。

2. 材料质量检验程度

根据材料信息和保证资料的具体情况，其质量检验程度分免检、抽检和全检验三种：

（1）免检　就是免去质量检验过程。对有足够质量保证的一般材料，以及经实践证明质量长期稳定且质量保证资料齐全的材料可予免检。

（2）抽检　就是按随机抽样的方法对材料进行抽样检验。当对材料的性能不清楚，或对质量保证资料有怀疑时，对成批生产的构配件均应按一定比例进行抽样检验。

（3）全检验　对进口的材料、设备和重要工程部位的材料以及贵重的材料，均应进行全部检验，以确保材料和工程质量。

3. 材料质量检验的取样

材料质量检验的取样必须有代表性，即所采取样品的质量应能代表该批材料的质量。在采取试样时，必须按规定的部位、数量及采选的操作要求进行。

（三）材料抽样检验的判断

抽样检验一般适用于对原材料、半成品或成品的质量鉴定。由于产品数量大或检验费用高，不可能对产品逐个进行检验，特别是破坏性和损伤性的检验，故通过抽样检验判断整批产品是否合格。

第二节　材料员岗位职责与工作程序

一、材料员的岗位职责

1）材料员必须熟知各种材料的性能、价格、产地、用途，按照项目部提出的材料计划单在公司规定时间内及时采购所需的材料，不得影响工程进度。

2）材料员应对所采购的材料质量负责，并对其购进的劣质材料所产生的后果负全部责任。

3）材料员要随时掌握好各种材料的市场动态，采购材料应货比三家、价比三处，购回的材料应物美价廉，购材料应有税务发票，票据背面注写用途及对方联系电话，票据上应有主管领导或项目经理、材料员及保管员签字，方可报销。

4）按照公司有关部门（如项目部）提供的材料计划单在规定时间内及时租赁和归还，租赁和归还单据必须当日由项目经理或主管领导签字方可结算，做到日租、日算、月结，对零星材料定期检查，督促整理归堆，杜绝材料浪费。

5）结合现场实际和施工进度，提报月份低值易耗品计划，二、三类物资计划。

6）对合格分供方产品进行质量、数量有效控制，做好合格分供方以外的产品的调查工作。

7）负责整车、汽车的催发、提货、装卸、运输等管理工作，并作好记录，整车到货时准确向调度提报卸车地点，按调度联系的卸车点，及时通知卸车负责人组织卸车。

8）材料、财务手续帐务清楚，按月清算，及时报销，不留尾巴，一责到底。

9）物资采购坚持二人采购制，本着货比三家，就地、就近的原则，质优、价廉合理选择实施，需进行技术鉴定的物资，应通知并会同技术部门共同验收，需进行材质检验试验的物资，填写检验试验通知单并及时通知技术部门现场取样送检。

10）完成项目经理交办的其他各项工作。

二、材料员的工作程序

（1）编制计划　建筑企业的材料计划是为完成施工生产任务、取得物资保证的重要环节，所以应该根据企业《工程处、单位、项目、栋号》施工、生产维修任务所需材料的品种、规格、质量和时间的要求进行编制。同时，要加强核算和定额控制，以保证材料耗用的节约，推动材料的合理使用。材料计划一般可按用途、时间和材料的使用划分。

（2）计算材料用量　编制需用材料计划时，由于条件和技术资料不同，采用的定额也不同。材料用量计算可分为直接计算法与间接计算法两种。

（3）材料采购　材料采购是在商品市场中进行的一项经济活动。它涉及面广，既复杂又繁重，既服务于工程又制约着施工生产，因此要完成采购任务，要做到“知己知彼”，内外协调，配合协作。采购材料时，既要对内部需用情况心中有数，更需了解市场商情，对市场经济信息进行搜集、整理、分析，为采购决策和择优选购提供依据。

（4）运输管理　在材料运输管理中，必须贯彻“及时、准确、安全、经济”的原则，采用准确的运输方式经济合理地组织运输，用最少的劳动消耗、最短的时间和里程，把材料从产地运到生产消费地点，以满足工程需要。

目前，我国有六种基本运输方式，即：铁路运输，公路运输，水路运输，航空运输，管道运输，民间群运。这六种运输方式各有其优缺点和适用范围，在选择运输方式时，要根据材料的品种、数量、运输距离、装运条件、供应要求和运费等因素择优录用。

（5）仓储管理　仓库业务管理是企业经营管理的重要组成部分。仓库业务主要由验收入库、保管保养和发料三个阶段组成。

（6）施工现场的材料管理　施工现场是建筑安装企业从事施工生产活动，最终形成建筑产品的场所，因此加强现场材料管理，是提高材料管理水平、克服施工现场混乱浪费现象、提高经济效益的重要途径之一。各施工企业的现场管理人员，都应掌握施工现场的材料管理原理和方法。

第三节　材料消耗定额管理

材料消耗定额是指在一定的生产技术条件下，完成单位产品或单位工作量必须消耗材料的数量标准。材料消耗定额作为一个计划指标，具有严肃性和指令性，企业必须严格执行。

一、材料消耗定额的分类

（一）按照材料消耗定额的用途分类

1. 材料消耗概（预）算定额

材料消耗概（预）算定额是由各省市基建主管部门，在一定时期执行的标准设计或典型设计，按照建筑安装工程施工验收规范及安全操作规程，并根据当地社会劳动消耗的平均水平、合理的施工组织设计和施工条件编制的。

材料消耗概（预）算定额，是编制建筑安装施工图预算的法定依据，是进行工程材料结算、计算工程造价的依据，是计取各项费用的基本标准。

2. 材料消耗施工定额

材料消耗施工定额是由建筑企业自行编制的材料消耗定额。它是结合本企业在目前条件下可能达到的水平而确定的材料消耗标准。材料消耗施工定额反映了企业管理水平、工艺水平和技术水平。材料消耗施工定额是材料消耗定额中最细的定额，具体反映了每个部位、每个分项工程中每一操作项目所需材料的品种、规格、数量。材料消耗施工定额的水平高于材料消耗概（预）算定额，即同一操作项目中，同一种材料消耗量，在施工定额中的消耗数量低于概（预）算定额中的数量标准。

材料消耗施工定额是建设项目施工中编制材料需用计划、组织定额供料的依据，是企业内部实行经济核算和进行经济活动分析的基础，是材料部门进行两算对比的内容之一，是企业内部考核和开展劳动竞赛的依据。

3. 材料消耗估算指标

材料消耗估算指标是在材料消耗概（预）算定额的基础上，以扩大的结构项目形式表示的一种定额。通常它是在施工技术资料不全且有较多不确定因素的条件下，用于估算某项工程或某类工程、某个部门的建筑工程所需主要材料的数量。材料消耗估算指标是非技术性定额，因此，不能用于指导施工生产，而主要用于审核材料计划，考核材料消耗水平，同时又是编制初步概算、控制经济指标的依据，是编制年度材料计划和备料的依据，也是匡算主要材料需用量的依据。

（二）按照材料类别划分

1. 主要材料消耗定额

主要材料是指直接用于建筑上、能构成工程实体的各项材料。例如钢材、木材、水泥、砂、石等材料。这些材料通常属一次性消耗，其费用占材料费用较大的比重。主要材料消耗定额按品种确定，它由构成工程实体的净用量和合理损耗量组成，即：

$$\text{主要材料消耗定额}=\text{净用量}+\text{合理损耗量} \tag{12-1}$$

2. 周转材料消耗定额

周转材料也称周转使用材料。指在施工过程中能反复多次周转使用，而又基本上保持原有形态的工具性材料。周转材料经多次使用，每次使用都会产生一定的损耗，直至失去使用价值。周转材料消耗定额与周转材料需用数量及该周转材料周转次数有关，即：

$$\text{周转材料消耗定额}=\frac{\text{周转材料需用数量}}{\text{该周转材料周转次数}} \tag{12-2}$$

3. 辅助材料消耗定额

辅助材料与主要材料相比，其用量少，不直接构成工程实体，多数也可反复多次使用。辅助材料中的不同材料有不同特点，所以辅助材料消耗定额可按分部分项工程程的单位工程量计算出辅助材料消耗定额；也可按完成建筑安装工作量或建筑面积计算辅助材料货币量消耗定额；也可按操作工人每日消耗辅助材料数量计算辅助材料货币量消耗定额。

二、材料消耗定额的制订

（一）制订原则

（1）合理控制消耗水平。

（2）必须遵循综合经济效益，要从加强企业管理、全面完成各项技术经济指标的角度出发，而不能单纯地强调节约材料。

（二）制订要求

（1）定质　制订材料消耗定额应对所需材料的品种、规格、质量作正确的选择，务必达到技术上可靠、经济上合理和采购供应上的可能。

（2）定量　在消耗材料过程中，总会产生损耗和废品，其中有部分属于当前生产管理水平所限而公认为不可避免的，应作为合理损耗计入定额；另一部分属现有条件下可以避免的，应作为浪费而不计入定额。正确、合理地判断损耗量的大小，是制订消耗定额的关键。

（三）制订方法

制订消耗定额常用的方法主要有技术分析法、标准试验法、统计分析法、经验估算法和现场测定法，具体见表12-1。

表12-1　制订消耗定额常用的方法

序号	方　法	具　体　内　容
1	技术分析法	根据施工图纸、有关技术资料和施工工艺，确定选用材料的品种、性能、规格并计算出材料净用量与合理的操作损耗的方法。这是一种先进、科学的制订方法，因占有足够的技术资料作依据而得到普遍采用。例如砖砌体材料消耗定额的制订等
2	标准试验法	标准试验通常是在试验室内利用专门仪器设备进行。通过试验求得完成单位工程量或生产单位产品的耗料数量，再对试验条件修正后，制订出材料消耗定额。如混凝土、砂浆的配合比，沥青玛琋脂等
3	经验估算法	根据有关制订定额的业务人员、操作者、技术人员的经验或已有资料，通过估算来制订材料消耗定额的方法。估算法具有实践性强、简便易行、制订迅速的优点，缺点是缺乏科学计算依据、准确性因人而异
4	统计分析法	按某分项工程实际材料消耗量与相应完成的实物工程量统计的数量，求出平均消耗量。在此基础上，再根据计划期与原统计期的不同因素作适当调整后，确定材料消耗定额
5	现场测定法	现场测定法是组织有经验的施工人员、工人、业务人员，在现场实际操作过程中对完成单一产品的材料消耗进行实地观察和测定、写实记录，用以制订定额的方法。 现场测定法的优点是目睹现实、真实可靠、易发现问题、利于消除一部分消耗不合理的浪费因素，可提供较为可靠的数据和资料。但工作量大，在具体施工操作中实测较难，还不可避免地会受到工艺技术条件、施工环境因素和参测人员水平等的限制

三、材料定额的正确使用

使用材料消耗定额，必须考虑三个因素：

（1）工程项目设计的要求　如混凝土和砌筑砂浆的强度等级，抹灰砂浆的配合比，抹灰和地坪的厚度等。抹灰厚度在定额中规定为18mm，而设计厚度如要求20mm，或地坪细石混凝土定额厚度为40mm，而实际设计要求30mm时，材料的需用量就应作相应的增加或减少。

（2）所用材料的质量　如水泥的强度等级、黄砂及石料的规格要求等，若和定额规定的不同，要进行换算。

（3）工程内容及工艺要求　如抹灰工程，按墙面净面积计算，其突出墙面的砖墩两侧面和门窗洞口天盘及两侧面要按实际面积增加；混凝土浇捣的不同工艺要求，预制或现浇需用材料数量不一样。

第十三章　材料计划、采购与运输

第一节　材料计划管理

材料计划管理，就是运用计划手段组织、指导、监督、调节材料的采购、供应、储备、使用等一系列工作的总称。

一、材料计划的分类

（一）按照材料计划的用途分

(1) 材料需用计划　这是材料需用单位根据计划生产建设任务对材料的需求编制的材料计划，是整个国民经济材料计划管理的基础。

(2) 临时追加材料计划　由于设计修改或任务调整，原计划品种、规格、数量的错漏，施工中采取临时技术措施，机械设备发生故障需及时修复等原因，需要采取临时措施解决的材料计划，叫临时追加用料计划。列入临时计划的一般是急用材料，要作为重点供应。如费用超支和材料超用，应查明原因、分清责任、办理签证，由责任的一方承担经济责任。

（二）按照材料的使用方向分

(1) 生产材料计划　是指施工企业所属工业企业，为完成生产计划而编制的材料需用计划。如周转材料生产和维修、建材产品生产等。其所需材料数量一般是按其生产的产品数量和该产品消耗定额进行计算确定。

(2) 基本建设材料计划　包括自身基建项目、承建基建项目的材料计划。其材料计划的编制，通常应根据承包协议和分工范围及供应方式而编制。

二、材料计划的编制

（一）材料计划的编制原则

为了使制订的材料计划能够反映客观实际，充分发挥它对物资流通经济活动的指导作用，在计划的编制过程中必须遵循一定的原则。

(1) 实事求是的原则　材料计划是组织和指导材料流通经济活动的行动纲领。这就要求在物资计划的编制中始终坚持实事求是的原则。具体地说，就是要求计划指标具有先进性和可行性，指标过高或过低都不行。在实际工作中，要认真总结经验，深入基层和生产建设的第一线，进行调查研究，通过精确计算，把计划定在既积极又可靠的基础上，使计划尽可能符合客观实际情况。

(2) 保证重点，照顾一般的原则　没有重点，就没有政策。一般来说，重点部门、重点企业、重点建设项目是对全局有巨大而深远影响的，必须在物资上给予切实保证。但一般部门、一般企业和一般建设项目也应适当予以安排，在物资分配与供应计划中，区别重点与一般，正确地妥善安排，是一项极为细致、复杂的工作。

（3）政策性原则　所谓政策性原则，就是在材料计划的编制过程中必须坚决贯彻执行党和国家有关经济工作的方针和政策。

（4）积极可靠，留有余地的原则　搞好材料供需平衡，是材料计划编制工作中的重要环节。在进行平衡分配时，要做到积极可靠，留有余地。所谓积极，就是说，指标要先进，应是在充分发挥主观能动性的基础上，经过认真的努力能够完成的；所谓可靠，就是说，必须经过认真的核算，有科学依据。留有余地，就是说在分配指标的安排上，要保留一定数量的储备。这样就可以随时应付执行过程中临时增加的需要量。

（二）材料计划的编制步骤

施工企业常用的材料计划，是按照计划的用途和执行时间编制的年、季、月的材料需用计划、申请计划、供应计划、加工订货计划和采购计划。在编制材料计划时，应遵循以下步骤：

1）各建设项目及生产部门按照材料使用方向，分单位工程做工程用料分析，根据计划期内完成的生产任务量及下一步生产中需提前加工准备的材料数量，编制材料需用计划。

2）根据项目或生产部门现有材料库存情况，结合材料需用计划，并适当考虑计划期末周转储备量，按照采购供应的分工，编制项目材料申请计划，分报各供应部门。

3）负责某项材料供应的部门，汇总各项目及生产部门提报的申请计划，结合供应部门现有资源，全面考虑企业周转储备，进行综合平衡，确定对各项目及生产部门的供应品种、规格、数量及时间，并具体落实供应措施，编制供应计划。

4）按照供应计划所确定的措施，如：采购、加工订货等，分别编制措施落实计划，即采购计划和加工订货计划，确保供应计划的实现。

（三）材料计划的编制要求

（1）应确立材料供求平衡的概念　供求平衡是材料计划管理的首要目标。宏观上的供求平衡，使基本建设投资规模，必须建立在社会资源条件允许情况下，才有材料市场的供求平衡，才可寻求企业内部的供求平衡。材料部门应积极组织资源，在供应计划上不留缺口，使企业完成施工生产任务有坚实的物质保证。

（2）应确立指令性计划、指导性计划和市场调节相结合的观念　市场的作用在材料管理中所占份额越来越大，编制计划、执行计划均应在这种观念的指导下，使计划切实可行。

（3）应确立多渠道、多层次筹措和开发资源的观念　多渠道、少环节是我国材料管理体制改革的一贯方针。企业一方面应充分利用市场、占有市场，开发资源；另一方面应狠抓企业管理、依靠技术进步、提高材料使用效能、降低材料消耗。

三、材料计划的实施

（1）组织材料计划的实施　材料计划工作是以材料需用计划为基础，材料供应计划是企业材料经济活动的主导计划，可使企业材料系统的各部门，不仅了解本系统的总目标和本部门的具体任务，而且了解各部门在完成任务中的相互关系，组织各部门从满足施工需要总体要求出发，采取有效措施，保证各自任务的完成，从而保证材料计划的实施。

（2）协调材料计划的实施　在材料计划发生变化的情况下，要加强材料计划的协调作用，做好以下几项工作：

1）挖掘内部潜力，利用库存储备以解决临时供应不及时的矛盾；

2）利用市场调节的有利因素，及时向市场采购；

3）同供料单位协商临时增加或减少供应量；

4）与有关单位进行余缺调剂；

5）在企业内部有关部门之间进行协商，对施工生产计划和材料计划进行必要地修改。

（3）建立材料计划分析和检查制度　为了及时发现计划执行中的问题，保证计划的全面完成，建筑企业应从上到下按照计划的分级管理职责，在计划实施反馈信息的基础上进行计划的检查与分析。

（4）计划的变更和修订　实践证明，材料计划的变更是常见的、正常的。材料计划的多变，是由它本身的性质所决定的。计划总是人们在认识客观世界的基础上制定出来的，它受人们的认识能力和客观条件所制约，所编制出的计划的质量就会有差异，计划与实际脱节往往不可能完全避免，重要的是一经发现，就应调整原计划。

（5）考评执行材料计划的经济效果　材料计划的执行效果，应该有一个科学的考评方法，通过指标考评，激励各部门认真实施材料计划。

第二节　材料采购管理

一、材料采购工作内容

（1）编制材料采购计划　材料采购计划是在各工程项目材料需用量计划的基础上制订的，必须符合建筑产品生产的需要，一般是按照材料分类，确定各种材料（包括品种、名称、规格、型号、质量及技术要求）采购的数量计划。

（2）确定材料采购批量　采购批量即一次采购的数量，材料采购计划必须按生产需要以及采购资金及仓库储存的实际情况有计划分期分批的进行。采购批量直接影响费用占用和仓库占用，因此必须选择各项费用成本最低的批量为最佳批量。

（3）确定采购方式　掌握市场信息，按材料采购计划，选择、确定采购对象，尽量做到货比三家；对批量大、价格高的材料可采用招标方式，以降低采购成本。

（4）材料采购计划实施　包括材料采购人员与提供建材产品的生产企业或产品供销部门进行具体协商、谈判，直至订货、成交等内容。

二、材料采购原则

（1）遵守国家和地方的有关方针、政策、法令和规定　如材料管理政策、材料分配政策、经济合同法，各项财政制度以及工商行政部门的规定等。

（2）以需定购，按计划采购　必须以实际需要的材料品种、规格、数量和时间要求的材料采购计划为依据进行采购。贯彻“以需采购”的材料采购原则，同时要结合材料的生产、市场、运输和储备等因素，进行综合平衡。

（3）坚持材料质量第一　把好材料采购质量关，不符合质量要求的材料，不得进入生产车间、施工现场，要随时深入生产厂、市场，以督促生产厂提高产品质量和择优采购，采购人员必须熟悉所采购的材料质量标准，并做好验收鉴定工作，不符合质量要求的物资绝不采购。

（4）降低采购成本　材料采购中，应开展“三比一算”（比质、比价、比运距、算成本）。市场供应的材料，由于材料来自各地，因生产手段不同，产品成本不一样，质量也有差别，为此，在采购时，一定要注意同样的材料比质量、同样的质量比价格、同样的价格比运距，进行综合计算以降低材料采购成本。

（5）选择材料运输畅通方便的材料生产单位　生产建设企业尤其施工企业所需用材料，数量大、地区分散，必须使用足够的运输工具，才能按时运输到现场。如果运输力量不足，即使有了资源，也无法运出，为了将所需的材料及时安全地运输到使用现场，必须选择运输力量充足，地理和运输条件良好的地区和单位的材料，以保证材料采购和供应任务完成。

三、材料采购管理模式

（1）现场型施工企业　现场型施工企业一般是规模相对较小或相对于企业经营规模而言承揽的工程任务相对较大。企业材料采购部门与建设项目联系密切，这种情况不宜分散采购而应集中采购。一方面减少项目采购工作量，形成采购批量；另一方面有利于企业对施工项目的管理和控制，提高企业管理水平。

（2）城市型施工企业　城市型施工企业是指在某一城市或地区内经营规模较大，施工力量较强，承揽任务较多的企业。我国最初建立的国营建筑企业多属于城市型企业。这类企业机构健全，企业管理水平较高，且施工项目多在一个城市或地区内分布，企业整体经营目标一致，比较适宜采用统一领导分级管理的采购模式。主要材料、重要材料及利于综合开发的材料资源采取统一筹划，形成较强的采购能力和开发能力，适宜与大型材料生产企业协作，对稳定资源、稳定价格，保证工程用料，有较大的保障。特别是当市场供小于求时尤其显著。一般材料由基层材料部门或施工项目视情况自行安排，分散采购。这样做既调动了各部门积极性，又保证了整体经济利益；既能发挥各自优势，又能抵御市场带来的冲击。

（3）区域型施工企业　区域型施工企业一般经营规模庞大，能够承揽跨省、跨地区甚至跨国项目。也有从事某区域内专业项目建设施工任务的企业。这类企业技术力量雄厚，但施工项目和人员分散，因此其采购模式要视其所在地区承揽的项目类型和采购任务而定。往往是集中采购与分散采购配合进行，分散采购和联合采购并存，采购方式灵活多样。

四、材料采购批量管理

（1）按照商品流通环节最少的原则选择最优批量　从商品流通环节看，向生产厂直接采购，所经过的流通环节最少，价格最低。不过生产厂的销售往往有最低销售量限制，采购批量一般要符合生产厂的最低销售批量。这样既减少了中间流通环节费用，又降低了采购价格，而且还能得到适用的材料，最终降低了采购成本。

（2）按照运输方式选择经济批量　在材料运输中有铁路运输、公路运输、水路运输等不同的运输方式。每种运输中一般又分整车（批）运输和零散（担）运输。在中、长途运输中，铁路运输和水路运输较公路运输价格低、运量大。而在铁路运输和水路运输中，又以整车运输费用较零散运输费用低。因此一般采购应尽量就近采购或达到整车托运的最低限额以降低采购费用。

（3）按照采购费用和保管费用支出最低的原则选择经济批量　材料采购批量越小，材料保管费用支出越低，但采购次数越多，采购费用越高。反之，采购批量越大，保管费用越高，但采购次数越少，采购费用越低。因此采购批量与保管费用成正比例关系，与采购费用成反比例关系（图 13-1）。

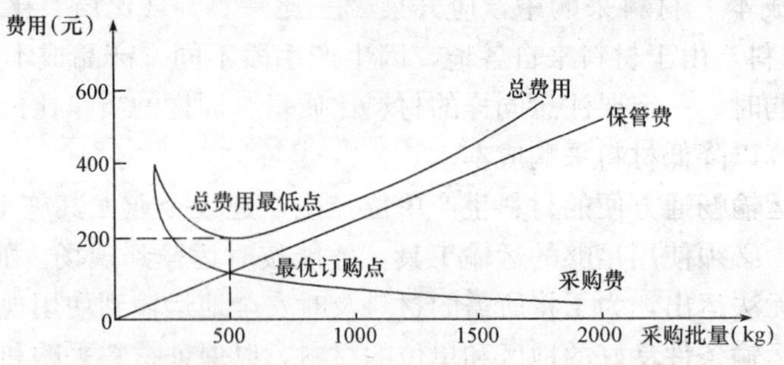

图 13-1 采购批量与费用关系图

第三节 材料运输管理

材料运输是借助运力实现材料在空间上的转移。在市场经济条件下，物资的生产和消费，在空间上往往是不一致的，为了解决物资生产与消费在空间上的矛盾，必须借助运输使材料从产地转移到消费地区，满足生产建设的需要。所以材料运输是物资流通的一个组成部分，是材料供应管理中重要的一环。

一、材料运输管理的作用

材料运输管理是对材料运输过程，运用计划、组织、指挥和调节职能进行管理，使材料运输合理化。其重要作用，主要表现在以下两个方面：

1）加强材料运输管理，是保证材料供应，促使施工顺利进行的先决条件。

2）加强材料运输管理，合理地组织运输，可以缩短材料运输里程，减少在途时间，加快运输速度，提高经济效果。

二、材料运输管理的任务

材料运输管理的基本任务是根据客观经济规律和物资运输原则，对材料运输过程进行计划、组织、指挥、监督和调节，争取以最少的里程、最低的费用、最短的时间、最安全的措施，完成材料的转移，保证工程需要。具体任务是：

(1) 贯彻“及时、准确、安全、经济”的原则组织运输。

1）及时：指用最少的时间，把材料从产地运到施工、用料地点，及时供应使用。

2）准确：指材料在整个运输过程中，防止发生各种差错事故，做到不错、不乱、不差，准确无误地完成运输任务。

3）安全：指材料在运输过程中保证质量完好，数量无缺，不发生受潮、变质、残损、丢失、爆炸和燃烧事故，保证人员、材料、车辆等安全。

4）经济：指经济合理地选用运输路线和运输工具，充分利用运输设备，降低运输费用。

“及时、准确、安全、经济”四项原则是互相关联、辩证统一的关系，在组织材料运输时，应全面考虑，不要顾此失彼。只有正确全面地贯彻这四项原则，才能完成材料运输任务。

(2) 加强材料运输的计划管理　做好货源、流向、运输路线、现场道路、堆放场地等的调查和布置工作，会同有关部门编好材料运输计划，认真组织好材料的发运、接收和必要的中转业务，搞好装卸配合，使材料运输工作，在计划指导下协调进行。

（3）建立和健全以岗位责任制为中心的运输管理制度　明确运输工作人员的职责范围，加强经济核算，不断提高材料运输管理水平。

三、材料运输方式的选择

（1）材料运输基本方式　目前我国有铁路运输，公路运输，水路运输，航空运输，管道运输，民间群运等，具体见表13-1。

表13-1　材料运输基本方式

序号	运输方式	运输方式介绍	特　点
1	铁路运输	铁路是国民经济的大动脉，铁路运输是我国主要的运输方式之一。它与水路干线和各种短途运输相衔接，形成一个完整的运输网	铁路运输能力大、运行速度快；一般不受气候、季节的影响，连续性强；管理高度集中，运行比较安全准确；运输费用比公路运输低；如设置专用线，大宗材料可以直达使用区域。它是远程物资的主要运输方式。但铁路运输的始发和到达作业费用比公路运输高，材料短途运输不经济。另外铁路运输计划要求严格，托运材料必须按照铁道部的规章制度办事
2	公路运输	公路运输基本上是地区性运输。地区公路运输网与铁路、水路干线及其他运输方式相配合，构成全国性的运输体系	公路运输面广，机动灵活，快速，装卸方便。公路运输是铁路运输不可缺少的补充，是重要的运输方式之一，担负着极其广泛的中、短途运输任务。由于运费较高，不宜于长距离运输
3	水路运输	水路在我国整个运输活动中占有重要的地位。我国河流多，海岸线长，通航潜力大，是最经济的一种运输方式。沿江、沿海的企业用水路运输建筑材料，是很有利的条件	水路运输运载量较大，运费低廉。但受地理条件的制约，直达率较低，往往要中转换装，因而装卸作业费用高，运输损耗也较大；运输的速度较慢，材料在途时间长，还受枯水期、洪水期和结冰期的影响，准时性、均衡性较差
4	航空运输	空运速度快，能保证急需。但飞机的装运量小、运价高、不能广泛使用	只适宜远距离运送急需的、贵重的、量小的或时间性较强的材料
5	管道运输	管道运输是一种新型的运输方式，有很大的优越性	运送速度快、损耗小、费用低、效率高。适用于输送各种液、气、粉、粒状的物资。我国目前主要用于运输石油和天然气
6	民间群运	民间群运主要是指人力、畜力和木帆船等非机动车船的运输	

（2）材料的合理运输　经济合理地组织材料运输，能用最少的劳动消耗，最短的时间和里程，把材料从产地运到生产消费地点，满足工程需要，实现最大的经济效果，见表13-2。

表 13-2 材料的合理运输

序号	途径	具体要求
1	选择合理的运输路线	根据交通运输条件与合理流向的要求，选择里程最短的运输路线，最大限度地缩短运输的平均里程，消除各种不合理运输，如对流运输、迂回运输、重复运输、倒流运输等和违反国家规定的物资流向的运输方式。组织建筑材料运输时，要采用分析、对比的方法，结合运输方式、运输工具和费用开支进行选择
2	采取直达运输，“四就直拨”，减少不必要的中转运输环节	直达运输就是把材料从交货地点直接运到用料单位或用料地点，减少中转环节的运输方法。“四就直拨”是指四种直拨的运输形式。在大、中城市、地区性的短途运输中采取“就厂直拨、就站（车站或码头）直拨、就库直拨、就船过载”的办法，把材料直接拨给用料单位或用料工地，可以减少中转环节，节约运转费用
3	选择合理的运输方式	根据材料的特点、数量、性质、需用的缓急、里程的远近和运价高低，选择合理的运输方式，以充分发挥其效用。比如大宗材料运距在100km以上的远程运输，应选用铁路运输。沿江沿海大宗材料的中、长距离运输宜采用水运。一般中距离材料运输以汽车为宜，条件合适也可以使用火车。 短途运输、现场转运，使用民间群运的运输工具，则比较合算
4	合理使用运输工具	合理使用运输工具，就是充分利用运输工具的载重量和容积，发挥运输工具的效能，做到满载、快速、安全，以提高经济效益

第十四章　材料仓储、使用与核算

第一节　材料仓储管理

一、仓储管理的基本任务

仓储管理是以优质的储运劳务，管好仓库物资，为按质、按量、及时、准确地供应施工生产所需的各种材料打好基础，确保施工生产的顺利进行。其基本任务是：

1）组织好材料的收、发、保管、保养工作。要求达到快进、快出、多储存、保管好、费用省的目的，为施工生产提供优质服务。

2）建立和健全合理的、科学的仓库管理制度，不断提高管理水平。

3）不断改进仓储技术，提高仓库作业的机械化、自动化水平。

4）加强经济核算，不断提高仓库经营活动的经济效益。

5）不断提高仓储管理人员的思想、业务水平，培养一支仓储管理的专职队伍。

二、仓库的分类和规划

（一）仓库的分类

仓库的分类可从储存材料的种类、保管条件、建筑结构、管理极限等几个方面进行，具体见表 14-1。

表 14-1　仓库的分类

序号	分类		具体内容
1	按储存材料的种类划分	综合性仓库	仓库建有若干库房，储存各种各样的材料。如在同一仓库中储存钢材、电料、木料、五金、配件等
		专业性仓库	仓库只储存某一类材料。如钢材库、木料库、电料库等
2	按保管条件划分	普通仓库	储存没有特殊要求的一般性材料
		特种仓库	某些材料对库房的温度、湿度、安全有特殊要求，需按不同要求设保温库、燃料库、危险品库等。水泥由于粉尘大，防潮要求高，因而水泥库也是特种仓库
3	按建筑结构划分	封闭式仓库	指有屋顶、墙壁和门窗的仓库
		半封闭式仓库	指有顶无墙的料库、料棚
		露天料场	主要储存不易受自然条件影响的大宗材料
4	按管理权限划分	中心仓库	指大中型企业（公司）设立的仓库。这类仓库材料吞吐量大，主要材料由公司集中储备，也叫做一级储备。除远离公司独立承担任务的工程处核定储备资金控制储备外，公司下属单位一般不设仓库，避免层层储备，分散资金
		总库	指公司所属项目经理部或工程处（队）所设施工备料仓库
		分库	指施工队及施工现场所设的施工用料准备库，业务上受项目经理部或工程处（队）直接管辖，统一调度

（二）材料仓库位置的选择

材料仓库的位置是否合理，直接关系到仓库的使用效果。仓库位置选择的基本要求是“方便、经济、安全”。仓库位置选择的条件是：

1）交通方便。材料的运送和装卸都要方便。材料中转仓库最好靠近公路（有条件的设专用线）；以水运为主的仓库要靠近河道码头；现场仓库的位置要适中，以缩短到各施工点的距离。

2）地势较高，地形平坦，便于排水、防洪、通风、防潮。

3）环境适宜，周围无腐蚀性气体、粉尘和辐射性物质。危险品库和一般仓库要保持一定的安全距离，与民房或临时工棚也要有一定的安全距离。

4）有合理布局的水电供应设施，利于消防、作业、安全和生活之用。

（三）材料仓库的合理布局

材料仓库的合理布局，能为仓库的使用、运输、供应和管理提供方便，为仓库各项业务费用的降低提供条件。合理布局的要求是：

1）适应企业施工生产发展的需要。如按施工生产规模、材料资源供应渠道、供应范围、运输和进料间隔等因素，考虑仓库规模。

2）纳入企业环境的整体规划。按企业的类型来考虑，如按城市型企业、区域性企业、现场型企业不同的环境情况和施工点的分布及规模大小来合理布局。

3）企业所属各级各类仓库应合理分工。根据供应范围、管理权限的划分情况来进行仓库的合理布局。

4）根据企业耗用材料的性质、结构、特点和供应条件，并结合新材料、新工艺的发展趋势，按材料品种及保管、运输、装卸条件等进行布局。

（四）仓库面积的确定

仓库和料场面积的确定，是规划和布局时需要首先解决的问题。可根据各种材料的最高储存数量、堆放定额和仓库面积利用系数进行计算。

（1）仓库有效面积的确定　有效面积是实际堆放材料的面积或摆放货架货柜所占的面积，不包括仓库内的通道、材料架与架之间的空地面积。计算公式为：

$$F=\frac{P}{V} \tag{14-1}$$

式中　F——仓库有效面积（m^2）；

P——仓库最高储存材料的数量（t、m^3）；

V——每平方米面积定额堆放数量。

（2）仓库总面积计算　仓库总面积为包括有效面积、通道及材料架与架之间的空地面积在内的全部面积。计算公式为：

$$S=\frac{F}{\alpha} \tag{14-2}$$

式中　S——仓库总面积（m^2）；

F——有效面积（m^2）；

α——仓库面积利用系数。

（五）材料仓储规划

材料仓库的储存规划是在仓库合理布局的基础上，对应储存的材料作全面、合理的具体安排，实行分区分类，货位编号，定位存放，定位管理。储存规划的原则是：布局紧凑，用地节省，保管合理，作业方便，符合防火、安全要求。

三、工程材料验收入库

材料验收完成后，做好入库工作，为材料储存工作的顺利进行打下了基础，可保证进入仓库的材料数量准确、质量可靠。

（一）做好入库前的准备工作，合理规划仓库

1）交通方便，要求便于材料的运输和装卸，尽量靠近路边，同时不得影响总体规划。

2）要求地势较高并且地形平坦，便于排水、防洪、通风和防潮。

3）油库、氧气、乙炔气等危险品仓库与一般仓库要保持一定的距离，与民房或临时工棚也要有一定的安全距离。

4）合理布局水电供应设施，合理确定仓库的面积及相应设施。

（二）操作程序

1）材料采购人员采购的材料经检查合格无差错之后，办理验收入库手续，由采购人员签写验收入库单由仓库保管员签收。

2）材料验收入库单，按照先后时间顺序由保管员在《材料验收入库单》（表 14-2）上进行登记；第一联作为登记凭证按月整理封存保留三年以上以备查验，第二联财务记帐凭证，第三联采购员报帐凭证，第四联计划人员存查。

表 14-2　材料入库验收单

供应单位________　　　　　　收料仓库________
发票号数________　　　　　　材料类别________
发货日期________　　　　　　编　　号________

材料编号	统一名称	规格	发票数				实收数				短缺		备注
			单位	数量	单价	金额	单位	数量	计划单价	金额	数量	金额	
实际价合计				万	千	百	十	元	角	分		小写	
附记	运输单位		车种		运单号		距离/km			起运地点			
	运费		装卸费		包装费		费用小计						

主管　　　　　　审核　　　　　　验收　　　　　　采购员

3）验收入库的材料按先后顺序，分品种、规格、型号、材质、用途分别在仓库堆放，并进行详细的标识。

4）玻璃、陶瓷及易碎材料在入库时要轻拿轻放。

5）油料、氧气、乙炔等危险品在入库卸货时，保管员要认真守候观察，为了防止意外，保管员应暂停发料。

四、工程材料储存管理

材料的储存管理就是材料的保管和维护保养，是根据材料的性能特点，进行合理储存和保管工作，是材料管理工作的经常性业务工作，其基本要求是保质、保量、保安全。

（一）合理堆放

仓库储存材料应统一规划，分类存放、定位编号、专人管理。

（1）合理码垛　材料码垛要符合“合理、牢固、定量、整齐、节约和方便”的原则。

1）合理　对不同的品种、规格、等级、批次都应分开，按先后顺序码垛，先进先出。

2）牢固　垛位稳定，不偏不倒，防风防雨。

3）定量　每层、每堆力求成整数，过磅材料分层分捆计重，并作出标记，累计数量。

4）整齐　纵横成列，标志朝外，长短、大小不同的材料靠正面一头对齐。

5）节约　一次堆好，减少二次搬运；堆码紧凑，节约面积。

6）方便　堆放位置方便装卸、搬运、收发保管和清盘点，同时应注意消防安全。

（2）堆放“五五化”　力求按照材料的不同形状、体积、质量，分类堆放。

大的五五成方，高的五五成行，矮的五五成堆，小的五成包（捆），带孔的五五成串；要求达到横看成行，竖看成线，左右对齐，方法方定量；过目成数，整齐美观，并且各种材料必须有醒目的标识牌。

（二）精心保养

材料维护保养工作，必须坚持“预防为主，防治结合”的原则，具体要求是：

1）安排适当的保管场所，根据材料的不同性能，采取不同的保管方法和保管措施。

2）做好库房的加固和排水，预防台风、供水等自然灾害的侵袭，高温季节要防暑降温和预防火灾，梅雨季节要防止霉变。

3）要经常检查，随时掌握和发现储存材料的变化情况，积极采取有效的补救措施；对已经变质或将要变质的材料，如霉腐、受潮、粘污、锈蚀、渗漏等，应及时采取干燥、晾晒、除锈、除油及更换包装等措施，以挽回或减少不必要的损失。

4）严格控制材料储存期限，注意分批码垛，先进先出；对于储存超期的材料，必须重新化验，降低等级后使用。

5）搞好材料储存库及周围的环境卫生，保持清洁，做到无垃圾、杂草，消灭虫害、鼠害等。

6）加强安全工作，做好班前班后三查（关窗、闭灯、锁门）工作，要有安全消防设施，做好“四防”（防火、防盗、防风、防雨）的准备工作，确保材料储存库的安全。

（三）认真管理，帐、物、卡要一致

1）保管员应对库存材料的性能、规格型号、保管保养知识、用途非常熟悉，要做到心中有数。

2）建立永久性的材料保管明细帐，每种材料建立定位、编号标识卡，做好收发记录，并定期进行库存的盘点，保证帐、物、卡一致。

3）根据工程进度和材料预算，有计划有组织地做好材料的储备，确保施工生产的正常进行，防止积压浪费及占用地盘和资金。

五、仓储材料盘点

仓库所保管的材料，品种、规格繁多，计量、计算易发生差错，保管中发生的损耗、损坏、变质、丢失等种种因素，可能导致库存材料数量不符，质量下降。只有通过盘点，才能准确地掌握实际库存量，摸清质量状况，掌握材料保管中存在的各种问题，了解储备定额执行情况和积压数量，以及利用、代用等挖潜措施的落实情况。

（一）定期盘点

定期盘点指季末或年末对仓库保管的材料进行全面、彻底盘点，达到有物有账，账物相符，账账相符，并把材料数量、规格、质量及主要用途搞清楚。由于清点规模大，应先做好组织与准备工作，主要内容有：

1）划区分块，统一安排盘点范围，防止重查或漏查。

2）校正盘点用计量工具，统一印制盘点表，确定盘点截止日期和报表日期。

3）安排各现场、车间，已领未用的材料办理“假退料”手续，并清理成品、半成品、在线产品。

4）尚未验收的材料，具备验收条件的，抓紧验收入库。

5）代管材料，应有特殊标志，另列报表，便于查对。

（二）永续盘点

对库房内每日有变动（增加或减少）的材料，当日复查一次，即当天对有收入或发出发生的材料，核对账、卡、物是否对口。这种连续进行抽查盘点，能及时发现问题，便于清查和及时采取措施，是保证账、卡、物“三对口”的有效方法。永续盘点必须做到当天收发，当天记账和登卡。

（三）盘点中问题的处理

盘点时要对实际库存量和账面结存量进行逐项核对，并同时检查材料质量、有效期、安全消防及保管状况。编制盘点报告。

1）盘点中数量出现盈亏，若盈亏量在国家和企业规定的范围之内时，可在盘点报告中反映，不必编制盈亏报告，经业务主管审批后，据此调整账务；若盈亏量超过规定范围时，除在盘点报告中反映外，还应填写“盘点盈亏报告单”见表14-3，经领导审批后再行处理。

表 14-3　材料盘点盈亏报告单

填报单位：　　　　　　　　年　　月　　日　　　　　　　　第　　号

材料名称	单位	账存数量	实存数量	盈（+）亏（-）数量及原因
部门意见				
领　导 批　示				

2）库存材料发生损坏、变质、降等级等问题时，填报“材料报损报废报告单”见表14-4，并通过有关部门鉴定损失金额，经领导审批后，根据批示意见处理。

表 14-4 材料报损报废报告单

填报单位：　　　　　　　　　　　年　月　日　　　　　　　　　　　编　号

名　称	规格型号	单　位	数　量	单　价	金　额
质量状况					
报损报废原因					
技术鉴定处理意见					负责人签章
领导批示					签　章

主管　　　审核　　　制表

3）库房被盗或遭破坏，其丢失及损坏材料数量及相应金额，应专项报告，经保卫部门认真查核后，按上级最终批示做账务处理。

4）出现品种规格混串和单价错误，在查实的基础上，经业务主管审批后按表14-5的要求进行调整。

表 14-5 材料调整单

仓库名称　　　　　　　　　　　　　　　　　　　　　　　　　　第　号

项　目	材料名称	规格	单位	数量	单价	金额	差额（十、一）
原列							
应列							
调整原因							
批示							

保管　　　记账　　　制表

5）库存材料一年以上没有发出，列为积压材料。

六、材料账务管理

（一）记账凭证

1）材料入库凭证：验收单、入库单、加工单等。

2）材料出库凭证：调拨单、借用单、限额领料单、新旧转账单等。

3）盘点、报废、调整凭证：盘点盈亏调整单、数量规格调整单、报损报废单等。

（二）记账程序

（1）审核凭证　审核凭证的合法性、有效性。凭证必须是合法凭证，有编号，有材料收发动态指标；能完整反映材料经济业务从发生到结束的全过程情况。临时借条均不能作为记账的合法凭证。合法凭证要按规定填写齐全。如日期、名称、规格、数量、单位、单价、印章要齐全，抬头要写清楚，否则为无效凭证，不能据此记账。

（2）整理凭证　记账前先将凭证分类、分档排列，然后依次序逐项登记。

（三）账册登记

根据账页上的各项指标自左至右逐项登记。已记账的凭证，应加标记，防止重复登账。记账后，对账卡上的结存数要进行验算，即：上期结存＋本项收入－本项发出＝本项结存。

第二节　材料使用管理

一、材料进场质量控制

（一）材料进场前的质量控制

1）了解工程合同的有关规定、工程概况、供料方式、施工地点及运输条件、施工方法及施工进度、主要材料和机具的用量，临时建筑及用料情况等。全面掌握整个工程的用料情况及大致供料时间。

2）深入调查当地地方材料的资源、价格、运输工具及运载能力等情况。

3）根据生产部门编制的材料预算和施工进度计划，及时编制材料供应计划。组织人员落实材料名称、规格、数量、质量与进场日期。掌握主要构件的需用量和加工件所需图纸、技术要求等情况。组织和委托门窗、铁件、混凝土构件的加工、材料的申请等工作。

4）积极参加施工组织设计中关于材料堆放位置的设计。按照施工组织设计平面图和施工进度需要，分批组织材料进场和堆放，堆料位置应以施工组织设计中材料平面布置图为依据。

5）根据防火、防水、防雨、防潮管理的要求，搭设必要的临时仓库。需防潮和其他特殊要求的材料，要按照有关规定，妥善保管。

（二）材料进场时的质量控制

1）建立健全现场管理的责任制。划区分片，包干负责，定期组织检查和考核。

2）加强现场平面布置管理。根据不同的施工阶段，材料消耗的变化，合理调整堆料位置，减少二次搬运，方便施工。

3）掌握施工进度，搞好平衡。及时掌握用料信息，正确地组织材料进场，保证施工的需要。

4）所用材料和构件，要严格按照平面布置图堆放整齐。要成行、成线、成堆，经常保持堆料场地清洁整齐。

5）认真执行材料、构件的验收、发放、退料和回收制度。建立健全原始记录和各种材料统计台帐，按月组织材料盘点，抓好业务核算。

6）认真执行限额领料制度，监督和控制队组节约使用材料，加强检查，定期考核，努力降低材料的消耗。

7）抓好节约措施的落实。

二、现场材料管理

（一）现场材料管理的概念及意义

现场材料管理，是在现场施工过程中，根据工程类型、场地环境、材料保管和消耗特点，采取科学的管理办法，从材料投入到成品产出全过程进行计划、组织、协调和控制，力求保证生产需要和材料的合理使用，最大限度地降低材料消耗。

现场材料管理的好坏，是衡量建筑企业经营管理水平和实现文明施工的重要标志，也是保证工程进度和工程质量，提高劳动效率，降低工程成本的重要环节。对企业的社会声誉和投标承揽任务都有极大影响。加强现场材料管理，是提高材料管理水平、克服施工现场混乱和浪费现象、提高经济效益的重要途径之一。

（二）现场材料管理原则与任务

现场材料管理的原则与任务见表 14-6。

表 14-6 现场材料管理原则与任务

序号	管理原则与任务	具体内容
1	全面规划	在开工前作出现场材料管理规划，参与施工组织设计的编制，规划材料存放场地、道路，做好材料预算，制定现场材料管理目标。全面规划是使现场材料管理全过程有序进行的前提和保证
2	计划进场	按施工进度计划，组织材料分期分批有秩序地入场。一方面保证施工生产需要；另一方面要防止形成大批剩余材料。计划进场是现场材料管理的重要环节和基础
3	严格验收	按照各种材料的品种、规格、质量、数量要求，严格对进场材料进行检查，办理收料。验收是保证进场材料品种、规格对路、质量完好、数量准确的第一道关口，是保证工程质量，降低成本的重要保证
4	合理存放	按照现场平面布置要求，做到合理存放，在方便施工、保证道路畅通、安全可靠的原则下，尽量减少二次搬运。合理存放是妥善保管的前提，是生产顺利进行的保证，是降低成本的有效措施
5	妥善保管	按照各项材料的自然属性，依据物资保管技术要求和现场客观条件，采取各种有效措施进行维护、保养，保证各项材料不降低使用价值。妥善保管是物尽其用，实现成本降低的保证条件
6	控制领发	按照操作者所承担的任务，依据定额及有关资料进行严格的数量控制。控制领发是控制工程消耗的重要关口，是实现节约的重要手段
7	监督使用	按照施工规范要求和用料要求，对已转移到操作者手中的材料，在使用过程中进行检查，督促班组合理使用，节约材料。监督使用是实现节约，防止超耗的主要手段
8	准确核算	用实物量形式，通过对消耗活动进行记录、计算、控制、分析、考核和比较，反映消耗水平。准确核算既是对本期管理结果的反映，又为下期提供改进的依据

（三）现场材料验收管理

1. 收料前的准备

现场材料人员接到材料进场的预报后，要做好以下五项准备工作：

1）检查现场施工便道有无障碍及平整通畅，车辆进出、转弯、调头是否方便，还应适当考虑回车道，以保证材料能顺利进场。

2）按照施工组织设计的场地平面布置图的要求，选择好堆料场地，要求平整、没有积水。

3）必须进现场临时仓库的材料，按照“轻物上架，重物近门，取用方便”的原则，准备好库位，防潮、防霉材料要事先铺好垫板，易燃易爆材料，一定要准备好危险品仓库。

4）夜间进料，要准备好照明设备，在道路两侧及堆料场地，都有足够的亮度，以保证安全生产。

5）准备好装卸设备、计量设备、遮盖设备等。

2. 材料验收的步骤

现场材料的验收主要是检验材料品种、规格、数量和质量。验收步骤如下：

1）查看送料单，是否有误送。

2）核对实物的品种、规格、数量和质量，是否和凭证一致。

3）检查原始凭证是否齐全正确。

4）作好原始记录，逐项详细填写收料日记，其中验收情况登记栏，必须将验收过程中发生的问题填写清楚。

三、周转材料管理

（一）周转材料及其分类

周转材料是指能够多次应用于施工生产，有助于产品形成，但不构成产品实体的各种材料，是有助于建筑产品的形成而必不可少的劳动手段。如：浇捣混凝土所需的模板和配套件；施工中搭设的脚手架及其附件等。

周转材料按其自然属性可分为钢制品和木制品两类；按使用对象可分为混凝土工程用周转材料、结构及装修工程用周转材料和安全防护用周转材料三类。

（二）周转材料管理的任务

1）根据生产需要，及时、配套地提供适量和适用的各种周转材料。

2）根据不同周转材料的特点建立相应的管理制度和办法，加速周转，以较少的投入发挥尽可能大的效能。

3）加强维修保养，延长使用寿命，提高使用的经济效果。

（三）周转材料管理的内容

（1）使用　周转材料的使用是指为了保证施工生产正常进行或有助于产品的形成而对周转材料进行拼装、支搭以及拆除的作业过程。

（2）养护　指例行养护，包括除去灰垢、涂刷防锈剂或隔离剂，使周转材料处于随时可投入使用的状态。

（3）维修　修复损坏的周转材料：使之恢复或部分恢复原有功能。

（4）改制　对损坏且不可修复的周转材料，按照使用和配套的要求进行大改小、长改短的作业。

（5）核算　包括会计核算、统计核算和业务核算三种核算方式。会计核算主要反映周转材料投入和使用的经济效果及其摊销状况，它是资金（货币）的核算；统计核算主要反映数量规模、使用状况和使用趋势，它是数量的核算；业务核算是材料部门根据实际需要和业务特点而进行的核算，它既有资金的核算，也有数量的核算。

（四）周转材料的管理方法

1. 租赁管理

（1）租用　项目确定使用周转材料后，应根据使用方案制定需求计划，由专人向租赁部门签订租赁合同，并做好周转材料进入施工现场的各项准备工作，如存放及拼装场地等。租赁部门必须按合同保证配套供应并登记“周转材料租赁台账”。

（2）验收和赔偿　租赁部门应对退库周转材料进行外观质量验收。如有丢失损坏应由租用单位赔偿。验收及赔偿标准一般按以下原则掌握：对丢失或严重损坏（指不可修复的，如管体有死弯、板面严重扭曲）按原值的50％赔偿；一般性损坏（指可修复的，如板面打孔、开焊等）按原值30％赔偿；轻微损坏（指不需使用机械，仅用手工即可修复的）按原值的10％赔偿。

租用单位退租前必须清除混凝土灰垢，为验收创造条件。

（3）结算　租金的结算期限一般自提运的次日起至退租之日止，租金按日历天数逐日计取，按月结算。

2. 费用承包管理

（1）签订承包协议　承包协议是对承、发包双方的责、权、利进行约束的内部法律文件。一般包括工程概况、应完成的工程量、需用周转材料的品种、规格、数量及承包费用、承包期限、双方的责任与权力、不可预见问题的处理以及奖罚等内容。

（2）承包额的分析　首先要分解承包额。承包额确定之后，应进行大概的分解，以施工用量为基础将其还原为各个品种的承包费用，例如将费用分解为钢模板、焊管等品种所占的份额。

第二要分析承包额。在实际工作中，常常是不同品种的周转材料分别进行承包，或只承包某一品种的费用，这就需要对承包效果进行预测，并根据预测结果提出有针对性的管理措施。

（3）编制周转材料需用计划　根据承包方案和工程进度认真编制周转材料的需用计划，注意计划的配套性（品种、规格、数量及时间的配套），要留有余地，不留缺口。

根据配套数量同企业租赁部门签订租赁合同，积极组织材料进场并做好进场前的各项准备工作，包括选择、平整存放和拼装场地、开通道路等，对狭窄的现场应做好分批进场的时间安排，或事先另选存放场地。

3. 实物量承包管理

（1）定包数量的确定　以组合钢模为例，说明定包数量的确定方法。

1）模板用量的确定。根据费用承包协议规定的混凝土工程量编制模板配模图，据此确定模板计划用量，加上一定的损耗量即为交由班组使用的承包数量。公式如下：

$$\text{模板定包数量}(\text{m}^2)=\text{计划用量}(\text{m}^2)\times(1+\text{定额损耗率}\%) \tag{14-3}$$

式（14-3）中定额损耗量一般不超过计划用量的1％。

2）零配件用量的确定。

（2）定包效果的考核和核算　定包效果的考核主要是损耗率的考核。即用定额损耗量与实际损耗量相比，如有盈余为节约，反之为亏损。如实现节约则全额奖给定包班组，如出现亏损则由班组赔偿全部亏损金额，根据定包及考核结果，对定包班组兑现奖罚。

第三节 材料核算管理

材料核算是企业经济核算的重要组成部分。所谓材料核算就是以货币或实物数量的形式，对建筑企业材料管理工作中的采购、供应、储备、消耗等项业务活动进行记录、计算、比较和分析，从而提高材料供应管理水平的活动。

一、材料费用组成

材料费是指施工过程中耗费的构成工程实体的原材料、辅助材料、构配件、零件、半成品的费用。内容包括材料消耗量、材料基价和检验试验费。

材料费的基本计算公式为：

材料费＝∑（材料消耗量×材料基价）＋检验试验费

1. 材料消耗量

材料消耗量是指在合理和节约使用材料的条件下，生产单位假定建筑安装产品（分部分项工程或结构构件）必须消耗的一定品种规格的原材料、辅助材料、构配件、零件、半成品等的数量标准。它包括材料净用量和材料不可避免的损耗量。

2. 材料基价

材料基价是指材料在购买、运输、保管过程中形成的价格，其内容包括材料原价（或供应价格）、材料运杂费、运输损耗费、采购及保管费等。

材料基价＝[（供应价格＋运杂费）×（1＋运输损耗率（%）]×
[1＋采购及保管费率（%）] (14-4)

式中 材料原价（或供应价格）——材料的出厂价格，进口材料抵岸价或销售部门的批发牌价和市场采购价格。

材料运杂费——材料自来源地运至工地仓库或指定堆放地点所发生的全部费用；

运输损耗费——材料在运输装卸过程中的不可避免的损耗；

采购及保管费——为组织采购、供应和保管材料过程中所需要的各项费用，包括采购费、仓储费、工地保管费、仓储损耗。

3. 检验试验费

检验试验费是指对建筑材料、构件和建筑安装物进行一般鉴定、检查所发生的费用，包括自设试验室进行试验所耗用的材料和化学药品等费用。不包括新结构、新材料的试验费和建设单位对具有出厂合格证明的材料进行检验，对构件做破坏性试验及其他特殊要求检验试验的费用。

检验试验费＝∑（单位材料量检验试验费×材料消耗量） (14-5)

二、材料核算的基本要求

材料供应核算是建筑企业经济核算工作的主要组成部分，材料费用一般占建筑工程造价60%左右，材料的采购供应和使用管理是否经济合理，对企业的各项经济技术指标的完成，特别是经济效益的提高有着重大的影响。因此建筑企业在考核施工生产和经营管理活动时，必须抓住工程材料成本核算、材料供应核算这两个重要的工作环节。

进行材料核算，应做好以下基础工作：

首先要建立和健全材料核算的管理体制，使材料核算的原则贯穿于材料供应和使用的全过程，做到干什么、算什么，人人讲求经济效果，积极参加材料核算和分析活动。这就需要组织上的保证，把所有业务人员组织起来，形成内部经济核算网，为实行指标分管和开展专业核算奠定组织基础。

其次要建立健全核算管理制度。明确各部门、各类人员以及基层班组的经济责任，制定材料申请、计划、采购、保管、收发、使用的办法、规定和核算程序。把各项经济责任落实到部门、专业人员和班组，保证实现材料管理的各项要求。

第三，要有扎实的经营管理基础工作。主要包括材料消耗定额、原始记录、计量检测报告、清产核资和材料价格等。材料消耗定额是计划、考核、衡量材料供应与使用是否取得经济效果的标准。

原始记录是反映经营过程的主要凭据；计量检测是反映供应、使用情况和记账、算账、分清经济责任的主要手段；清产核资是摸清家底，弄清财、物分布占用，进行核算的前提；材料价格是进行考核和评定经营成果的统一计价标准。没有良好的基础工作，就很难开展经济核算。

三、材料核算内容及方法

（一）材料采购的核算

材料采购核算，是以材料采购预算成本为基础，与实际采购成本相比较，核算其成本降低或超耗程度。

1. 材料采购实际成本（价格）

材料采购实际成本是材料在采购和保管过程中所发生的各项费用的总和。它由材料原价、供销部门手续费、包装费、运杂费、采购保管五方面因素构成。组成实际价格的5个内容，任何一方面的变动，都会直接影响到材料实际成本的高低。在材料采购及保管过程中应力求节约，降低材料采购成本是材料采购管理的重要环节。

市场供应的材料，由于货源来自各地，产品成本不一样，运输距离不等，质量情况参差不齐，为此在材料采购或加工订货时，要注意材料实际成本的核算，采购材料时应作各种比较，即：同样的材料比质量；同样的质量比价格；同样的价格比运距；最后核算材料成本。尤其是地方大宗材料的价格组成，运费占主要成分，尽量做到就地取材，减少运输及管理费用。

材料价格通常按实际成本计算，具体方法有“先进先出法”或“加权平均法”两种。

（1）先进先出法　先进先出法是指同一种材料每批进货的实际成本如各不相同时，按各批不同的数量及价格分别记入账册。在发生领用时，以先购入的材料数量及价格先计价核算工程成本，按先后程序依此类推。

（2）加权平均法　加权平均法是指同一种材料在发生不同实际成本时，按加权平均法求得平均单价，当下一批进货时，又以余额（数量及价格）与新购入的数量、价格作新的加权平均计算，得出平均价格。

2. 材料预算价格

材料预算价格包括从材料来源地起，到到达施工现场的工地仓库或材料堆放场地为止的全部价格，由下列5项费用组成：材料原价；供销部门手续费；包装费；运杂费；采购及保管费。

计算公式如下：

材料预算价格＝(材料原价＋供销部门手续费＋包装费＋运杂费)×(1＋采购及保管费率－包装品回收值)　(14-6)

3. 材料采购成本的考核

材料采购成本可以从实物量和价值量两方面进行考核。单项品种的材料在考核材料采购成本时，可以从实物量形态考核其数量上的差异。企业实际进行采购成本考核，往往是分类或按品种综合考核价值上的“节”与“超”。通常有如下两项考核指标：

(1) 材料采购成本降低（超耗）额

材料采购成本降低（超耗）额＝材料采购预算成本－材料采购实际成本　(14-7)

式中　材料采购预算成本——按预算价格事先计算的计划成本支出；

材料采购实际成本——按实际价格事后计算的实际成本支出。

(2) 材料采购成本降低（超耗）率

$$材料采购成本降低（超耗）额\%=\frac{材料采购成本降低（超耗）额}{材料采购预算成本}\times 100\% \quad (14\text{-}8)$$

(二) 材料供应的核算

材料供应计算是组织材料供应的依据。它是根据施工生产进度计划、材料消耗定额等编制的。施工生产进度计划确定了一定时期内应完成的工程量，而材料供应量是根据工程量乘以材料消耗定额，并考虑库存、合理储备、综合利用等因素，经平衡后确定的。按质、按量、按时配套供应各种材料，是保证施工生产正常进行的基本条件之一。检查考核材料供应计划的执行情况，主要是检查材料的收入执行情况，它反映了材料对生产的保证程度。

检查材料收入的执行情况，就是将一定时期（旬、月、季、年）内的材料实际收入量与计划收入量作对比，以反映计划完成情况。

(三) 周转材料的核算

由于周转材料可多次反复使用于施工过程，因此其价值的转移方式不同于材料的一次性转移，而是分多次转移，通常称为摊销。周转材料的核算以价值量核算为主要内容，核算周转材料的费用收入与支出的差异和摊销。

(1) 费用收入　周转材料的费用收入是以施工图为基础，以预算定额为标准随工程款结算而取得的资金收入。

(2) 费用支出　周转材料的费用支出是根据施工工程的实际投入量计算的。在对周转材料实行租赁的企业，费用支出表现为实际支付的租赁费用；在不实行租赁制度的企业，费用支出表现为按照规定的摊销率所提取的摊销额。

(3) 费用摊销。费用摊销主要有一次摊销法、“五五”摊销法和期限摊销法等。

(四) 材料储备的核算

为了防止材料积压或储备不足，保证生产需要，加速资金周转，企业必须经常检查材料储备定额的执行情况，分析材料库存情况。

检查材料储备定额的执行情况，是将实际储备材料数量（金额）与储备定额数量（金额）相对比，当实际储备数量超过最高储备定额时，说明材料有超储积压；当实际储备数量低于最低储备定额时，说明企业材料储备不足，需要动用保险储备。

附录 “采用不符合工程建设强制性标准的新技术、新工艺、新材料核准”行政许可实施细则

关于印发《“采用不符合工程建设强制性标准的新技术、新工艺、新材料核准”行政许可实施细则》的通知

建标［2005］124 号

各省、自治区建设厅，直辖市建委，新疆生产建设兵团建设局，国务院有关部门：

为加强对“采用不符合工程建设强制性标准的新技术、新工艺、新材料核准”行政许可（简称“三新核准”）事项的管理，规范建设市场的行为，确保建设工程的质量和安全，促进建设领域的技术进步，我部根据《行政许可法》、《建设工程勘察设计管理条例》、《关于建设部机关直接实施的行政许可事项有关规定和内容的公告》以及《建设部机关实施行政许可工作规程》等有关规定，结合“三新核准”事项的特点，组织制定了《“采用不符合工程建设强制性标准的新技术、新工艺、新材料核准”行政许可实施细则》。现印发给你们，请遵照执行。

中华人民共和国建设部

二〇〇五年七月二十日

《“采用不符合工程建设强制性标准的新技术、新工艺、新材料核准”行政许可实施细则》全文

第一章　总　　则

第一条　为加强工程建设强制性标准的实施与监督，规范“采用不符合工程建设强制性标准的新技术、新工艺、新材料核准”行政许可事项的管理，根据《行政许可法》、《建设工程勘察设计管理条例》、《关于建设部机关直接实施的行政许可事项有关规定和内容的公告》以及《建设部机关实施行政许可工作规程》等有关法律、法规和规定，制定本实施细则。

第二条　本实施细则适用于“采用不符合工程建设强制性标准的新技术、新工艺、新材料核准”行政许可（以下简称“三新核准”）事项的申请、办理与监督管理。

本实施细则所称“不符合工程建设强制性标准”是指与现行工程建设强制性标准不一致的情况，或直接涉及建设工程质量安全、人身健康、生命财产安全、环境保护、能源资源节约和合理利用以及其他社会公共利益，且工程建设强制性标准没有规定又没有现行工程建设国家标准、行业标准和地方标准可依的情况。

第三条　在中华人民共和国境内的建设工程，拟采用不符合工程建设强制性标准的新技术、新工艺、新材料时，应当由该工程的建设单位依法取得行政许可，并按照行政许可决定的要求实施。

未取得行政许可的，不得在建设工程中采用。

第四条　国务院建设行政主管部门负责“三新核准”的统一管理，由建设部标准定额司具体办理。

第五条　国务院有关行政主管部门的标准化管理机构出具本行业“三新核准”的审核意见，并对审核意见负责；

省、自治区、直辖市建设行政主管部门出具本行政区域“三新核准”的审核意见，并对审核意见负责。

第六条 法律、法规另有规定的，按照相关的法律、法规的规定执行。

第二章 申请与受理

第七条 申请“三新核准”的事项，应当符合下列条件：

（一）申请事项不符合现行相关的工程建设强制性标准；

（二）申请事项直接涉及建设工程质量安全、人身健康、生命财产安全、环境保护、能源资源节约和合理利用以及其他社会公共利益；

（三）申请事项已通过省级、部级或国家级的鉴定或评估，并经过专题技术论证。

第八条 建设部标准定额司应在指定的办公场所、建设部网站等公布审批“三新核准”的依据、条件、程序、期限、所需提交的全部资料目录以及申请书示范文本等。

第九条 申请“三新核准”时，建设单位应当提交下列材料：

（一）《采用不符合工程建设强制性标准的新技术、新工艺、新材料核准申请书》（见附件一）；

（二）采用不符合工程建设强制性标准的新技术、新工艺、新材料的理由；

（三）工程设计图（或施工图）及相应的技术条件；

（四）省级、部级或国家级的鉴定或评估文件，新材料的产品标准文本和国家认可的检验、检测机构的意见（报告），以及专题技术论证会纪要；

（五）新技术、新工艺、新材料在国内或国外类似工程应用情况的报告或中试（生产）试验研究情况报告；

（六）国务院有关行政主管部门的标准化管理机构或省、自治区、直辖市建设行政主管部门的审核意见。

第十条 《采用不符合工程建设强制性标准的新技术、新工艺、新材料核准申请书》（示范文本）可向国务院有关行政主管部门的标准化管理机构或省、自治区、直辖市建设行政主管部门申领，也可在建设部网站下载。

第十一条 专题技术论证会应当由建设单位提出和组织，在报请国务院有关行政主管部门的标准化管理机构或省、自治区、直辖市建设行政主管部门的标准化管理机构同意后召开。

专题技术论证会应有相应标准的管理机构代表、相关单位的专家或技术人员参加，专家组不得少于 7 人，专家组成员应具备高级技术职称并熟悉相关标准的规定。

专题技术论证会纪要应当包括会议概况、不符合工程建设强制性标准的情况说明、应用的可行性概要分析、结论、专家组成员签字、会议记录。专题技术论证会的结论应当由专家组全体成员认可，一般包括：不同意、同意、同意但需要补充有关材料或同意但需要按照论证会提出的意见进行修改。

第十二条 国务院有关行政主管部门的标准化管理机构或省、自治区、直辖市建设行政主管部门出具审核意见时，应全面审核建设单位提交的专题技术论证会纪要和其他有关材料，必要时可召开专家会议进行复核。审核意见应加盖公章，审核材料应归档。

审核意见应当包括同意或不同意。对不同意的审核意见应当提出相应的理由。

第十三条 建设单位应对申请材料实质内容的真实性负责。主管部门不得要求建设单位提交与其申请的行政许可事项无关的技术材料和其他材料，对建设单位提出的需要保密的材料不得对外公开。任何单位或个人不得擅自修改申报资料，属特殊情况确需修改的应符合有关规定。

第十四条 建设单位向国务院建设行政主管部门提交“三新核准”材料时应同时提交其电子文本。

第十五条 建设部标准定额司统一受理“三新核准”的申请，并应当在收到申请后，根据下列情况分别做出处理：

（一）对依法不需要取得“三新核准”或者不属于核准范围的，申请人隐瞒有关情况或者提供虚假材料的，按照附件二的要求即时制作《建设行政许可不予受理通知书》，发送申请人；

（二）对申请材料存在可以当场更正的错误的，应当允许申请人当场更正；

（三）对属于符合材料申报要求的申请，按照附件三的要求即时制作《建设行政许可申请材料接收凭证》，发送申请人；

（四）对申请材料不齐全或者不符合法定形式的申请，应按照附件四的要求当场或者在五个工作日内制作《建设行政许可补正材料通知书》，发送申请人。逾期不告知的，自收到申请材料之日起即为受理；

（五）对属于本核准职权范围，材料（或补正材料）齐全、符合法定形式的行政许可申请，按照附件五的要求在五个工作日内制作《建设行政许可受理通知书》，发送申请人。

第三章 审查与决定

第十六条 建设部标准定额司受理申请后，按照建设部行政许可工作的有关规定和评审细则（另行制定）的要求，组织有关专家对申请事项进行审查，提出审查意见。

第十七条 建设部标准定额司对依法需要听证、检验、检测、鉴定、咨询评估、评审的申请事项，应按照附件六的要求制作《建设行政许可特别程序告知书》，告知申请人所需时间，所需时间不计算在许可期限内。

第十八条 建设部标准定额司自受理“三新核准”申请之日起，在二十个工作日内作出行政许可决定。情况复杂，不能在规定期限内作出决定的，经分管部长批准，可以延长十个工作日，并按照附件七的要求制作《建设行政许可延期通知书》，发送申请人，说明延期理由。

第十九条 建设部标准定额司根据审查意见提出处理意见：

（一）对符合法定条件的，按照附件八的要求制作《准予建设行政许可决定书》；

（二）对不符合法定条件的，按照附件九的要求制作《不予建设行政许可决定书》，说明理由，并告知申请人享有依法申请行政复议或者提起行政诉讼的权利。

第二十条 建设部依法作出建设行政许可决定后，建设部标准定额司应当自作出决定之日起十个工作日内将《准予建设行政许可决定书》或《不予建设行政许可决定书》，发送申请人。

第二十一条 对于建设部作出的“三新核准”准予行政许可决定，建设部标准定额司应在建设部网站等媒体予以公告，供公众免费查阅，并将有关资料归档保存。

第二十二条 对于建设部已经作出准予行政许可决定的同一种新技术、新工艺或新材料，需要在其他相同类型工程中采用，且应用条件相似的，可以由建设单位直接向建设部标准定额司提出行政许可申请，并提供本实施细则第九条（一）、（二）、（三）规定的材料和原《准予建设行政许可决定书》，依法办理行政许可。

第四章 听证、变更与延续

第二十三条 “三新核准”事项需要听证的，应当按照《建设行政许可听证工作规定》

(建法［2004］108号）办理。建设部标准定额司应当按照附件十、十一、十二的要求制作《建设行政许可听证告知书》、《建设行政许可听证通知书》、《建设行政许可听证公告》。

第二十四条 被许可人要求变更“三新核准”事项的，应当向建设部标准定额司提出变更申请。变更申请应当阐明变更的理由、依据，并提供相关材料。

第二十五条 当符合下列条件时，建设部标准定额司应当依法办理变更手续。

（一）被许可人的法定名称发生变更的；

（二）行政许可决定所适用的工程名称发生变更的。

第二十六条 被许可人提出变更行政许可事项申请的，建设部标准定额司按规定在二十个工作日内依法办理变更手续。对符合变更条件的应当按照附件十三的要求制作《准予变更建设行政许可决定书》；对不符合变更条件的，应当按照附件十四的要求制作《不予变更建设行政许可决定书》，发送被许可人。

第二十七条 发生下列情形之一时，建设部可依法变更或者撤回已经生效的行政许可，建设部标准定额司应当按照附件十五的要求制作《变更、撤回建设行政许可决定书》，发送被许可人。

（一）建设行政许可所依据的法律、法规、规章修改或者废止；

（二）建设行政许可所依据的客观情况发生重大变化的。

第二十八条 被许可人在行政许可有效期届满三十个工作日前提出延续申请的，建设部标准定额司应当在该行政许可有效期届满前提出是否准予延续的意见，按照附件十六、十七的要求制作《准予延续建设行政许可决定书》或《不予延续建设行政许可决定书》，发送被许可人。逾期未作决定的，视为准予延续。

被许可人在行政许可有效期届满后未提出延续申请的，其所取得的“三新核准”《准予建设行政许可决定书》将不再有效。

第二十九条 被许可人所取得的“三新核准”《准予建设行政许可决定书》在有效期内丢失，可向建设部标准定额司阐明理由，提出补办申请，建设部标准定额司按规定在二十个工作日内依法办理补发手续。

第五章 监督检查

第三十条 建设部标准定额司应按照《建设部机关对被许可人监督检查的规定》，加强对被许可人从事行政许可事项活动情况的监督检查。

第三十一条 国务院有关行政主管部门或各地建设行政主管部门应当对本行业或本行政区域内“三新核准”事项的实施情况进行监督检查。

第三十二条 建设部标准定额司根据利害关系人的请求或者依据职权，可以依法撤销、注销行政许可，按照附件十八的要求制作《撤销建设行政许可决定书》和附件十九的要求制作《注销建设行政许可决定书》发送被许可人。

第三十三条 国务院有关行政主管部门或各地建设行政主管部门对“三新核准”事项进行监督检查，不得收取任何费用。但法律、行政法规另有规定的，依照其规定。

第六章 附 则

第三十四条 本细则由建设部负责解释。

第三十五条 本细则自发布之日起实施。

附件一：采用不符合工程建设强制性标准的新技术、新工艺、新材料核准申请书

文件编号	
批准号	

采用不符合工程建设强制性标准的新技术、新工艺、新材料核准申请书

申请事项 ______________________

____

申请单位 ______________________

申请日期 __________年______月______日

中华人民共和国建设部

2005 年制

填写说明

一、申请书是评审工作的主要依据。填写前，请先查阅《“采用不符合工程建设强制性标准的新技术、新工艺、新材料核准”行政许可实施细则》。

二、对于建设部已经作出准予行政许可决定的同一种新技术、新工艺、新材料，应用于其他同类工程时，填写本申请书的第 1 页、第 2 页（已获行政许可的编号和工程项目名称）、第 3 页、第 4 页、第 5 页和第 7 页并加盖申请单位公章。

三、文字要简明扼要，字体要规范，外文字母用印刷体书写，字迹要清晰易辨。

四、封面右上角“文件编号”和“批准号”栏由采用不符合工程建设强制性标准的新技术、新工艺、新材料核准申请受理机构填写。

五、表中选择性栏目，请将选定的 A、B 或 C 填入该栏左侧的方框内。其他部分栏目填写的具体要求：

● 申请事项：指申请核准的新技术、新工艺、新材料的具体名称

● 单位代码：企业填写营业执照注册号；社会团体、事业单位、国家机关、大专院校等填写组织机构代码

● 工程项目概况：填写以下内容：

1. 工程地点及周边情况
2. 工程建筑概况，即占地面积、建筑面积、结构形式、檐高、层数、层高、跨度等
3. 地质状况
4. 工程主体结构围护结构概况
5. 建筑装饰、装修状况
6. 电气、给排水、采暖通风、建筑智能化等各系统概况
7. 其他

其中，1、2 项必须填写，另与申请核准事项相关的部分应重点描述，其他内容可简化，总字数控制在 600 字以内。

六、申请书可复印使用，为 A4 开本，于左侧装订成册。表空白不够时，请自行加页。

七、本表一式五份会同其他有关材料申报。

<table>
<tr><td rowspan="5">申
请
事
项
信
息</td><td>申请事项
名称</td><td colspan="6"></td></tr>
<tr><td>已获行政许可编号
和工程项目名称</td><td colspan="6"></td></tr>
<tr><td>事项类型</td><td></td><td colspan="2">A. 新技术
B. 新工艺
C. 新材料</td><td>事项密级</td><td></td><td>A. 无
B. 有</td></tr>
<tr><td>“三新”的
拥有单位</td><td colspan="6"></td></tr>
<tr><td>专利情况</td><td colspan="2">是/否</td><td colspan="2">专利号</td><td colspan="2"></td></tr>
<tr><td colspan="8">技术性能、特点，适用范围及应用条件等</td></tr>
<tr><td colspan="8"></td></tr>
</table>

<table>
<tr><td rowspan="7">申
请
单
位</td><td>单位名称</td><td colspan="4"></td></tr>
<tr><td>单位性质</td><td colspan="2"></td><td>单位代码</td><td></td></tr>
<tr><td>法人代表</td><td colspan="4"></td></tr>
<tr><td>通讯地址</td><td colspan="2"></td><td>邮政编码</td><td></td></tr>
<tr><td>联系人</td><td></td><td>电子邮件</td><td colspan="2"></td></tr>
<tr><td>联系电话</td><td colspan="2"></td><td>传真</td><td></td></tr>
<tr><td colspan="5"></td></tr>
<tr><td colspan="6">申请单位的业务范围、规模、股东情况、成立时间等</td></tr>
<tr><td colspan="6"></td></tr>
</table>

<table>
<tr><td rowspan="2">工
程
项
目
信
息</td><td>工程名称</td><td></td></tr>
<tr><td>“三新”的
应用环节</td><td></td></tr>
<tr><td colspan="3">工程项目概况</td></tr>
<tr><td colspan="3"></td></tr>
</table>

申请理由及申请审核范围

注：（若是类似工程的三新核准申请，请说明该申请事项在实际中的应用情况）

申请单位提供的主要文件技术资料目录

专题技术论证会评审意见
年　　月　日

申请单位 意　　见	（盖章） 年　　月　日
国务院有关行政主管部门的标准化管理机构或省、自治区、直辖市建委（建设厅）意见	（盖章） 年　　月　日
建设部 标准定额司意见	（盖章） 年　　月　日

附件二：建设行政许可不予受理通知书（略）
附件三：建设行政许可申请材料接收凭证（略）
附件四：建设行政许可补正材料通知书（略）
附件五：建设行政许可受理通知书（略）
附件六：建设行政许可特别程序告知书（略）
附件七：建设行政许可延期通知书（略）
附件八：准予建设行政许可决定书（略）
附件九：不予建设行政许可决定书（略）
附件十：建设行政许可听证告知书（略）
附件十一：建设行政许可听证通知书（略）
附件十二：建设行政许可听证公告（略）
附件十三：准予变更行政许可决定书（略）
附件十四：不予变更建设行政许可决定书（略）
附件十五：变更、撤回建设行政许可决定书（略）
附件十六：准予延续建设行政许可决定书（略）
附件十七：不予延续建设行政许可决定书（略）
附件十八：撤销建设行政许可决定书（略）
附件十九：注销建设行政许可决定书（略）

参 考 文 献

[1] 陈茂明．材料员专业知识与实务［M］．北京：中国环境科学出版社，2007.

[2] 中国建设教育协会．材料员专业管理实务［M］．北京：中国建筑工业出版社，2007.

[3] 建设部人事教育司，城市建设司．材料员专业与实务［M］．北京：中国建筑工业出版社，2006.

[4] 潘全祥．怎样当好材料员［M］．2 版．北京：中国建筑工业出版社，2009.

[5] 建筑施工企业管理人员岗位资格培训教材编委会．材料员岗位实务知识［M］．北京：中国建筑工业出版社，2007.

[6] 孙斌．材料员工作实务手册［M］．长沙：湖南大学出版社，2008.

[7] 曹文达．材料员必读［M］．北京：中国电力出版社，2004.

[8] 曹文达．建筑工程材料员必读［M］．北京：金盾出版社，2001.

[9] 刘红宇．材料员［M］．北京：中国建筑工业出版社，2009.